BIOLOGISCHE STUDIENBÜCHER

HERAUSGEGEBEN VON WALTHER SCHOENICHEN · BERLIN

VI

BIOLOGIE DER FRÜCHTE UND SAMEN
⟨KARPOBIOLOGIE⟩

VON

PROFESSOR DR. E. ULBRICH
KUSTOS AM BOTANISCHEN MUSEUM DER UNIVERSITÄT
BERLIN-DAHLEM

MIT 51 ABBILDUNGEN

BERLIN

VERLAG VON JULIUS SPRINGER

1928

ISBN 978-3-642-51789-1   ISBN 978-3-642-51829-4 (eBook)
DOI 10.1007/978-3-642-51829-4

Vorwort.

Während über die Blütenbiologie eine reichhaltige Literatur besteht, und jedes gute Lehrbuch übersichtliche Darstellungen enthält, ist die Biologie der Früchte und Samen meist sehr kurz oder überhaupt nicht behandelt. Es fehlte bisher in der deutschen Literatur an einer zusammenfassenden Darstellung der Biologie der Früchte und Samen aus neuerer Zeit an allgemein zugänglicher Stelle. Das grundlegende Werk über Früchte und Samen, J. GAERTNERS dreibändiges Werk: De fructibus et seminibus plantarum stammt aus den Jahren 1788—1807. Es ist eine Morphologie der Früchte und Samen und enthält nur wenige Angaben, die sich auf biologische Beobachtungen beziehen; zudem ist das Werk infolge seines Umfanges und der veralteten Darstellung der Verwandtschaftsverhältnisse der Pflanzen schwer benutzbar. Einzelbeobachtungen über die Biologie der Früchte und Samen liegen zahlreich vor, sind aber in der Literatur so verstreut, daß eine zusammenhängende Darstellung erwünscht war, zumal Hildebrands Arbeit (1873,*1*) leider keine Neubearbeitung erfahren hat. Seither sind zahlreiche Arbeiten über einzelne biologische Gruppen von Früchten und Samen erschienen, doch zeigte sich, daß einmal noch große Lücken in unseren Kenntnissen namentlich in der Biologie der tropischen Früchte und Samen bestehen, daß aber auch die in der Literatur vorhandenen Angaben der Nachprüfung bedurften.

Wenn ich mich auf Anregung des Herausgebers der Biologischen Studienbücher zur Abfassung der vorliegenden »Karpobiologie« entschloß, so bin ich mir wohl bewußt, daß bei dem gewaltigen Umfange des zu bewältigenden Stoffes eine erschöpfende Darstellung in dem vorgeschriebenen Rahmen der Bücher dieser Sammlung nicht möglich war. Von meiner ursprünglichen Absicht, auch die vegetative Vermehrung und Verbreitung der Pflanzen darzustellen, mußte ich absehen; sie ist nur soweit berücksichtigt, als dies im Rahmen der Darstellung unbedingt notwendig war.

Für die Gliederung des Stoffes waren in erster Linie biologische Gesichtspunkte maßgebend: Der Allgemeine Teil enthält das Wichtigste über den Begriff »Frucht und Samen«, ihren Bau und ihre Entwicklung, ferner über die bei der Verbreitung wirksamen Faktoren, über die Wirksamkeit der Verbreitungseinrichtungen und deren Bedeutung für die Pflanzengeographie und Pflanzensoziologie, über Pflanzenwanderungen und Wanderstraßen und über den Einfluß des Menschen auf die Verbreitung der Pflanzen.

Im Speziellen Teile werden die einzelnen Typen der Verbreitungseinrichtungen der Früchte und Samen geschildert, ausgehend von den bei der Verbreitung wirkamen Faktoren. Diese Darstellung beginnt mit den Vorrichtungen zur Ausstreuung der Früchte und Samen am Standorte der Mutterpflanze selbst durch eigene Kräfte (Autochorie) und läßt dann die Formen der Nah- und Fernverbreitung durch fremde Kräfte (Allochorie) folgen. Den Schluß bilden die Erscheinungen der Polykarpie, Polychorie und Viviparie. Die Terminologie ist im wesentlichen die gleiche wie bei R. SERNANDER (1906,2), die sich fast allgemein eingebürgert hat, doch ließ sich die Prägung einiger besonderer Fachausdrücke wie Polykarpie, Polychorie, Pseudogeokarpie u. a. nicht umgehen.

Das Manuskript wurde im April abgeschlossen; die Herstellung der Zeichnungen zu den zahlreichen Textabbildungen erfolgte im Sommer 1927.

Neben der bis März 1927 erschienenen Literatur liegen der Darstellung umfangreiche eigene Untersuchungen des Verfassers zugrunde. Besonderer Wert wurde auf Originalzeichnungen nach der Natur gelegt zur Erläuterung der Darstellung. Herrn JOSEPH POHL in Berlin-Dahlem bin ich für die Ausführung der Zeichnungen zu Dank verpflichtet. Die reichhaltigen Sammlungen des Botanischen Museums in Berlin-Dahlem standen mir zu meiner Arbeit zur Verfügung, wofür ich der Direktion des Botanischen Museums verbindlichst danke. Den Herren Herausgeber und Verleger spreche ich für die Ausstattung des Werkes und das Eingehen auf meine Wünsche meinen Dank aus.

Von den häufiger angeführten Arbeiten, die im Literaturverzeichnis am Schluß des Buches zusammengestellt sind, ist jeweils nur der Name des betreffenden Verfassers genannt, wobei mehrere Arbeiten des gleichen Autors zur besseren Unterscheidung Nummern tragen; nur Einzelarbeiten sind, soweit notwendig, in Fußnoten angeführt.

Eigene, bisher noch nicht veröffentlichte Untersuchungen des Verfassers sind durch (U) bezeichnet.

Möge das Buch, dessen Abfassung starke berufliche Inanspruchnahme verzögerte, wohlwollende Aufnahme finden und zu weiteren Beobachtungen auf dem so reizvollen Gebiete der Biologie der Früchte und Samen der heimischen und fremdländischen Pflanzen anregen!

Berlin-Dahlem, Botanisches Museum
der Universität Berlin, Weihnachten 1927

E. ULBRICH.

Inhaltsverzeichnis.

Allgemeiner Teil.

Inhaltsverzeichnis.   VII

Verzeichnis der Abbildungen.

ALLGEMEINER TEIL.

1. Begriffsbestimmung.

Wenn wir uns im folgenden mit der Biologie der Verbreitung der Früchte und Samen der Blütenpflanzen beschäftigen wollen, müssen wir uns zunächst darüber klar werden, was wir unter Frucht zu verstehen haben. Die genaue Begriffsbestimmung stößt auf mancherlei Schwierigkeiten. Wollten wir unter Frucht im streng morphologischen Sinne nur den nach der Befruchtung umgewandelten Fruchtknoten verstehen, wäre es unmöglich, auf die Biologie der Verbreitung einzugehen. Denn in zahllosen Fällen sind es gerade Organe außerhalb der eigentlichen Frucht, sogenannte akzessorische Organe, welche bei der Verbreitung die Hauptrolle spielen. Als Frucht im biologischen Sinne müssen wir daher alle besonders umgewandelten Organe ansehen, welche die Samen bis zur Reife umschließen und an der Verbreitung der Frucht und Ausstreuung der Samen beteiligt sind, oder zusammen mit der eigentlichen Frucht von der Mutterpflanze abfallen.

Bei derartiger Begriffsbestimmung fallen auch die biologisch so wichtigen Scheinfrüchte, wie Erdbeeren, Himbeeren, Feigen u. v. a. unter den Begriff der Frucht. Bei vielen „Früchten" sind Bildungen ganz außerhalb der eigentlichen Frucht für die Biologie der Verbreitung von größter Bedeutung, wie z. B. bei *Anacardium* der Fruchtstiel, bei *Hovenia* die Achse des Fruchtstandes, bei *Cotinus* die unfruchtbar bleibenden Teile des Blütenstandes u. a. Alle diese Bildungen werden wir unter biologischen Gesichtspunkten zu betrachten haben.

Wir müssen bei unserer Darstellung die Biologie der Verbreitung der Früchte und Samen in den Vordergrund stellen. Wollten wir von der Morphologie ausgehen, so wären ständige Wiederholungen erforderlich, weil die gleichen Verbreitungseinrichtungen bei morphologisch sehr verschiedenen Fruchtformen wiederkehren. Ganz banal gesprochen ist es der Amsel gleichgültig, ob sie eine morphologisch echte Beere oder eine Scheinbeere verzehrt. Wir werden jedoch bei unseren Ausführungen die Morphologie nicht ganz außer acht lassen dürfen.

2. Die Bedingungen der Bildung von Frucht und Samen.

Die Bedingungen der Fruchtbildung sind folgende: Normale Frucht- und Samenbildung erfolgt nach Bestäubung der Narben des Fruchtknotens und nachfolgender Befruchtung der Eizellen in den Samenanlagen. Sie führt zur Ausbildung der ersten Anlage des jungen Pflänzchens, des Embryos in dem Samen, und geht einher mit Umwandlungen des Fruchtknotens und der akzessorischen Organe, die zur

Fruchtbildung führen. Der Erfolg der Befruchtung ist von verschiedenen Faktoren abhängig. Weitaus die meisten Pflanzen sind auf **Fremdbestäubung** ihrer Blüten angewiesen, d. h. die Bestäubung hat nur dann eine Befruchtung zur Folge, wenn der Blütenstaub anderer, sei es auch nur benachbarter Blüten auf die Narben gelangt. Über die so mannigfachen Wege, welche die Natur gefunden hat, um diese Fremdbestäubung zu sichern, oder bei ihrem Ausbleiben durch **Selbstbestäubung** wenigstens noch einen Ersatz zu schaffen, darüber belehrt uns die so reizvolle **Blütenbiologie**. Nur verhältnismäßig wenige Pflanzen sind unter allen Umständen auf Selbstbestäubung ihrer Blüten angewiesen. Diese Selbstbestäubung führt daher nur bei verhältnismäßig

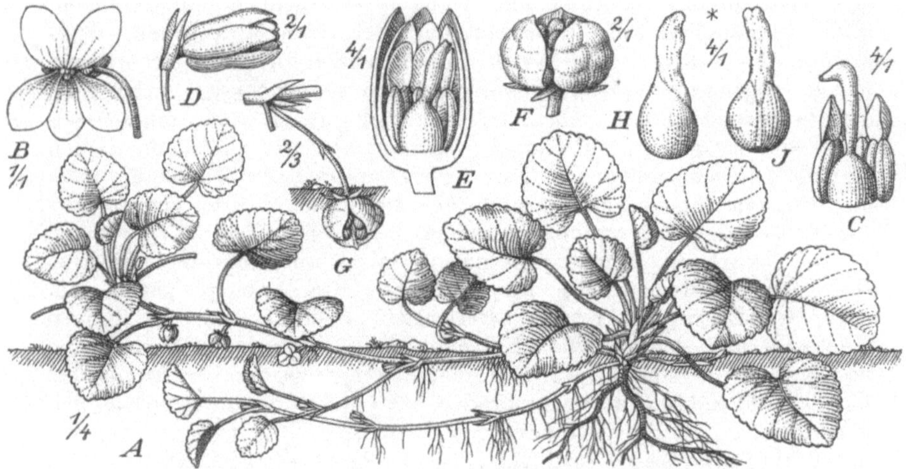

Abb. 1. *Viola odorata* L. Als Beispiel einer Art, deren kleistogame Blüten Früchte und Samen liefern, während die chasmogamen Blüten meist unfruchtbar bleiben.

A kleistogam blühende und reichlich fruchtende Pflanze; *B* chasmogame Blüte; *C* dieselbe ohne Blumenkrone; *D* kleistogame Blüte; *E* dieselbe im Längsschnitt; *F* Frucht aus einer kleistogamen Blüte hervorgegangen; *G* Bergung der Frucht im Erdboden durch den Fruchtstiel; *H, J* Samen mit der großen Nabelschwiele (*), welcher die Ameisen begierig nachstellen. (Nach E. ULBRICH.)

wenigen Pflanzen zu vollem **Fruchtertrag**. Dies gilt für solche Pflanzen, die unter Bedingungen leben, unter denen eine Fremdbestäubung ausgeschlossen oder mindestens sehr unwahrscheinlich ist. Im äußersten Falle geht diese Selbstbestäubung einher mit Geschlossenbleiben der Blüten und Verkümmerung der Blütenhülle bei den sogenannten **kleistogamen Blüten**, deren Fruchtbarkeit oft den sich öffnenden, sogenannten **chasmogamen** Blüten nicht nachsteht, sie mitunter sogar übertrifft, z. B. bei *Viola* u. a. (vgl. Abbildung 1).

Bei den auf Fremdbestäubung angewiesenen Blüten wird die Fruchtbarkeit zunächst durch die Qualität, dann aber auch durch die Quantität des Pollens beeinflußt. Stammt der auf die Narbe gelangte Pollen nicht von einer Blüte der **gleichen Art**, tritt keine Befruchtung ein. Viele Pflanzen haben die Fähigkeit, auch bei Bestäubung mit Pollen verwandter Arten Früchte und Samen zu bilden; es gehen aus diesen dann Bastarde hervor, welche mehr oder weniger vollkommen die Merkmale beider Elternarten tragen. Ist die Pollenübertragung nur spärlich, so genügt sie zwar zur Ausbildung der Frucht, wenn wenigstens eine Samenanlage befruchtet wurde, die normale Samenzahl ist in der Frucht aber nicht enthalten. Die Frucht kann sich in diesem Falle zu normaler Größe entwickeln, meist bleibt sie jedoch in der Größe und Gestalt hinter normalen, vollsamigen Früchten zurück. Daß sich Früchte und Samen ganz ohne vorausgegangene Befruchtung entwickeln können, kommt bei wenigen Pflanzen vor; wir nennen diese Erscheinung „Parthenokarpie". Es entstehen in diesen Fällen Früchte, die normalen äußerlich gleichen können, aber keine oder nur „taube" Samen enthalten. Ohne jegliche Bestäubung tritt bei manchen Sorten von Äpfeln, Birnen, Gurken, Feigen und Kakipflaumen (*Diospyros kaki*) autonome oder vegetative Parthenokarpie ein. In anderen Fällen bewirkt Wundreiz, der von Verletzungen, Tierfraß oder Pilzbefall ausgeht, die Entwicklung samenloser Früchte (induzierte Parthenokarpie nach FITTING). Schließlich kann Parthenokarpie auch nach Bestäubung mit eigenem oder fremdem Pollen, der aber keine Befruchtung der Samenanlagen zur Folge hat, eintreten (stimulative Parthenokarpie), wie die Untersuchungen besonders von TISCHLER u. a. gezeigt haben. Die letztgenannte Form der Parthenokarpie findet sich bei vielen Kulturformen der Bananen, Mandarinen und des Weins (Sultaninen). ERNST (1918) nimmt an, daß Bastardierung eine der Ursachen der Parthenokarpie sei, was jedoch für die induzierte Parthenokarpie nicht gelten kann, wie aus TREUBS Untersuchungen[1] hervorgeht.

Bei einer Anzahl von Pflanzen kann die Ausbildung normaler Früchte und Samen erfolgen, ohne daß eine Befruchtung, d. h. eine Verschmelzung der männlichen und weiblichen Keimzellen stattgefunden hat. Wir bezeichnen diese Erscheinung als „Apogamie" (oder „Parthenogenesis"). Die unbefruchtete Eizelle oder andere Zellen aus dem vegetativen Teile der Samenanlage (meist des Nucellus) entwickeln sich zum Embryo. Eine Entwicklung der Eizelle zum Embryo (sogenannte oogene Apogamie) beobachtete zuerst (1898) JUEL bei der Komposite *Antennaria alpina* (L.) R. BR.[2] RAUNKIAER, OSTENFELD, OVERTON, HOLMGREN u. a. konnten auch bei anderen Kompositengattungen, namentlich bei *Hieracium*, *Taraxacum*, *Chondrilla*, *Eupatorium* u. a. Apogamie nachweisen. Bei der Rosazeengattung *Alchimilla* wies MURBECK 1901/02 auf Grund eingehender Untersuchungen Apogamie nach[3]. Auch bei einigen Ranunculazeen der polymorphen Gattung *Thalictrum* fand J. B. OVERTON 1902/04 oogene Apogamie[4]. HANS WINKLER, TREUB und besonders A. ERNST, der umfangreiche Arbeiten hierüber veröffentlichte, konnten auch bei einer Anzahl nicht in der Pflanzenwelt Europas vertretener Gattungen Apogamie nachweisen.

---

[1] Ann. du jardin botan. de Buitenzorg *3*, S. 122—128. 1883.

[2] Botan. Zentralbl. *74*, S. 369—372. 1898; Kongl. svenska vetensk. akad. handl. *33*, Nr. 5, S. 1—39. 1900.

[3] Lunds univ. årsskr. *36*, Abt. 2, Nr. 7, *38*, Abt. 2.

[4] Botan. gaz. *33*. S. 363—375. 1904; Berichte der Deutsch. botan. Gesellsch. *22*, S. 274—283. 1904.

Aus den Beobachtungen ist bemerkenswert, daß die Apogamie bei polymorphen Gattungen, wie *Alchimilla, Antennaria, Taraxacum, Hieracium* u. a. augenscheinlich auf hybriden Ursprung zurückzuführen ist, worauf zuerst JUEL hinwies, und eine Erklärung gibt für die verwirrende Vielgestaltigkeit, die bei diesen Gattungen herrscht. Zytologisch zeigen die apogamen Arten, wie ERNST nachwies, eine Verdoppelung bis Verdreifachung der Chromosomenzahl ihrer Zellkerne.

Vom biologischen Standpunkte aus läßt sich ein Unterschied der apogamen Arten gegenüber normalgeschlechtlichen nicht feststellen: Die Fruchtbarkeit der apogamen Arten scheint nicht geringer zu sein; sie treten ebenso zahlreich, oft bestandbildend auf, wie andere. In der Ausbildung der Verbreitungsmittel ist auch kein Unterschied zu beobachten. Bemerkenswert erscheint vielleicht, daß die Apogamie sich nach den bisher vorliegenden Untersuchungen vorherrschend bei anemochoren Arten findet.

Die Fruchtbarkeit einer Pflanze hängt, abgesehen von individueller Veranlagung, noch von anderen Faktoren ab. Insektenblütige Pflanzen werden eine starke Fruchtbildung zeigen, wenn die Bestäuber ihrer Blüten zur Blütezeit reichlich vorhanden sind und emsig die Blüten besuchen. Mangelhafter Insektenbesuch hat stets geringeren Fruchtertrag zur Folge. Fehlen die Bestäuber ganz, so bleibt auch jegliche Frucht- und Samenbildung aus. Bekanntestes Beispiel ist hierfür das Ausbleiben der Frucht- und Samenbildung beim Klee (*Trifolium pratense* L.) in allen Ländern, die außerhalb des Verbreitungsgebietes seiner Bestäuber, der Hummeln (*Bombus*-Arten) liegen. Sind die Bestäuber vorhanden, so hängt der Blütenbesuch stark von der Witterung ab. Die Verhältnisse sind um so günstiger, je zahlreicher die Besucher sind und je länger die Narben der Blüten empfängnisfähig für den Pollen bleiben. Ungünstig wirken daher ein zu schnelles Verblühen bei großer Hitze und lange andauernde Regenperioden während der Blütezeit. Diese Umstände beeinflussen den Fruchtansatz bei den windblütigen Pflanzen in noch stärkerem Maße. Wie stark der Ernteertrag des Getreides hierunter zu leiden hat, ist allbekannt: verregnete Blütezeit hat Mißernte zur Folge.

3. Die wesentlichen Bestandteile der Frucht.

Die wesentlichen Bestandteile einer Frucht sind 1. die Samen, 2. die Fruchtschale oder das Perikarp, welches die Samen umschließt. Alle anderen Bestandteile der Frucht sind akzessorische Organe, wenn sie auch bei vielen Fruchtformen die Hauptmasse des Fruchtgebildes darstellen. Dies gilt namentlich für fast alle Früchte, die aus mittel- und unterständigen Fruchtknoten hervorgehen, bei denen die becherförmige Fruchtachse die Hauptmasse der biologischen Frucht darstellt und für die meisten Scheinfrüchte.

Der Samen enthält als wichtigsten Teil den Embryo, den Keim oder Keimling, die Anlage der Tochterpflanze. Dieser Embryo kann winzig klein sein und nur aus wenigen, nur mikroskopisch nachweis-

baren Zellen bestehen, z. B. bei den „Körnchenfliegern" und „Faden-
fliegern", bei sehr kleinen Samen, die auf die Verbreitung durch den
Wind eingestellt sind (Orchideen, Parasiten, Saprophyten, Epiphyten),
oder er kann auch recht bedeutende Ausmaße erreichen, wie bei den
großen Samen der Leguminosen oder der Roßkastanie (*Aesculus hippocastanum*) oder den riesigen Embryonen der Mangrovepflanzen (*Rhizophora, Kandelia* u. a.). Dem Schutze und der Ernährung des Embryos
dienen die übrigen Teile des Samens. Den Schutz übernimmt die meist
ziemlich feste Samenschale, Testa, welche aus den Deckschichten (In-
tegumenten) der Samenanlage hervorgeht. Reicht dieser Schutz nicht
aus, so nehmen auch Gewebe der Fruchtwandung daran teil, wie bei
den Steinfrüchten, z. B. Kirschen, Pflaumen usw. In diesen, wie in
zahlreichen anderen Fällen wird die Innenschicht der Fruchtwandung,
das sogenannte Endokarp, steinhart und bildet den „Steinkern",
welcher den Samen umschließt. Die Samenschale beteiligt sich aber
auch oft an der Verbreitung der Samen durch Ausbildung von Flug-
häuten, Flughaaren, Klettvorrichtungen, Absonderung von Schleim und
ähnlichen Einrichtungen.

Die Ernährung des Embryo übernimmt ein besonderes „Nähr-
gewebe", das um so größer zu sein pflegt, je kleiner der Embryo ist.
Zumeist geht das Nährgewebe, auch „Sameneiweiß" genannt, aus den
Zellen des Embryosackes hervor; wir nennen es dann Endosperm.
Doch gibt es eine ganze Anzahl von Pflanzen, bei denen auch das
Gewebe der Kernknospe, des sogenannten „Nucellus", auch zum Nährgewebe wird. Dieses Nährgewebe nennen wir „Perisperm". Die
Samen der Pfeffergewächse, Musaceen, Ingwergewächse u. a. besitzen
ein „doppeltes Nährgewebe", Endosperm + Perisperm. Bei den
Leguminosen enthält der Keimling selbst das Nährgewebe in seinen
mächtig entwickelten Keimblättern. Bei den Rhizophoraceen und anderen Mangrovegehölzen findet die Speicherung der Nährstoffe in dem
riesigen Würzelchen des Embryo statt. Samen mit reichlichen Reservestoffen im Nährgewebe oder Embryo werden vom Menschen als Nah-
rungsmittel genutzt und von Tieren zu gleichen Zwecken als Wintervorrat eingesammelt. Daher ist das Nährgewebe nicht nur für die
Ernährung des Keimlings, sondern auch für die Verbreitung solcher
Samen von Bedeutung. Besteht dieses Nährgewebe fast nur aus Stärke,
behalten die Samen ihre Keimkraft sehr lange, wenn sie trocken lagern.
So können Samen vieler Leguminosen jahrzehntelang ihre Keimfähigkeit bewahren, z. B. *Acacia longifolia* 51, *Trifolium* 68, *Cytisus* 84,
Cassia 87 Jahre lang. A. J. Ewarts Untersuchungen[1] an über 2000 Arten
ergaben, daß die höchste Lebensdauer bei den Samen der Leguminosae
mit 150—200 Jahren erreicht wird, bei Malvaceen und Nymphaeaceen
erlischt die Keimfähigkeit zwischen 50 und 150 Jahren, bei den Myrta-
ceen und anderen nach 50 Jahren. Derartige langlebige Samen zeigen
meist keine besonderen Verbreitungseinrichtungen, abgesehen von Autochorie und Myrmekochorie. Sie können dank ihrer langen Lebenskraft

---

[1] Proceed. Roy. Soc. Victoria, Melbourne 1908, *21*.

warten, wenn sie nicht sofort geeignete Keimungsbedingungen finden. Diese Verhältnisse erklären das plötzliche Auftreten mancher Arten an Stellen, wo sie lange verschwunden waren, z. B. von *Sarothamnus scoparius* nach Niederschlagen des Waldes, aus dem der Besenginster durch Lichtmangel oder Forstbetrieb verschwunden war.

Im Gegensatz hierzu haben Samen mit ölhaltigem Nährgewebe meist nur kurze Lebensdauer, z. B. *Salix, Ulmus, Corydalis, Melampyrum, Euphrasia, Pedicularis* u. v. a. Sie müssen sofort keimen können, und zeigen daher gewöhnlich irgendwelche Verbreitungseinrichtungen.

Unter besonderen Umständen tritt stärkste Rückbildung von Embryo und Nährgewebe ein, wenn es darauf ankommt, möglichst leichte und kleine Samen zu erzielen, die leicht durch den Wind verbreitet werden können (vgl. „Körnchenflieger").

Alle sonst an den Samen auftretenden Bildungen sind akzessorisch. Sie sind für die Biologie der Verbreitung meist jedoch von großer Bedeutung. Hierher gehören einmal die „Samenmäntel", die Arillusbildungen, welche aus dem äußeren Integumente oder besonderen Bildungen hervorgehen. Sie ersetzen meist das fehlende Fruchtfleisch. Bei Tropenfrüchten sind Arillusbildungen besonders häufig und groß, und werden von Mensch und Tier oft gern genossen (vgl. unten). In unserer heimischen Pflanzenwelt sind derartige Samen selten (*Taxus, Evonymus, Nymphaea, Salix, Populus*), häufiger sind dagegen Samenschwielen, kleine Wülste, die aus dem Samenstiele (Funiculus) oder der Rhaphe, dem Samenkamm oder dem Samenmund (der Mikropyle) hervorgehen. Derartige Samen sind meist an die Verbreitung durch Ameisen angepaßt (vgl. „Myrmekochorie").

Die Samen entstehen bei allen Blütenpflanzen im Innern des Fruchtgehäuses, das mit ganz wenigen Ausnahmen bis zur Samenreife geschlossen bleibt. Nur bei den Gymnospermen entstehen die Samen „nackt", da Fruchtblätter fehlen. Den Schutz der Samen übernehmen hier besondere „Deckblätter" oder fruchtartige „Samenstände". Die Fruchtformen der Gymnospermen sind trockene, holzige Zapfen (*Pinus, Picea, Abies, Larix* u. v. a.), fleischige Beerenzapfen (*Juniperus, Phyllocladus*) oder fleischige und saftreiche Samenbeeren (*Taxus, Torreya, Cephalotaxus*). Die Verbreitung der Zapfen erfolgt durch Tiere, die ihrer Samen durch den Wind, die der Beerenzapfen und Samenbeeren besonders durch Vögel.

Die eigentlichen Blütenpflanzen zeigen eine ganz außerordentlich große Mannigfaltigkeit der Fruchtbildung, die sich ergibt aus der sehr verschiedenen Ausbildung des eigentlichen Fruchtgehäuses oder Perikarpes und der akzessorischen Organe der Frucht und der sehr verschiedenen Zahl und Stellung der Fruchtblätter, welche an der Fruchtbildung teilnehmen.

4. Die Entwicklungsperioden der Früchte.

Die Entwicklung der Früchte spielt sich in folgenden Perioden ab:

1. Periode: Ausbildung der Fruchtblätter bis zur Empfängnisfähigkeit der Narbe.

2. Periode: Befruchtung der Samenanlagen nach Bestäubung der Narbe durch den Pollen. Vertrocknen und Abfallen der Narbe, des Griffels, der Staubblätter, Blumenkrone und sonstiger Blütenorgane, soweit sie nicht als Schutz- oder Verbreitungsorgane dienen. Der Fruchtknoten wird zur eigentlichen Frucht, indem das Fruchtgehäuse sich zum Samengehäuse umwandelt. Die schwellenden und heranwachsenden Samenknospen brauchen Platz zur Entwicklung, daher weitet sich das Gewölbe des Fruchtgehäuses. Zu ihrem Wachstum brauchen sie Nährstoffe, daher sammeln sich diese, insbesondere Stärke, in dem Gewebe der Samenleisten und im Fruchtgehäuse. Wird besonders schnelle Ernährung zu frühzeitiger Reife der Samen nötig, wie z. B. bei den Myrmekochoren, helfen die akzessorischen Organe, wie Kelch, Außenkelch und sonstige Hüllen durch Erzeugung von Nährstoffen in nächster Nähe der heranwachsenden Samen. Die akzessorischen Organe vergrößern sich und assimilieren (vgl. „Myrmekochorie"). Die heranwachsenden Samen bedürfen aber auch des Schutzes gegen Zerstörung von außen her. Diesen Schutz übernimmt gleichfalls das Fruchtgehäuse, dessen Gewebe nunmehr eine schärfere Gliederung in drei Zellschichten herausbildet: als äußerste Schicht sondert sich das Exo- oder Epikarp, die äußere Oberhaut der Fruchtwandung, das innerste Oberhautgewebe oder Endokarp und zwischen diesen Schichten die Mittelschicht oder das Mesokarp. Diese Mittelschicht enthält die nahrungzuführenden Gefäßbündel, die in chlorophyllführendes Gewebe eingebettet sind. Auch das Gewebe der Samenleisten vergrößert sich zu mehr oder weniger umfänglichen Samenpolstern. Die

3. Periode umfaßt die Zeit der Reifung der Frucht und der Samen. Die drei Schichten der Fruchtwandung differenzieren sich stärker und jede Schicht nimmt die Beschaffenheit an, die ihren Aufgaben entspricht. Bei Trockenfrüchten verlieren alle drei Schichten ihren Wassergehalt, den sie zum Aufbau der Wandungen ihrer Zellen aufbrauchen. Welche Gewebeschichten eine besondere Ausbildung erfahren, hängt jeweils ab von den biologischen Aufgaben, die sie zu erfüllen haben. Besondere Hartschichten werden gebildet, wenn dünnschalige Samen zu schützen sind. Meist liefert dann das Endokarp die Hartschicht, wie z. B. bei den Steinobstarten. Das Mesokarp wird bei Saftfrüchten mächtig entwickelt und zur dicksten Schicht; bei Schwimmfrüchten liefert es oft das Schwimmgewebe. Das Epikarp übernimmt in allen Fällen den Schutz der Frucht nach außen. Namentlich seine Außenwände verstärken sich, überziehen sich mit einem kräftig entwickelten Oberflächenhäutchen, verkorken oder verholzen. Ein Wachsüberzug verhindert bei saftigen Früchten Wasserverluste, bedingt bei Schwimmfrüchten Unbenetzbarkeit und verhindert das Eindringen von Wasser. Bei anemochoren Früchten gehen aus dem Epikarp Haarbildungen oder Flugvorrichtungen hervor. Bei einigen Klebfrüchten bilden sich klebrige Drüsenhaare aus. Bei Klettfrüchten entstehen aus dem Epikarp oder auch aus den darunterliegenden Schichten starr werdende Haare oder Auswüchse. Gewöhnlich bestehen Epikarp und Endokarp nur aus einer Zellschicht, während das Mesokarp meist vielschichtig wird und

sich oft weiter differenziert.. Das Endokarp kann bei manchen Schließfrüchten unscheinbar oder zerstückelt werden oder sogar ganz verloren
gehen. Bei manchen Saftfrüchten (vgl. „Gepanzerte Saftfrüchte") kann
es aber zu einem saftigen, lockeren, nährstoffreichen Gewebe werden,
das als „Fruchtmus" oder „Pulpa" bezeichnet wird, z. B. bei den
Bananen, *Cassia* u. a. Es können aber auch saftige Auswüchse („Riesen-
zellen") des Endokarps das genießbare Fruchtfleisch liefern, wie z. B.
bei Zitronen, Apfelsinen und anderen *Citrus*-Arten, *Aegle* u. a. Bisweilen können auch Haarbildungen an der Innenseite des Perikarps

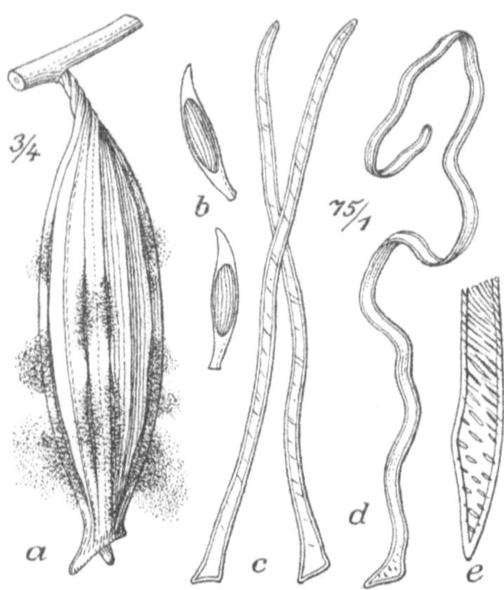

entstehen, wie z. B. bei
Ceiba, *Bombax* und besonders bei vielen Orchideenkapseln: diese Haare sind
dann hygroskopisch und
bewirken die Entfernung
der staubfeinen Samen aus
den aufspringenden Früch-
ten dadurch, daß sie sich
bei Trockenheit winden und
die Massen der Samen lok-
kern. Bei Feuchtigkeit
strecken sie sich gerade, ent-
wirren sich und ziehen sich
so ins Innere der Kapsel
zurück, z. B. bei *Papilionanthe*, *Vanda*, *Aërides*, *Angrecum*, *Saccolabium*, *Sar-
canthus* u. a. (vgl. Abb. 2).

Übernehmen akzessori-
sche Bildungen den Schutz
der Frucht, so können die
Gewebeschichten des Peri-
karps und der Samenschale
ganz dünn bleiben, wie z. B.
bei *Mirabilis*; die Samenschale kann sogar ganz verloren oder in das Perikarp

Abb. 2. Fruchtkapsel einer epiphytischen Orchidee,
Papilionanthe (*Vanda*) *teres* LINDL,
mit hygroskopischen Schleuderhaaren.

a die hängende Frucht trocken geöffnet; die staubfeinen
Samen quellen heraus, aufgelockert durch die gekräuselten
Schleuderhaare, *c* einzelne Schleuderhaare feucht, gerade,
verkürzt; *b* daneben einige Samen; *d* einzelnes Schleuder-
haar trocken, wirr gekräuselt, verlängert; *e* Basis eines
Schleuderhaares, die Struktur und Tüpfelung zeigend. —
(*a*, *b*, *d* Originalzeichnungen nach der Natur, *c* zum Teil
nach KERNER, *e* nach GUTTENBERG.)

mit aufgehen, wie bei den Grasfrüchten, bei denen die harten, sklerenchymatischen Spelzen den Schutz übernehmen. Die
4. Periode der Fruchtentwicklung ist das letzte Stadium, die
Fruchtreife: Die Früchte fallen ab (Schließfrüchte), zerfallen in die
Teilfrüchte (Bruch- und Spaltfrüchte), zerspringen (Explosionsfrüchte)
oder öffnen sich zur Ausstreuung der Samen (Streufrüchte). Die Beeren
entlassen ihre Samen erst dann, wenn das Fruchtfleisch verfault, wenn
sie nicht vorher von Tieren verzehrt wurden. Äußerst mannigfache chemische Veränderungen bringt die Fruchtreife in den Geweben der
Fruchtwandung mit sich. Die Stärke verwandelt sich in Zucker, Fette,
Öle, Proteine, Säuren und andere Verbindungen. Die im unreifen

Zustande ungenießbaren Früchte werden genießbar und entwickeln oft mehr oder weniger angenehme Gerüche (vgl. Duftfrüchte, Stinkfrucht) durch Bildung ätherischer Öle und anderer Duftstoffe. Die Schutzfärbungen der unreifen Früchte machen auffälligen Farben Platz, namentlich bei den Beerenfrüchten und Steinfrüchten. Wehrbildungen, wie Stacheln, Dornen und ähnliche Bildungen, die dem Schutz der reifenden Samen dienen, werden durch Stellungsänderungen der betreffenden Organe unwirksam: die stacheligen Klappen des Fruchtbechers bei *Fagus*, *Pasania*, *Castanea* biegen sich zurück, so daß die Samen den Tieren dargeboten werden. Die bestachelten Fruchtklappen vieler Kapseln schlagen sich um oder fallen ab und bieten die Samen dem Winde dar, z. B. *Pithecoctenium*. Die Anpassungen an die Verbreitung der Früchte und Samen werden wirksam (vgl. Abb. 37, Fig. 6 a).

An der Ausbildung von Vorrichtungen, welche der Verbreitung dienen, können alle Teile der Frucht teilnehmen. Bei den Schließfrüchten übernehmen irgendwelche Teile der Frucht oder ihrer akzessorischen Organe, wie Vorblätter, Kelch, Blumenkrone die Ausbildung der Verbreitungseinrichtungen, während bei den sich öffnenden Früchten Frucht und Same derartige Einrichtungen zeigen. Gewöhnlich harmonieren diese Einrichtungen, indem sie sich zur Erhöhung der Wirksamkeit des gleichen Verbreitungsmittels unterstützen. Besonders bei der Verbreitung durch Wasser und Wind finden sich viele Beispiele einer derartigen Doppelverbreitung durch Frucht und Samen mit Hilfe des gleichen Verbreitungsfaktors. Daneben finden sich aber auch Fälle, in denen eine Verbindung verschiedenartiger Faktoren mitwirkt. Bei der Darstellung im speziellen Teile wird Gelegenheit sein, hierauf näher einzugehen. Anpassungen, welche zugleich der Verbreitung durch verschiedene Faktoren dienen können, sind sehr häufig, so daß man mitunter im Zweifel sein kann, ob man die betreffenden Frucht- und Samenformen bei Verbreitung durch den Wind oder durch Tiere oder auch durch Wasser unterbringen soll. Namentlich gilt dies für die Verbreitungseinrichtungen vieler Sumpf- und Wasserpflanzen.

5. Die Faktoren der Verbreitung.

Welche Faktoren sind nun bei der Verbreitung der Früchte und Samen wirksam? Zunächst gibt es eine große Anzahl von Pflanzen, welche die Verbreitung ihrer Samen selbst besorgen. Wir nennen sie autochore Pflanzen, die Erscheinung selbst „Autochorie" vom griech. αὐτὸς = selbst und χορέω = ich gehe, es sind also „Selbstwanderer", die fremder Hilfe zu ihrer Verbreitung nicht bedürfen. Da der Zweck der Frucht- und Samenbildung ist, die Art zu erhalten und fortzupflanzen, die Autochorie aber die Samen nur in nächster Nähe der Mutterpflanze in den Boden bringt, wird diese Autochorie vornehmlich bei solchen Pflanzen zu finden sein, die auf ganz besondere Standortsverhältnisse eingestellt sind, wie z. B. Mangrovepflanzen, Schattenpflanzen der Wälder u. a. Rein autochore Pflanzen sind sehr selten; meist besteht die Möglichkeit auch allochorer Verbreitung. Sehr häufig sind an den durch Selbstausstreuung (Ausschleuderung) frei werdenden

Samen besondere Einrichtungen vorhanden, die der allochoren Verbreitung dienen.

Alle übrigen Pflanzen sind allochor, d. h. sie bedienen sich fremder (allos = fremd) Kräfte zur Verbreitung ihrer Früchte und Samen. Es entspricht dies auch ganz den natürlichen Verhältnissen, daß die Pflanze auch zur Verbreitung ihrer Früchte und Samen die Kräfte ausnutzt, die ihr die Natur in ihrer Umgebung zur Verfügung stellt: das Wasser, die Luftbewegungen und die Tiere. Spielen Tiere in der Blütenbiologie als Herbeibringer des befruchtenden Pollens eine außerordentlich wichtige Rolle, so sind Tiere bei der Verbreitung der Früchte und Samen nicht minder wichtig. Pflanzen, deren Früchte und Samen an Verbreitung durch Tiere angepaßt sind, nennen wir zoochor, die Eigenschaft „Zoochorie". Die Früchte und Samen können von Tieren verzehrt, die Samen dann wieder ausgeschieden werden. Derartige Formen nennen wir endozoisch. Als Gegengabe für den Dienst, welche die Tiere der Pflanze durch Verbreitung der Samen leisten, bieten derartige Früchte mehr oder weniger schmackhafte Kost durch saftiges Fruchtfleisch, Fruchtmus oder saftige Samenmäntel. Doch werden nicht alle Tierformen der Pflanze Nutzen bringen, denn die Beschaffenheit der Verdauungsorgane ist bei vielen Tieren so, daß nur wenige Samen im lebensfähigen Zustande den Tierleib verlassen, mitunter sogar alle verzehrten Samen zerstört werden. Dies gilt besonders für viele Säugetiere, wie Wiederkäuer, Schweine, Wild, aber auch für alle Vögel, deren Magen durch besonders harte Wandungen ausgezeichnet ist, deren Reibung alle Samen zerstört, wie Hühner, Enten, Gänse, Krähen usw. Durch Mitverschlucken von Sand, Steinchen u. dgl. wird die zerstörende Wirkung des Magens und der Verdauungssäfte noch erhöht. Derartige Tierformen scheiden bei der endozoischen Verbreitung als Nützlinge für die Pflanzenwelt aus.

Sehr viel häufiger benutzt die Pflanzenwelt die Tiere als passive Helfer: die Früchte, seltener auch die Samen werden den Tieren irgendwie angeklebt oder angeheftet. Diese Verbreitungsweise ist ungleich wirksamer und wichtiger, daher außerordentlich häufig und bei Pflanzen der allerverschiedensten Pflanzengemeinschaften anzutreffen. Die Mannigfaltigkeit der Ausbildung der Klettfrüchte ist daher sehr groß und nicht immer ganz harmlos für ihre Verbreiter (vgl. Bohrfrüchte, Trampelkletten). Pflanzen, die Verbreitungseinrichtungen besitzen, welche ein Anheften an Tierkörper sichern sollen, nennen wir epizoochor oder epizoisch, die Erscheinung „Epizoochorie".

Diesen steht nun eine dritte Gruppe von Pflanzen gegenüber, deren Früchte und Samen absichtlich von Tieren gesammelt und verschleppt werden. Die Tiere sind hier also aktive Helfer, wenn auch natürlich nur insofern bewußt, als sie den Anlockungsmitteln, die ihnen derartige „synzoochore" Früchte und Samen bieten, nachstellen. Die Eigenschaft solcher Pflanzen nennen wir „Synzoochorie". Synzoochore Pflanzen sind häufiger, als gewöhnlich angenommen wird. Die meisten Nußfrüchte, die von sammelnden Säugetieren und Vögeln als Wintervorrat zusammengeschleppt werden, gehören hierher und die große Zahl von Pflanzen, die auf die Verbreitung durch Ameisen eingestellt sind (vgl. „Myrmekochorie"). Bei den synzoochoren Nußfrüchten scheiden für die Verbreitung naturgemäß alle verzehrten oder durch Verzehrversuche stark beschädigten Früchte aus, die für die Verbreitung der Pflanzen verloren gehen. Es bleiben aber noch genug unbeschädigte Früchte und Samen übrig, die bei den Lebensgewohnheiten der Sammler dem Verzehr entgehen und der Verbreitung der Pflanze zugute kommen. Synzoochorie findet sich naturgemäß besonders in den Wäldern und Gebüschformationen, aber auch in der Steppe und anderen Pflanzengemeinschaften, in denen die Gräser eine größere Rolle spielen.

Daß das Wasser in den Dienst der Pflanzenverbreitung gestellt wird, liegt sehr nahe. Hydatochorie, so nennen wir diese Erscheinung, ist daher sehr verbreitet und findet sich nicht nur bei Wasser- und Sumpfpflanzen, sondern, so absonderlich es auch klingen mag, auch bei Pflanzen der Steppen und anderer „trockener" Pflanzengemeinschaften, allerdings hier in besonderer Form (vgl. Anpassungen an die Verbreitung durch Regen).

Überall auf der Erde weht wenigstens zeitweise der Wind und befindet sich selbst bei „Windstille" die Luft in dauernder Bewegung. Es ist daher ohne weiteres verständlich, daß die Pflanzen die Luftbewegungen zur Verbreitung ihrer Früchte und Samen ausnutzen. Wir nennen solche Pflanzen „anemochor", diese Eigenschaft „Anemochorie". Sie ist so verbreitet, daß es keine Pflanzengemeinschaften gibt, in denen nicht irgendwelche anemochoren Pflanzen zu finden wären. Ja ganze Pflanzengemeinschaften setzen sich oft fast ausschließlich aus anemochoren Arten zusammen. Kein Wunder, daß die Anemochorie unter allen Verbreitungsformen die größte Mannigfaltigkeit zeigt. Können doch sowohl winzig kleine Samen (vgl. „Körnchenflieger"), wie verhältnismäßig schwere Früchte (vgl. „Schraubenflieger", „Drehflieger" und besonders „Federballflieger") anemochore Anpassungen aufweisen.

Diese kurze Übersicht ergibt zugleich eine Gliederung des ungemein reichen Stoffes, die wir unserer Darstellung im Speziellen Teile des Buches zugrunde legen wollen. Da die Anpassungen Verbreitungseinrichtungen hervorgerufen haben, die an den verschiedensten Teilen der Frucht oder an akzessorischen Organen oder sogar ganz außerhalb des Fruchtstandes auftreten können und in ganz gleichartiger Ausbildung trotz verschiedenster morphologischer Natur bei den verschiedenen Fruchtformen wiederkehren, müssen wir von einer Gliederung des Stoffes nach morphologischen Gesichtspunkten absehen. Die Biologie tritt in den Vordergrund; sie gestattet uns eine einheitliche Darstellung.

Die unendliche Fülle der Erscheinungsformen zwingt uns zur Einschränkung. Im Speziellen Teile kann daher nur eine Auswahl von Beispielen gegeben werden; eine erschöpfende Darstellung ist unmöglich, ohne den Rahmen des Buches ganz wesentlich zu überschreiten.

6. Die Wirksamkeit der Verbreitungseinrichtungen.
(Beobachtungen über Neubesiedlung pflanzenfrei gewordenen Bodens.)

Vor den Toren der Deutschen Reichshauptstadt liegt ein Gelände, das vor etwa 30 Jahren dazu diente, zum Bahnbau Kies und Sand zu liefern. Bis zum Grundwasserspiegel wurde das Erdreich entfernt und jeglicher Pflanzenwuchs vernichtet. Heute ist dasselbe Gelände eines der wissenschaftlich wertvollsten Naturschutzgebiete mit mannigfachsten Pflanzengemeinschaften: hier ein undurchdringlicher Urwald von Erlen, Pappeln und Weiden, dort eine üppige Heide, dort ein Hochmoor und an den tiefsten Stellen ein See mit mannigfachem Pflanzenwuchs, dichten Schilf- und Kolbenrohrbeständen, Riedgräsern, vielen Doldenblütlern, Friedlos, Weiderich und anderen bekannten Rohrsumpfbegleitpflanzen. Aus fernen Gegenden haben sich Pflanzen eingefunden, zum Teil Arten, die im Umkreis von über 150 Kilometern Luftlinie nicht vorkommen. Mit dem üppigen Pflanzenwuchs hat sich ein Heer von Singvögeln eingestellt, die hier im dichten, undurchdringlichen Gestrüpp oder auf unnahbarem Moor ihr fröhlich Lied erklingen lassen. Ganz ohne Zutun des Menschen ist dies Paradies entstanden; gerade, weil der Mensch sich um das Gelände, das seinen Zweck erfüllte, nicht gekümmert hat. Nach dem Bahnbau blieb das Gelände sich selbst überlassen, und da der Boden „unfruchtbar" war und auch der Bauspekulation kein brauchbares Objekt bot, überließ man der Natur, die Wunden selbst zu heilen, die der Mensch ihr durch seine Kultur beigebracht hatte. Und in der kurzen Zeit von noch nicht einem Menschenalter ist's der Göttin Flora gelungen, ihr buntgewebtes Kleid über die Stätte zu breiten.

Die Zerstörung der ursprünglichen Vegetation, die aus den Charakterarten dürrer, sandiger Kiefernwälder mit Heidekraut, *Festuca ovina*, *Aira flexuosa*, abwechselnd mit Heideflecken und kleinen Hochmoorbildungen bestand, erfolgte in den Jahren 1894 bis 1898. An den tiefsten Stellen bildete sich ein See aus dem zutage getretenen Grundwasser und angesammelten Regenwässern, der Gelegenheit bot zur Ansiedlung von Verlandungspflanzen und Wasserpflanzengemeinschaften aller Art. Andere Stellen zeigten Hochmoorbildungen, weite Strecken Heidecharakter und dichten Bestand von Gehölzwuchs. Der leider zu früh verstorbene K. OSTERWALD hat seit dem Jahre 1897 die Neubesiedlung des Gebietes mit Pflanzenwuchs genau verfolgt, hierüber eingehende Beobachtungen veröffentlicht, die Hauptmenge seiner Sammlungen und Aufzeichnungen harrt aber noch der Veröffentlichung. Ich habe das Gebiet seit 1916 alljährlich, mehrmals in Gemeinschaft mit OSTERWALD, besucht. Leider fehlen Aufzeichnungen über die Blütenpflanzen in den ersten Jahren der Neubesiedlung mit Pflanzenwuchs. Erst vom Jahre 1900 ab hat OSTERWALD auch den Blütenpflanzen seine Aufmerksamkeit zugewandt und in diesem Jahre bereits 109 Arten, außerdem 50 Kryptogamen feststellen können. Ende 1903 waren bereits 268 Phanerogamen und 113 Kryptogamen, im Jahre 1922 insgesamt 959 Arten, darunter 429 Blütenpflanzen nachgewiesen. Seither fehlen leider genaue Feststellungen.

Der Gang der Neubesiedlung des Gebietes läßt die verschiedene Wirksamkeit der Verbreitungseinrichtungen deutlich erkennen. Als erste Pioniere traten Sporenpflanzen, insbesondere Moose, auf, die sich sehr bald an Masse und Artenzahl reich entwickelten. Zahlreiche äußerst seltene, ja einige für die Wissenschaft neue Arten konnten festgestellt werden. Auch verschiedene Farne, Schachtelhalme und Bärlappe waren bereits 1900 vorhanden. Von den 109 Arten Blütenpflanzen, die OSTER-WALD im Jahre 1900 angibt, waren 47 Arten Landpflanzen, 62 Arten Wasser- und Sumpfpflanzen; von den 109 Arten sind nicht weniger als 94 anemochor, nur 13 epizoochor, nur 1 endozoochor (*Rubus plicatus*), 1 autochor (*Vicia cracca*). Bei der beerenfrüchtigen *Rubus*-Art ist anzunehmen, daß sie noch als Rest der ehemaligen Flora der Vernichtung entging, demnach keine neu eingewanderte Art ist. Der Pflanzenwuchs bestand also zum allergrößten Teile aus Anemochoren; rechnet man diesen Arten die 50 Kryptogamen noch hinzu, so ergibt sich das Verhältnis der Anemochoren zu Zoochoren und Autochoren wie 144 : 13 : 1. Unter den anemochoren Landpflanzen sind die Gräser und Kompositen (mit 8 und 12 Arten), unter den anemochoren Arten des feuchten Bodens und Wassers die Binsen, (*Juncus*-Arten mit 9), Weiden (*Salix* mit 12), Riedgräser (mit 7 Arten) am stärksten, die Gräser dagegen mit nur 8, die Kompositen mit nur 2 Arten schwächer vertreten. Am zahlreichsten sind unter den Anemochoren die „Schopfflieger" mit 39 Arten, die „Körnchenflieger" mit 32 Arten, die ja besonders wirksame Verbreitungseinrichtungen darstellen. Daß die Wasser- und Sumpfpflanzen mit 62 Arten stärker vertreten waren als die Landpflanzen mit 47 Arten, zeigt, daß der feuchte Boden sich schneller neu besiedelt als der trockene. Die bereits 1900 festgestellten 5 Arten mit „Klettfrüchten" dürften vielleicht, soweit sie nicht etwa durch den Menschen dahin gelangten, durch die in der Gegend häufigen wilden Kaninchen verschleppt sein. Die zoochoren und hydatochoren Wasserpflanzen dürften durch Wasservögel verschleppt sein. Da das Gebiet völlig abgeschlossen ist, kommt hydatochore Verbreitung durch Herbeischwemmen aus benachbarten Gewässern nicht in Frage. In Hundertsätzen betrug der Anteil an der 1900 festgestellten Zahl der Blütenpflanzen (109 Arten) bei den Anemochoren 86 vH, Zoochoren etwa 13 vH, Autochoren etwa 1 vH. Als erste Gehölze konnten bereits 1900 12 Weiden- (*Salix*) Arten, *Populus tremula* (Zitterpappel), *Betula verrucosa* (Birken) und von Nadelhölzern Kiefern (*Pinus silvestris*) festgestellt werden, sämtlich anemochor. Im folgenden Jahre konnte OSTERWALD in seine Listen weitere 121 Arten von Blütenpflanzen aufnehmen. Für das Jahr 1903 konnten bereits 268 Blütenpflanzen festgestellt werden: der Zuwachs an Landpflanzen ist mit etwa 70 Arten stärker als der der Wasserpflanzen, zu denen etwa 60 Arten hinzukamen. Der Hauptzuwachs entfällt wieder auf die Anemochoren, und zwar besonders auf die Gräser und Kompositen, aber auch auf die Körnchenflieger. Die Zahl der Zoochoren hat besonders bei den Wasserpflanzen zugenommen unter dem Einfluß des zunehmenden Vogellebens. Beerenfrüchtler sind nur 2 Arten hinzugekommen (*Fragaria vesca* und *Solanum dulcamara*). Auch die Zunahme der Klettfrüchtler ist bei den Landpflanzen noch sehr gering (*Geum rivale, Medicago minima*). Dagegen ist bereits eine Anzahl von Myrmekochoren zu finden, wie *Luzula campestris, Arenaria serpyllifolia, Holosteum umbellatum, Fumaria officinalis, Viola canina, V. tricolor* u. a. Es würde zu weit führen, den Zuwachs der Arten in den folgenden Jahren hier im einzelnen zu verfolgen. Im letzten Jahre, in dem eine statistische Aufnahme des Pflanzenwuchses stattfand, 1922, betrug die Zahl der Blütenpflanzen 429 Arten, die der Kryptogamen über 540. Es sei nur auf einige Verbreitungstypen eingegangen. Die Zunahme der Vogelwelt mit dem Heranwachsen der Gehölze macht sich besonders vom Jahre 1911 ab bemerkbar: der Baumwuchs war um diese Zeit etwa 10—14 Jahre alt und bot den beerenfressenden Vögeln, namentlich den Amseln, Drosseln und Staren besseren Unterschlupf. Die Zahl der „beerenfrüchtigen" Pflanzen stieg daher von 1908—1922 um etwa 23 Arten. Zuerst (1908) fand sich *Pirus aucuparia* (Eberesche) ein, es folgten schwarzer Nachtschatten (*Solanum nigrum*) 1911, Blaubeeren und Faulbaum (*Rhamnus frangula*) 1912, *Rubus caesius* (Brombeere) und *Rosa canina* 1913, Spargel (*Asparagus officinalis*), *Ribes rubrum* (Johannisbeere), *Parthenocissus quinquefolia*, Preißelbeere (*Vaccinium vitis idaea*) bis 1918 und im letzten Abschnitt bis 1922 *Berberis* (*Mahonia*) *aquifolium*, *Viburnum opulus* (Schneeball) 1919, Wacholder (*Juniperus communis*), Stachelbeere (*Ribes grossularia*), schwarze Johannisbeere (*R. nigrum*), Kirsche (*Prunus cerasus*), Weißdorn (*Crataegus oxyacantha*), Birne, Efeu, *Cornus sanguinea*, *Ligustrum vulgare*, Holunder (*Sambucus nigra*) bis 1922.

Während die anemochoren Gehölze mit Ausnahme von Ahorn (*Acer platanoides* wurde erst 1916 zum ersten Male festgestellt) sehr frühzeitig wieder in das Gebiet einwanderten und bereits im Jahre 1901, also 3 Jahre nach Aufhören der Vernichtung des Pflanzenwuchses wieder reichlich vertreten waren, erfolgte die Einwanderung der Eiche (*Quercus robur*) erst 1916, von *Aesculus hippocastanum* erst 1921. Daß die Ulmen (*Ulmus pedunculata*, Flatterrüster) auch erst 1911 festgestellt werden konnten, liegt daran, daß diese Baumart in der Nachbarschaft selten ist; daß keine Linden aufgetreten sind, erklärt sich damit, daß sie dort in der ganzen Nachbarschaft fehlen.

Die Ergebnisse der Beobachtungen über die Neubesiedlung des Bucher Ausstichgeländes sind, soweit sie uns hier bei der Wirksamkeit der Verbreitungseinrichtungen der Pflanzen interessieren, kurz folgende: Weitaus am wirksamsten ist die anemochore Verbreitung. Bei dieser stehen an der Spitze die „Körnchenflieger" mit staubfeinen Sporen oder Samen. Namentlich Moose fanden sich zuerst in großer Menge und Artenzahl ein. Die Sporen einzelner Arten müssen Luftreisen von vielen Hunderten von Kilometern zurückgelegt haben. Dies gilt auch für einige der Körnchenflieger unter den Blütenpflanzen, besonders für die Orchidee *Microstylis monophylla*. Ein besonders treffendes Beispiel für die sehr wirksame und schnelle Verbreitung der Körnchenflieger sind noch andere im Gebiete in reichen Beständen auftretende Arten, wie die Sumpfhöswurz (*Epipactis palustris*) und andere Orchideen und vor allem das Heidekraut *Calluna vulgaris*, das ausgedehnte Massenbestände bildet. *Calluna* ist in der Nachbarschaft des Gebietes überall häufig; es ist daher kein Wunder, wenn das Heidekraut als einer der ersten Bestandbildner bei der Neubesiedlung auftrat. Daß die Samen der Erikazeen und ebenso gebauten Pirolazeen aber auch zur

Fernverbreitung gut geeignet sind, beweist das Auftreten von *Erica tetralix*, der Glockenheide, *Pirola minor* und *P. uniflora* (Wintergrün), die erst in weiter Entfernung vom Gebiete ihre nächsten Standorte haben. Luftreisen von vielen Kilometern waren notwendig, um ins Gebiet zu gelangen. Daß unter den Arten mit staubfeinen Samen oder Sporen Formen von weltweiter Verbreitung nicht selten sind, ist bei der Wirksamkeit ihrer Verbreitungsmittel verständlich. Nächst den Körnchenfliegern zeigen die „Schopfflieger" eine besonders schnelle und weite Verbreitungsfähigkeit. Bei diesem Typus scheiden die blütenlosen Pflanzen aus; er ist nur Blütenpflanzen eigen. Ganz besonders flugfähig sind die mit Haarschöpfen versehenen Früchte oder Samen von *Typha* (Rohrkolben), *Eriophorum* (Wollgras), Weiden (*Salix*), Pappeln (*Populus*), Weidenröschen (*Epilobium*) und den Kompositen, die einen hohen Hundertsatz der Anemochoren ausmachen. Einige dieser Arten müssen gleichfalls sehr weite Luftreisen zurückgelegt haben, um in das Gebiet zu gelangen, in dessen Umgebung sie auf weite Strecken fehlen, wie *Eriophorum alpinum* (nächste Standorte bei Eberswalde, Werbellinsee), *Epilobium adnatum, Senecio aquaticus* u. a. Die Typen der Körnchenflieger und Schopfflieger sind für die Fernverbreitung der Pflanzen hervorragend geeignet.

Eine schnelle und weite Verbreitungsfähigkeit besitzen auch die kleinen randgeflügelten Früchte der Birken und Erlen; dieser Typus eignet sich sowohl zur Fern- wie zur Nahverbreitung.

Dagegen eignen sich die einseitig geflügelten Früchte des Ahorns („Drehflieger") nur zur Nahverbreitung.

Aber auch die Verbreitung durch Tiere ist recht wirksam: an erster Stelle steht hier epizoische Verbreitung durch Wasservögel, die sich bei der Neubesiedlung der feuchteren Stellen und des offenen Wassers als sehr wirksam erwies. Die größte Bedeutung für die Pflanzenverbreitung hat das Klebenbleiben der Früchte und Samen an den Füßen und auch wohl am Gefieder der Vögel. Es können auf diesem Wege alle Typen kleinerer Früchte und Samen und auch vegetative Organe der Wasser- und Sumpfpflanzen, wie auch der Landpflanzen, die in der Nachbarschaft wachsen, verschleppt werden. Diese Form der Verschleppung eignet sich sowohl für die Fern-, wie besonders für die Nahverbreitung. Dagegen traten die mit eigentlichen Klettfrüchten versehenen Pflanzen erst verhältnismäßig spät auf.

Die Verschleppung der Beerenfrüchtler und anderer Endozoen setzt erst dann wirksam ein, wenn bereits genügend Baum- und Strauchwuchs vorhanden ist. Die Beerenfrüchtler werden mehr zur Nah- und Nachbarschaftsverbreitung geeignet sein, als zur Fernverbreitung. Die im Gebiete aufgetretenen Beerenfrüchtler stammen wohl ausnahmslos aus nicht allzu großer Entfernung. Bei einigen ist wohl mit Sicherheit anzunehmen, daß sie aus den Gärten der benachbarten Wohnstätten stammen, wie z. B. Spargel, Mahonien (*Berberis aquifolium*), Stachel- und Johannisbeeren, Birnen, wilder Wein (*Parthenocissus*), Efeu u. a.

Von Ameisen verschleppte „Myrmekochoren" fanden sich sehr früh im Gebiete ein. Doch handelt es sich fast durchweg um Arten,

die auch andere Verbreitungsmittel besitzen. Immerhin ist der Einfluß
der Myrmekochorie deutlich als eine wichtige Form der Nahverbreitung. Von „Nußfrüchtlern" fand sich nur *Quercus robur* ein und
auch diese erst etwa 14 Jahre nach Beginn der Neubewachsung des Gebietes. Die erst 1921 aufgetretene Roßkastanie kann menschlicher Einwirkung zuzuschreiben sein.

Ähnliche Beobachtungen über die Besiedlungsfolge nach Vernichtung des ursprünglichen Pflanzenwuchses kann man unschwer an verschiedensten Plätzen machen. Geeignet sind hierzu alle Stellen, an
denen durch irgendwelche „Kultureingriffe" des Menschen oder durch
Brand die ganze Vegetation vernichtet wurde und das entstand, was
man in der Pflanzengeographie als „neuer Boden" bezeichnet. Derartige Stellen sind Aufschüttungen, Bahn- und Straßendämme, Torfstiche, Brachäcker, verlassene Gärten usw.

Für die Tropenländer liegen ähnliche Beobachtungen über die Wirksamkeit der Verbreitungseinrichtungen bei der Neubesiedlung pflanzenleer gewordenen Bodens vor. Am bekanntesten sind die klassischen
Untersuchungen von Treub über die Neubesiedlung der Sundainsel
Krakatau nach dem furchtbaren Vulkanausbruch am 26./27. August
1883, die zu ähnlichen Ergebnissen führten.

Daß unter Mitwirkung des Menschen ganze Pflanzengemeinschaften entstehen, die aus Arten bestehen, deren Früchte und Samen
sehr leicht verschleppt werden können, werden wir noch in einem besonderen Abschnitte (9. „Der Mensch als Verbreiter von Früchten und
Samen") zu besprechen haben. Hier sei nur kurz hingewiesen auf eine
der ältesten Arbeiten, die sich mit derartigen Pflanzen befaßt, auf
G. Godrons Florula Juvenalis seu enumeratio et descriptio plantarum
e seminibus exoticis inter lanas allatis . . .[1]. Ein Brachfeld am Ufer
des Lez bei Montpellier, der Port Juvenal, hatte jahrelang als Trockenplatz für ausländische Schafwolle gedient. Durch die mit der Wolle
eingeschleppten Früchte und Samen hatte sich der Platz in einen wahren
botanischen Garten verwandelt. Godron konnte mehrere hundert spanischer, italienischer, südrussischer, nordafrikanischer, amerikanischer
und anderer Pflanzen feststellen und zahlreiche Arten als neu beschreiben. Thellung hat in neuerer Zeit die Adventivflora von Montpellier
eingehend durchforscht und die Zahl der durch Handel und Industrie
dort eingeschleppten Arten als noch wesentlich größer feststellen können.
In derartigen Fällen ist die Veränderung der ursprünglichen Pflanzenwelt durch den Menschen unabsichtlich, nur eine Begleiterscheinung der
Tätigkeit des Menschen.

Welche Veränderungen die ursprüngliche Pflanzenwelt eines Landes
durch die Kulturtätigkeit des Menschen erleidet, das zeigen uns alle
Kulturländer. Die Wälder verschwinden und machen Kulturflächen
Platz oder verwandeln sich in Forsten, Moore werden entwässert und
in Ackerland oder Wiesen verwandelt, Ödland wird aufgeforstet oder in
mehr oder weniger ertragreiches Kulturland verwandelt. In allen Kul-

---

[1] Mémoir. de l'Acad. des Sciences et Lettres de Montpellier 1853.

turländern hat daher eine Naturschutzbewegung eingesetzt, welche die noch verbliebenen Reste des urwüchsigen Pflanzen- und Tierlebens und noch unberührte Gegenden zu erhalten sucht, soweit dies die fortschreitende Kultur nur irgend zuläßt.

7. Die Bedeutung der Verbreitungsmittel für die Pflanzensoziologie und Pflanzengeographie.

Die Aufgabe der Verbreitungsmittel ist Entfernung der Früchte und Samen vom Platze ihrer Entstehung. Am neuen Standort der jungen Pflanzen findet dann oft eine lebhafte vegetative Vermehrung statt, wenn die betreffende Art deren fähig ist, und mehr oder weniger ausgedehnte artenreine Pflanzenbestände entstehen, falls der Boden vorher pflanzenfrei war. Hierfür haben wir auch in unserer heimischen Flora viele Beispiele, wie den kleinen Sauerampfer *Rumex acetosella* L., das Habichtskraut *Hieracium pilosella*, zahlreiche Seggen, wie *Carex arenaria, C. brizoides, C. ligerica, C. hirta* u. a., viele Gräser, wie *Agrostis vulgaris, A. spica venti, Calamagrostis epigeios, Ammophila arenaria* und andere Arten lockersandigen Bodens. Es ist erstaunlich, mit welcher Geschwindigkeit solche Arten von dem neu gewonnenen Platze Besitz ergreifen und Massenbestände bilden. Auf feuchtem Boden und im Wasser geht diese vegetative Massenvermehrung oft noch schneller und stärker vor sich; das schnelle Verwachsen durch Kultureingriffe (z. B. Torfstechen) des Pflanzenwuchses beraubter Stellen auf Moorwiesen und die Massenbestände der Verlandungspflanzen, wie Schilf (*Phragmites communis*), Kolbenrohr (*Typha*) u. v. a. an unseren Gewässern zeigen dies. Offenes Wasser der Teiche, Seen und Gräben wird oft in kürzester Zeit mit Massenbeständen einzelner Arten angefüllt, z. B. von *Callitriche, Hottonia, Utricularia, Potamogeton, Ranunculus (Batrachium) aquatilis, R. fluitans* u. v. a. *Elodea canadensis*, die „Wasserpest", verdankt ihren Namen dieser Eigenschaft, die sie nach ihrer Einführung aus Nordamerika und ihrem Entweichen aus dem Springbrunnenbecken in Sanssouci, wo sie 1830 zuerst kultiviert wurde, in so ausgiebigem Maße entwickelte, daß sie die Schiffahrt, die Fischerei und den Mühlenbetrieb ernstlich behinderte.

Pflanzenbestände, die nur aus einer oder wenigen Arten bestehen, verdanken fast immer Kultureingriffen des Menschen oder Katastrophen irgendwelcher Art ihre Entstehung. Kultur hat aus unseren heimischen ursprünglichen Mischwäldern eintönige Forsten gemacht, die nur aus gleichalterigen Kiefern, Fichten, Buchen oder Eichen bestehen, ohne andere Begleitgehölze. Unsere Wälder sind ebenso Kulturformationen geworden, wie unsere Getreidefelder oder Kartoffel- und Rübenäcker oder eine Rasenfläche aus *Poa annua* oder eine Rieselwiese aus Lolch. In der Natur treten ähnliche Reinbestände einzelner oder weniger Pflanzenarten stets als Erstlingsstadien einer Pflanzenbesiedlung auf, wie in der Verlandungszone unserer Gewässer, auf Kahlschlägen und neuem Boden. Auch die Steppe kann unter dem Einfluß des für artenreichen Pflanzenwuchs schwierigen Klimas und besonders unter der auslesenden Wirkung der Steppenbrände auf weite Strecken arten-

reine Bestände bestimmter Gräser tragen. Diese aber nur während des
Sommers: im Frühling oder zur Regenzeit verwandelt sich auch die
Steppe in ein Blütenmeer farbenprächtigster Stauden, unter denen die
Zwiebel- und Knollengewächse eine besonders wichtige Rolle spielen.

Treffen wir also in der Natur auf derartige Reinbestände von Pflanzen, so haben wir mit wenigen Ausnahmen Störungsgebiete vor
uns. Der im vorigen Abschnitt geschilderte Verlauf der Neubesiedlung
eines pflanzenfrei gewordenen Geländes ist in den Grundzügen überall
auf der Erde gleich. Auch in den Tropen verläuft er ebenso. Wo Waldbildung möglich ist, bildet diese den Abschluß der Pflanzengemeinschaften. Unsere Heimat ist ursprünglich ein Waldland gewesen; nur
die Kultur hat die Wälder vernichtet, um Platz zu schaffen für die
Kulturpflanzen, die der Mensch zu seiner Lebenshaltung braucht. Wie
schnell die Waldbildung wiederkehrt, zeigt uns das oben geschilderte
Gebiet. Bis zur Wiederherstellung der ursprünglichen Verhältnisse verstreichen viele Jahrzehnte. In unserer Heimat muß man mit 80 bis
100 Jahren rechnen. Unser größtes märkisches Naturschutzgebiet am
Großen Plagesee bei Chorin zeigt noch heute auf weite Strecken in seinem
Pflanzenwuchse den Einfluß tiefgreifender Störungen durch den Menschen. Waren doch große Teile der Werder im Plagefenn noch vor 100 Jahren Ackerland. Die starken forstlichen Eingriffe, die vor etwa 20 Jahren,
kurz vor der Erklärung zum Naturschutzgebiete, erfolgten, sind noch
heute überall nachweisbar. Einer ungestörten Wiederherstellung der
ursprünglichen Waldverhältnisse ist hier aber der starke Besuch durch
Ausflügler sehr abträglich (ULBRICH *3*[1], *14*).

Aber auch in ungestörten Tropengebieten verstreichen Jahrzehnte
bis zur Wiederkehr des alten Waldes. Oben wurde die Sundainsel
Krakatau erwähnt, deren Pflanzenwuchs durch einen gewaltigen Vulkanausbruch vernichtet wurde. Untersuchungen VAN LEEUWENS[2] haben
gezeigt, daß dieses Störungsgebiet trotz des ungemein günstigen Tropen-
klimas noch jetzt erheblich artenärmer ist als die benachbarten Inseln.
Noch heute sind weite Grasflächen vorhanden, in denen der Wald nur
langsam Fuß fassen kann. Die Hauptmasse des Pflanzenwuchses besteht auch heute noch, über 40 Jahre nach Beginn der Neubildung,
vorwiegend aus Anemochoren, wenn auch andere Verbreitungstypen
nicht fehlen. Der Üppigkeit der Vegetation entsprechend sind reichlich
Epiphyten vorhanden, wie Moose, Farne, Orchideen, Gesneriazeen u. a.,
die alle anemochor und sehr verbreitungsfähig sind. An den Küsten
spielt die hydatochore Verbreitung die Hauptrolle. Aber überall treten
verhältnismäßig wenige Arten, diese aber in Massenbeständen auf. Es
fehlt überall, auch in den Waldbildungen, noch der für normale Tropen-
verhältnisse typische Artenreichtum auf kleinem Raum.

Diese Verhältnisse zeigen, daß man die Wirkung der Verbreitungsmittel nicht überschätzen darf. Es ist zwar erwiesen, daß die Pflanzen
unter günstigen Verhältnissen auf sehr weite Entfernung verbreitet

---

[1] Die kursiv gesetzten Zahlen verweisen auf die entsprechend numerierten
Arbeiten im Literaturverzeichnis am Schluß des Buches.

[2] Proc. Pan-Pacif. Sc. Congress Australia 1923, *1*.

werden können, wenn sie entsprechende Verbreitungseinrichtungen besitzen, wie viele Anemochoren, namentlich die Körnchenflieger, einige Zoochoren, besonders Klettfrüchtler und viele Hydatochoren, doch sind ihrer Verbreitung Grenzen gezogen.

Diese Grenzen der Verbreitung sind zunächst physikalische: eine Landpflanze kann Meere nicht überschreiten, es sei denn auf Landbrücken. Umgekehrt können Meeresgewächse nicht Kontinente überschreiten, wohl aber mit Hilfe der Meeresströmungen von Kontinent zu Kontinent gelangen. Waldpflanzen werden durch Steppen- und Wüstengebiete begrenzt, umgekehrt Steppen- und Wüstenpflanzen durch zusammenhängende Waldgebiete. Pflanzen der Ebene können hohe Gebirge, die mit ihrem Kamm bis in die Region des ewigen Schnees reichen, nicht überschreiten. Besonders ungünstig gestellt sind die Landpflanzen isoliert liegender Inseln und Inselgruppen, deren Flora infolgedessen oft ganz isoliert stehende Pflanzenformen (Endemismen), die sich aus alten Zeiten erhalten haben, in größerer Zahl beherbergt.

In noch stärkerem Maße wirken aber physiologische Grenzen. Jede Pflanze ist auf ein ganz bestimmtes Maß von Wärme, Licht und Feuchtigkeit abgestimmt, das zu ihrem Gedeihen nötig ist. Ein Zuviel oder Zuwenig macht ihr Gedeihen unmöglich. Daher wird einer Pflanze selbst die beste und wirksamste Verbreitungseinrichtung nichts nützen, wenn ihre Früchte oder Samen in ein Land mit anderem Klima gelangen, in dem sie nicht keimen können. Derartige weite Verfrachtungen kommen bei Früchten vor, die durch Meeresströmungen verbreitet werden, wie z. B. bei den riesigen Hülsen der tropischen Leguminose *Entada scandens* (vgl. Hydatochorie).

Weiter erschwerend wirken Abstimmung der Pflanzen auf ein bestimmtes Nährsubstrat, sei es eine bestimmte chemische Beschaffenheit des Bodens (z. B. Salzpflanzen, Moderpflanzen und andere Humusbewohner; Saprophyten) oder anderer Unterlagen (Epiphyten) oder Spezialisierung auf ganz bestimmte Nährpflanzen (Parasiten). Derartige Pflanzen, wie die Epiphyten, Saprophyten und Parasiten zeigen daher meist eine Überproduktion sehr verbreitungsfähiger Früchte oder Samen (staubfeine Samen, Körnchenflieger, Haarflieger, Schopfflieger und andere wirksame anemochore, seltener auch zoochore Verbreitungseinrichtungen), um die Schwierigkeiten der Erhaltung der Art auszugleichen und wenigstens einigen Nachwuchs zu erzielen. Wie selten sind trotz der vorzüglichsten Verbreitungseinrichtungen die *Orobanche*-Arten und viele Orchideen, wie *Epipogon, Serapias, Limodorum* u. v. a.!

Bei vielen Pflanzen, die mit ihren Wurzeln eine Lebensgemeinschaft (Symbiose) mit Pilzen oder Bakterien eingehen müssen, um gedeihen zu können, bei den „Mykorrhizapflanzen", erschwert dieses eigenartige Verhalten die Verbreitung. Sind die zur Symbiose nötwendigen Pilze oder Bakterien in dem Boden nicht vorhanden, auf den die Früchte oder Samen verbreitet wurden, kann eine Entwicklung nicht erfolgen. Dies gilt besonders für die Orchideen, Pirolazeen, Erikazeen, für viele Waldbäume, ferner für die Leguminosen, Elaeagnazeen, Erlen und viele andere.

So wird denn jedes Gebiet eine besondere Pflanzenwelt haben, die ihm
zum Teil ganz eigen ist. Hierüber belehrt uns die Pflanzengeographie.
Es gibt nur sehr wenige Blütenpflanzen, die so anpassungsfähig oder
klimatisch indifferent sind, daß sie in allen Ländern der Erde, von den
Tropen bis in die kalten Regionen, gedeihen können. Wir nennen solche
Pflanzen „Allerweltbürger" oder „Kosmopoliten". Die aller-
wenigsten verdanken ihre weltweite Verbreitung der Wirksamkeit ihrer
Verbreitungseinrichtungen ohne Zutun des Menschen, wie z. B. *Poa
annua* und andere Gräser. Die meisten Allerweltbürger haben wohl
ihre Verbreitung dem Menschen zu verdanken (vgl. den folgenden Abschnitt 9). Erheblich größer ist die Zahl derjenigen Pflanzen, die ohne
Zutun des Menschen allein durch die Wirksamkeit ihrer Verbreitungsorgane über klimatisch gleiche Zonen der Erde verbreitet sind. Hierher gehören die „Tropenweltbürger", „Pantropisten", oder
„Tropenkosmopoliten", welche in allen Tropenländern der Alten und
Neuen Welt zu finden sind. Namentlich die tropische Küstenflora
besitzt zahlreiche Arten, die dank ihrer vorzüglichen Schwimmfrüchte
durch Meeresströmungen weltweit verbreitet werden (vgl. „Hydatochorie"). Aber auch die gemäßigten und kalten Zonen besitzen solche
Arten, z. B. die Zwergbirke *Betula nana, Anemone nemorosa, A. hepatica,
Ranunculus acer, Dryas octopetala* u. v. a. („Zonenweltbürger").

Sehr groß ist die Zahl der Arten, die über zusammenhängende große
Florengebiete verbreitet sind. Die allermeisten Pflanzen unserer Heimat
gehören hierher.

Dem stehen nun andere Arten gegenüber, die nur sehr kleine Ver-
breitungsgebiete besitzen, oft nur auf kleinste Florenbezirke beschränkt
sind. Derartige Pflanzen nennen wir endemisch. Diese endemischen
Arten können verwandtschaftlich ganz isoliert dastehen („Reliktendemismen") oder nahe Verwandte in der Nachbarschaft ihres Verbreitungsgebietes besitzen („fortschreitender Endemismus"). Die erstgenannten sind Überreste einer älteren, bis auf wenige Reste vergangenen Pflanzenwelt und meist mit Verbreitungseinrichtungen versehen,
die nicht auf Fernverbreitung eingestellt sind. Die fortschreitenden
Endemismen stehen dagegen in der Gegenwart auf der Höhe ihrer Entwicklung und stellen auf ganz bestimmtes Klima angepaßte Formen
dar. Die Reliktendemismen finden sich besonders in isolierten und ab-
geschlossenen Gebieten, wie Inseln, isolierten Gebirgen, die fortschreitenden Endemismen dagegen in Gebieten, deren Klima sich auf geringe
Entfernung stark ändert, z. B. in den Übergangsgebieten vom Regenwald zur Steppe oder Wüste (Westaustralien, Südafrika, Zentralasien)
oder an Gebirgen (*Hieracium* im Riesengebirge). Diese Arten sind oft
mit wirksameren Verbreitungseinrichtungen ausgerüstet.

Schließlich gibt es noch viele Pflanzengattungen, deren nahe miteinander verwandte Arten in weit voneinander getrennten Gebieten
auftreten, so daß an einen Samen- oder Fruchtaustausch mit Hilfe der
Verbreitungseinrichtungen nicht zu denken ist. So besitzt die Gattung
Cedrus drei nahe verwandte Arten, von denen die Atlantische Zeder
im westlichen (Atlasgebirge), die Libanonzeder im östlichen Mittel-

meergebiete (Zypern, Libanon) verbreitet ist, während die dritte Art (*Cedrus deodara*) im Himalaya vorkommt. Ein ähnliches Beispiel sind einige mit unserem Leberblümchen (*Anemone hepatica*) nahe verwandte Arten: *Anemone transsilvanica* in den Transsylvanischen Karpathen, *A. Falconeri* im Hochland von Kaschmir, *A. Henryi* im östlichen Himalaya. Namentlich das Beispiel der drei letztgenannten Leberblümchen ist sehr interessant, weil diese Arten Früchte besitzen, die nur auf Nahverbreitung eingestellt sind: alle drei sind „Myrmekochoren". Solche Arten sind gleichfalls Reste einer sonst vergangenen (Tertiär-) Flora; wir nennen sie „stellvertretende" oder „vikariierende" Arten. Diese Beispiele zeigen, daß für die Verbreitung der Pflanzen in der Gegenwart nicht nur die Biologie der Früchte und Samen eine Erklärung geben kann. Die Entwicklungsgeschichte der Pflanzenwelt eines jeden Landes ist von allergrößter Bedeutung.

Ein an endemischen Arten reiches Gebiet wird, wenn es sich nicht um ein „Übergangsgebiet" handelt, stets ein florengeschichtlich hohes Alter aufweisen, während ein an Endemismen armes Florengebiet im gleichen Falle florengeschichtlich jung ist. Unsere Heimat ist sehr arm, Norddeutschland fast frei von endemischen Arten. Alle bei uns vorkommenden Arten sind weit verbreitet und kommen auch in den benachbarten Ländern vor. Aus diesem Zustande unserer heimischen Pflanzenwelt können wir erkennen, daß starke Störungen der heimischen Flora, die sich auf weiteste Strecken bis zur Vernichtung der ursprünglich vorhanden gewesenen Flora steigerten, noch gar nicht allzu weit zurückliegen müssen: die allermeisten bei uns heimischen Pflanzen sind mit wirksamen, auch zur Fernverbreitung geeigneten Vorrichtungen an ihren Früchten oder Samen versehen, so daß ihnen eine verhältnismäßig große Wanderfähigkeit zukommt. Die heimische Pflanzenwelt zeigt ein im Vergleich zu anderen Floren jugendliches Alter. Diese Vernichtung der ursprünglich vorhanden gewesenen Pflanzenwelt fiel in die Eiszeit, die den größten Teil unserer Heimat unter einer mächtigen Inlandeisdecke begrub. Erst nach dem Abschmelzen des Eises konnte die Pflanzenwelt das Gelände wiedererobern. Gewaltige Pflanzenwanderungen brachte die Eiszeit mit sich, Wanderungen, die selbst in der Gegenwart noch nicht abgeschlossen sind. Daß manche Pflanzenarten, die vor Beginn der Eiszeit in unserer Heimat vorhanden waren, nach der Eiszeit den Weg zu uns nicht wieder zurücklegen konnten, hängt, wenn nicht klimatische Gründe den Ausschluß bedingen, mit ihrer schlechten Verbreitungsfähigkeit zusammen. Dies gilt z. B. wohl für die Roßkastanie, *Aesculus hippocastanum*, deren schwere Samen wegen ihrer Bitterkeit von sammelnden Tieren wenig verbreitet werden. Sie ist daher ausschließlich auf Eigenverbreitung angewiesen, die eine Wanderfähigkeit ausschließt. Daß die Roßkastanie bei uns klimatisch gut aushält und sich dort, wo sie in unseren Wäldern angepflanzt ist, unseren heimischen Waldbäumen sogar als gefährlicher Konkurrent erweist, zeigt ihr Verhalten nach ihrer Wiedereinführung durch den Menschen.

8. Pflanzenwanderungen und Wanderstraßen.

Gelegentlich unserer Betrachtungen über die Neubesiedelung des Bucher Ausstichgeländes hatten wir gesehen, daß die Zuwanderung mancher Pflanze aus weit entfernten Gegenden erfolgt sein muß, da Standorte mancher dort aufgetretenen Arten in weitem Umkreise fehlen. Besonders bemerkenswert ist das Auftreten verschiedener sogenannter arktisch-alpiner Arten, wie des Alpenwollgrases, *Eriophorum alpinum*, der Orchidee *Microstylis monophylla* und verschiedener Moose in dem gedachten Gebiete. Man ist leicht geneigt, derartiges Vorkommen als „Relikte" aus der Eiszeit anzusprechen. Hier ist aber erwiesen, daß es sich um Neuanflug durch sehr verbreitungsfähige Früchte und Samen handelt. Diese Tatsache ist sehr wichtig, da sie zeigt, daß die Relikttheorie mit großer Vorsicht anzuwenden ist. Wir haben im norddeutschen Flachlande eine ganze Reihe von Beispielen ähnlichen Vorkommens arktisch-alpiner Arten, z. B. *Swertia perennis* bei Berlin, Freienwalde, Prenzlau, *Gentiana verna* bei Französisch-Buchholz (jetzt durch Bebauung vernichtet) u. a. Soweit es sich wie in diesen Fällen und bei *Eriophorum alpinum* u. a. um Arten mit sehr flugfähigen Samen oder Früchten handelt, wird es sehr zweifelhaft, ja sogar unwahrscheinlich, sie als Relikte anzusehen.

Diese Fälle zeigen uns, daß Pflanzen mit wirksamen Verbreitungseinrichtungen weiter, schneller und plötzlicher Wanderung fähig sind. Es liegt kein Grund vor, anzunehmen, daß die im Bucher Ausstichgelände beobachteten Tatsachen der Verbreitung Ausnahmefälle seien.

Daß Pflanzen noch in der Gegenwart mit Hilfe ihrer Früchte und Samen wandern, dafür haben wir in unserer Heimat noch manche anderen Beispiele. Es sei nur hingewiesen auf die Einwanderung des Frühlingsgreiskrautes *Senecio vernalis* und Kleinblütigen Springkrautes *Impatiens parviflora* L. aus dem Osten und zahlreicher Ankömmlinge aus fremden Ländern, die in unserer Unkrautflora eine große Rolle spielen (vgl. Abschnitt 9).

Die Wanderungen der Pflanzen erfolgen nun durchaus nicht immer regellos und zufällig. Die Pflanzen benutzten und benutzen bestimmte „Wanderstraßen". Für unsere Heimat sind die in ost-westlicher Richtung ziehenden diluvialen Stromtäler und die sie auf weite Strecken begleitenden trockenen und sonnigen Abhänge der Endmoränen wichtige Pflanzenwanderstraßen für die von Ost nach West oder in umgekehrter Richtung wandernden Pflanzen. Die großen Pflanzenwanderungen während und nach der Eiszeit vollzogen sich zum Teil auch längs der Gebirge. Die Wiege vieler bei uns verbreiteter Gebirgspflanzen stand im fernen Zentral- und Ostasien. Hohe Gebirge wirken wie unübersteigliche Mauern, die der Pflanzenwanderung ein Ziel setzen. So wirken die Alpen als Sperriegel für die Wanderungen von Norden nach Süden und umgekehrt. Wie der Mensch Pässe zur Überschreitung hoher Gebirge benutzt, so können auch die Pflanzen auf solchen Pässen wandern. So sind nordsüdlich verlaufende Alpentäler Wanderstraßen für manche Pflanzenarten, die als „mediterrane Einstrahlungen" im Süden Deutschlands vorkommen.

Auch die Meeresküsten dienen als Wanderstraßen, in unserer Heimat besonders für viele Arten, die wir als „atlantisch" bezeichnen. Bei einigen Arten läßt sich die schrittweise nach Osten vorrückende Wanderung verfolgen, wie z. B. bei der Umbellifere *Torilis nodosa* (vgl. unter „Heterokarpie und Polychorie"). Dafür, daß wanderfähige Arten von den Meeresküsten landeinwärts wandern, haben wir in der Filzblätterigen Pestwurz (*Petasites spurius* [= *P. tomentosus*]), im Strandroggen (*Elymus arenarius*) Beispiele in unserer Heimat. Diese Arten haben die Täler unserer großen Ströme (Rhein, Weser, Elbe, Oder, Weichsel) benutzt, um in ihnen weit landeinwärts stromauf zu wandern. Sehr verbreitungsfähige Früchte erleichtern die Wanderung; starke vegetative Vermehrung durch kriechende Stengel lassen die Arten schnell und leicht Fuß

Abb. 3. Bestand von *Petasites spurius* RCHB. auf den Dünen der Kurischen Nehrung. (Nach Phot. von Dr. K. HUECK, Juli 1924.)

fassen (vgl. Abb. 3). So ist die Pestwurz bereits bis in die Gegend von Berlin gewandert, wohin sie durch das Havel- und Spreetal aus dem Elbtal gelangte.

In umgekehrter Richtung ist der Wilde Schnittlauch, *Allium schoenoprasum* von dem Quellgebiet der Elbe (Riesengebirge) bis zur Elbemündung bei Hamburg gewandert; diese Art begleitet den ganzen Elbstrom, stellenweise auf dem sandigen Schwemmlandboden im Mittel- und Unterlauf ganze Bestände bildend, eine Zierde der Elbewiesen.

Daß die Küstenpflanzen der Meere die Meeresströmungen zu weltweiten Wanderungen benutzen, sei hier auch erwähnt (vgl. „Hydatochorie").

Diese Pflanzenwanderungen werden sich um so sicherer vollziehen, je schneller und fester die betreffende Art an ihrem neu gewonnenen Standorte Fuß zu fassen imstande ist. Reichliche vegetative Vermehrung durch Kriechsprosse, Ausläufer u. a. erleichtert dies sehr.

Recht bedeutende Pflanzenwanderungen werden auch an die Züge der Vögel geknüpft sein müssen, die namentlich den mit guten Haftvorrichtungen versehenen Früchten und Samen der Süßwasser- und Sumpfpflanzen zugute kommen (vgl. „Zoochorie").

Die wichtigsten Wanderstraßen der Pflanzen sind in der Gegenwart aber die Handels- und Verkehrswege des Menschen.

9. Der Mensch als Verbreiter von Früchten und Samen.

Wir haben bisher nur die Verbreitung von Früchten und Samen ohne Zutun des Menschen betrachtet. Der Einfluß des Menschen auf die Pflanzenverbreitung ist jedoch so groß, daß wir ihn nicht außer acht lassen dürfen. Wir übertreiben nicht, wenn wir sagen: Der Mensch ist der wichtigste Verbreiter der Früchte und Samen der Pflanzen. Der Einfluß des Menschen auf die Verbreitung der Pflanzen wirkt schon seit Jahrzehntausenden, solange es Menschen gibt. Der primitive Mensch lebte hauptsächlich von dem, was die Natur ihm aus wildwachsenden Beständen der Pflanzenwelt bot. Schon hierbei erfolgte eine Verbreitung von Früchten und Samen. Erheblich stärker wurde aber sein Einfluß auf die Pflanzenwelt, als er seßhaft wurde und mehr und mehr zum Ackerbau überging: er nahm die Pflanzen, die ihm besonders zusagten, in Kultur. Die Kulturpflanzen entstanden, von denen die wichtigsten ihn überallhin begleiteten, wo er seine Wohnstätten herrichtete. Die Tropen lieferten ihm andere Arten als die gemäßigten und kälteren Zonen. Manche Kulturpflanzen gelangten auf diesem Wege in alle Länder der Erde, wie der Mais (*Zea mays*) aus dem tropischen Mittelamerika, die Ackerbohne (*Phaseolus vulgaris*) u. a.; sie wurden durch den Menschen zu Allerweltsbürgern. Andere blieben auf die Tropen und Subtropen beschränkt, wie die Kokospalme (*Cocos nucifera*), die Banane (*Musa sapientum*), das Zuckerrohr (*Saccharum officinarum*), die Negerhirse (*Sorghum vulgare*), der Reis (*Oryza sativa*), die Baumwolle (*Gossypium*-Arten) u. v. a. Andere gediehen nur in den gemäßigten Zonen und verbreiteten sich hier über die ganze Welt, wie unsere Getreidearten, der Flachs (*Linum usitatissimum*) u. v. a. Mit diesen absichtlich verbreiteten Kulturpflanzen wurden deren ständige Begleiter und Unkräuter unabsichtlich mit verschleppt und erlangten eine gleiche Verbreitung. Mit dem Aufkommen des Handels und dem Verkehr der Völker untereinander wurden viele andere Pflanzen, namentlich solche mit leicht verbreitungsfähigen Früchten und Samen, besonders Klettfrüchtler, überallhin verschleppt.

Besonders auffällige Beispiele sind hierfür die „Wollkletten" der Schneckenkleearten, deren ursprüngliche Heimat in den Mittelmeerländern zu suchen ist (z. B. *Medicago hispida*, *M. laciniata*, *M. arabica* u. a.), die mit der Schafzucht nach Südamerika, Australien, Neuseeland und in andere Länder gelangten und von diesen aus mit der eingeführten Wolle wieder nach Europa verschleppt wurden. Ähnliche weltweite Reisen durch die Schafzucht und Wollausfuhr haben die „Spitzkletten", die Arten der Kompositengattung *Xanthium*, gemacht. *Xanthium spinosum* gelangte zuerst 1828 durch russische Truppen nach

der Wallachei: die Schweife und Mähnenhaare der Kosakenpferde waren
von den *Xanthium*-Früchten ganz durchsetzt; 1830 erschien diese Art
zugleich mit der Cholera in der Bukowina und erhielt dort den Namen
„Choleradistel", 1839 war sie in Ungarn weit verbreitet und gelangte
von hier aus donauaufwärts nach Bayern und durch die Eisenbahn nach
Norddeutschland. Der Wollhandel verbreitete sie bald über alle schaf-
zuchttreibenden Länder der Erde (HUTH *2*).

Viele derartige Pflanzen bilden in der Nähe der menschlichen Siedelungen besondere Pflanzengemeinschaften, wie die Ruderalpflanzen, die
oft ein buntes Gemisch aus Pflanzen aller Länder darstellen. Ackerbau,
Viehzucht, Industrie und Weltverkehr haben dann in steigendem Maße
zur absichtlichen oder unabsichtlichen Verbreitung von Früchten und
Samen beigetragen, so daß heute kein Land der Erde frei ist von „anthropophilen Pflanzen". Bei vielen Kulturpflanzen und Unkräu-
tern ist die Verbreitung so groß geworden, daß wir heute kaum noch
ihre ursprüngliche Heimat feststellen können. Unter dem Einfluß der
der Kultur und des Klimas oder infolge bewußter oder unbewußter
Sortenauswahl, Kreuzung nahe verwandter Arten, haben sich viele
Kulturpflanzen so verändert, daß es kaum noch möglich ist, ihre eigentlichen Stammarten festzustellen, wie z. B. beim Mais und anderen Getreidearten, beim Flachs u. a. Frucht- und Samenbau sind von den
urwüchsigen verwandten, wilden Arten oft ganz verschieden, z. B. Getreide, Obst u. a. Manche Arten haben unter dem Einfluß jahrtausendelanger vegetativer Vermehrung die Fähigkeit der Samenbildung ganz
verloren, wie z. B. die eßbaren Bananensorten. Die großen Völker-
bewegungen der Vergangenheit und Gegenwart haben durch Verbreitung
von Früchten und Samen überall ihre Spuren hinterlassen. Von besonderer Bedeutung wurde die Verbreitung als Heil- oder Zierpflanzen
genutzter Arten, die häufig aus der Kultur entwichen und sich mehr
oder weniger vollkommen in das heimische Pflanzenkleid der betreffenden Länder einfügten, so daß es oft recht schwer ist, festzustellen, ob
die betreffende Art wirklich urwüchsig in die betreffende Flora gehört,
z. B. bei uns der Kalmus (*Acorus calamus*), der Eibisch (*Althaea officinalis*), die Petersilie (*Petroselinum officinale*), die Gauklerblume (*Mimu-
lus luteus*), die Astern unserer Flußläufe (*Aster frutetorum, A. salicifolius*
u. a.), die Zweizahn-(*Bidens*-)Arten u. a.

Zumeist verraten die aus fremden Ländern stammenden Arten jedoch ihre Natur dadurch, daß sie Standorte wählen, an denen sie der
Konkurrenz mit der heimischen Pflanzenwelt weniger ausgesetzt sind:
sie bevorzugen „neuen Boden", Kulturland aller Art, Schuttplätze,
Gärten, Zäune, Dorfstraßen usw.

Manche Arten bleiben aber nach der Einschleppung durch den
Menschen unbeständige Gäste, die „Adventivpflanzen" oder „Ankömmlinge". Sie können unmittelbar nach der Einschleppung ihrer
Früchte oder Samen massenhaft auftreten, verschwinden dann aber
wieder spurlos.

Mitunter können die in fremde Länder verschleppten Arten eine
Gefahr für die dort urwüchsige, heimische Pflanzenwelt werden und sie

durch Bildung von Massenbeständen verdrängen. Namentlich sind „alte" Floren entlegener Inseln oder abgeschlossener Florengebiete dieser Gefahr ausgesetzt. Hierfür haben wir Beispiele auf den Kanarischen Inseln, im Kapland, auf St. Helena, auf Neuseeland und an anderen Stellen. Durch den Menschen eingeschleppte Pflanzenarten, besonders aus den Mittelmeerländern, haben sich in solcher Menge entwickelt, daß die gewissermaßen „altersschwache", urwüchsige Flora auf große Strecken diesen Eindringlingen hat Platz machen müssen. Für die Gefährdung unserer heimischen Pflanzenwelt durch Eindringlinge aus fremden Ländern haben wir ein treffendes Beispiel in der Verdrängung des schönen großblütigen Springkrautes (*Impatiens noli-tangere* L.) durch ihre kleinblütige östliche Schwesternart (*Impatiens parviflora* L.) u. a. (ULBRICH *14*).

Eine der Wiegen der nach allen Ländern der Welt durch den Menschen absichtlich oder unabsichtlich verbreiteten Kulturpflanzen und Unkräuter sind die Mittelmeerländer, namentlich das östliche Mittelmeergebiet. Hier war eines der ältesten Kulturzentren der Menschheit, dessen Kulturaustausch auch auf den Pflanzenwuchs der Erde wirkte. Stammen doch die wichtigsten Getreidearten der Kulturvölker aus dem östlichen Mittelmeergebiete. Mit dem Getreide gelangten als dessen ständige Begleiter beispielsweise Kornblumen, Kornrade, Klatschmohn, Klettkerbel, *Adonis auctumnalis, A. aestivalis, Nigella arvensis, Ranunculus arvensis* und viele andere bekannte Arten zu uns und nach anderen getreidebauenden Ländern.

Das Studium dieser Einflüsse des Menschen auf die Verbreitung der Pflanzen ist daher recht anziehend und auch vom kulturgeschichtlichen Standpunkte aus sehr wichtig, da sich aus der Verbreitung dieser Pflanzen wichtige Rückschlüsse auf ehemalige Handelsbeziehungen der Völker ergeben. Die Literatur über die anthropophilen Pflanzen ist daher sehr umfangreich. Eine Übersicht und Einteilung der Ruderal- und Adventivflora in genetische Gruppen geben O. NAEGELI und A. THELLUNG in der Vierteljahrsschrift der Naturforschenden Gesellschaft Zürich 50, S. 232 ff. 1905, wonach als Hauptgruppen unterschieden werden die Anthropochoren, die in der betreffenden Gegend nicht ursprünglich heimischen, sondern durch die Tätigkeit des Menschen eingeführten ausländischen Kulturpflanzen und Unkräuter und als zweite Gruppe die Apophyten, welche zwar ursprünglich in dem Gebiete heimisch, aber ihre natürlichen Standorte verlassen haben und unter Bildung veränderter Formen auf das Kulturland übergegangen sind.

Diese Ausführungen zeigen uns, daß der Mensch als wichtigster Verbreiter von Früchten und Samen die urwüchsige Pflanzenwelt in stärkstem Maße beeinflußt. In den uralten Kulturländern geht der Einfluß seiner Einwirkung so weit, daß es schwer hält, sich von der wirklich urwüchsigen Pflanzenwelt des Landes noch eine richtige Vorstellung zu machen, wie in Mitteleuropa, den Mittelmeerländern und in Ostasien, besonders in China.

SPEZIELLER TEIL.

Wir wollen nunmehr auf die Besprechung der wichtigsten Formen der Verbreitungseinrichtungen eingehen. Wir stellen bei der Besprechung die biologischen Gesichtspunkte in den Vordergrund und gehen aus von den Faktoren, welche die Verbreitung der Früchte und Samen vermitteln. Wir beginnen die Darstellung mit den auf Verbreitung am Standort der Mutterpflanze selbst eingestellten Einrichtungen (Nahverbreitung) und lassen die auf weitere Verbreitung (Fernverbreitung) abzielenden folgen. In sehr vielen Fällen kann die gleiche Einrichtung verschiedenste Verbreitungswege einschlagen, bisweilen sogar der Nah- und Fernverbreitung zugleich dienen. Um Wiederholungen zu vermeiden, ist jeder Typus nur an der Stelle beschrieben, die ihm in erster Linie zukommt; an den entsprechenden anderen Stellen ist auf diese Darstellung verwiesen.

I. Selbstverbreitung (Autochorie).

Verbreitung der Früchte und Samen durch die Mutterpflanze ohne Mitwirkung anderer Kräfte.

Wenn eine Pflanze ihre Früchte und Samen ohne Zuhilfenahme anderer Kräfte dem Boden übergibt, so wird die Entfernung, in welcher die Keimpflanzen zur Entwicklung kommen, nur sehr gering sein können. Dies kann nur unter besonders gearteten Umständen für die Pflanze zweckmäßig sein: nämlich einmal, wenn die Bodenverhältnisse so eigenartig sind, daß den Keimpflanzen ein schnelles Wurzeln erschwert ist (Mangrovepflanzen, Waldpflanzen auf Boden mit reicher Streuentwicklung) oder wenn ein Konkurrenzkampf mit gleichartigen Pflanzen infolge spärlicher Bewachsung des Bodens nicht wirksam ist (Steppen- und Wüstenpflanzen).

Nur solche Fälle sehen wir als echte Autochorie an, bei denen sich die Pflanze nur der ihr innewohnenden Kräfte bedient zur Ausstreuung der Samen. Wir schließen daher hier diejenigen Fälle aus, in denen besondere Vorrichtungen bestehen zur Ausstreuung der Samen mit Hilfe von Klett- oder Schüttelvorrichtungen, die zwar an der Pflanze selbst verbleiben, aber doch bezwecken, andere Kräfte (Tiere, Wind) nutzbar zu machen. Derartige Einrichtungen werden in den Abschnitten über Zoochorie und Anemochorie besprochen.

1. Fallvorrichtungen.

Die einfachste Form der Verbreitung ist die, daß die Früchte durch ihr Eigengewicht unter der Wirkung der Schwerkraft auf den Boden fallen. Die meisten Pflanzen besitzen besondere Einrichtungen, die den freien Fall verhindern oder wenigstens modifizieren sollen, da es für die Entwicklung des Nachwuchses ungünstig sein muß, wenn die Samen unmittelbar unter der Mutterpflanze zur Keimung gelangen. Mindestens finden sich Einrichtungen, welche ein elastisches Fortspringen der vom Baume gefallenen schweren Früchte und Samen begünstigen, wie z. B. bei den Roßkastanien, *Aesculus hippocastanum*. Die reif herabfallenden Früchte platzen beim Aufschlagen auf Äste oder auf den Boden auf, und die runden, sehr glatten Samen springen heraus, wobei sie durch den Stoß auf die Unterlage einige Meter fortgeschleudert werden.

Nur bei den Mangrovegehölzen finden wir besondere Vorrichtungen, welche das Gewicht der Früchte und Samen benutzen, um vermittels der senkrecht nach unten wirkenden Schwerkraft die Keimlinge unmittelbar unter der Mutterpflanze in den Boden zu bringen. Die Früchte werden besonders schwer und die Zweige spreizen so, daß der freie Fall möglichst nicht behindert wird. Die tropischen Meeresküsten, Lagunen und Flußmündungen sind die Standorte der höchst eigenartigen Pflanzengemeinschaft der „Mangrove" (Schimper).

Morastiger, weicher Schlamm und Schlick ist der Boden, in dem die Mangrovegehölze wurzeln. Durch Ebbe und Flut wird der Schlammboden dauernd bewegt. Zur Flutzeit stehen die Bäume tief, bis fast an die Krone im Wasser, zur Ebbezeit wird der Boden frei vom Meereswasser, bleibt aber zumeist unbetretbar weich. Nur durch besondere Stützgerüste, die sich die Bäume mit ihren großen Adventivwurzeln bauen, vermögen sie sich in diesem für Pflanzenwuchs äußerst schwierigen Gelände zu halten. Um wieviel schwieriger ist es nun aber jungen Keimpflanzen, in solchem Boden schnell zu fußen! In höchst eigenartiger Weise haben die meisten Mangrovegehölze für ihren Nachwuchs gesorgt: Während in den Samen anderer Pflanzen der Keimling nach der Anlage sein Wachstum zunächst einstellt, um im Samen eine längere oder kürzere Ruhezeit durchzumachen, wächst bei den Mangrovegehölzen der Gattungen *Rhizophora, Kandelia, Bruguiera, Ceriops* u. a. der Keimling ohne Ruhepause weiter. Sein Stämmchen unterhalb der Keimblätter, das sogenannte Hypokotyl, und sein Würzelchen nehmen ganz ungeheure Ausmaße an. Während beispielsweise bei *Rhizophora mangle* L., dem häufigsten und verbreitetsten Baum der Mangrove, die Frucht nur etwa die Größe einer Haselnuß hat, erreichen Hypokotyl und „Würzelchen" eine Länge von 30—60 cm. Im Samen und in der Frucht haben sie nicht Platz; sie durchbrechen die Samen- und Fruchtschale und hängen nun gleich großen, grünen Keulen von den Zweigen herab (Abb. 4, Fig. 1—6). Wir bezeichnen diese Erscheinung der Weiterbildung des Keimlings noch auf der Mutterpflanze als „Bioteknose"[1]. Sie gibt der

---

[1] Nach dem Vorschlage von J. Mattfeld (Verhandl. d. Botan. Vereins d. Prov. Brandenburg. *62*, 1920 und H. Potonié, Biol. Zentralbl. *14*, 1894) bezeichnen wir die „vivipare" Keimung von Samen in der Frucht als Bioteknose und beschränken den Begriff „Viviparie" auf diejenigen Fälle, in denen an Stelle von Blüten und Früchten abfallende und selbständig entwicklungsfähige vegetative Organe (Laubsprosse, Knospen, Bulbillen) in der Blütenregion gebildet werden. Vgl. unten den Abschnitt „Viviparie" am Schlusse dieser Arbeit.

jungen Keimpflanze einen gewaltigen Vorsprung vor anderen Sämlingen und ermöglicht ihnen schnellste Weiterentwicklung. Bei den Mangrove-

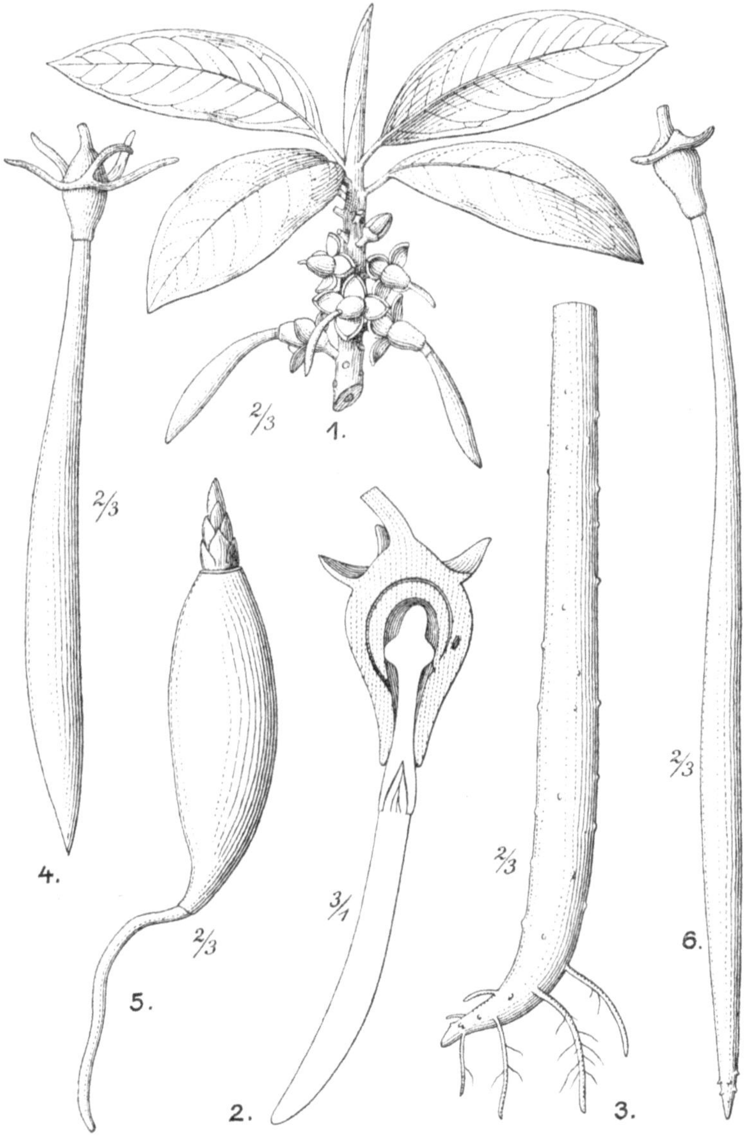

Abb. 4. „Fallvorrichtungen." Früchte von Mangrove-Gehölzen mit Samen, die bereits auf der Mutterpflanze auskeimen („Bioteknose"). Das mächtig entwickelte „Würzelchen" des Keimlings befestigt die abfallende Frucht im schlammigen Boden. (Vgl. den Text.)

1, 2 *Rhizophora conjugata*. 1 Stück eines Blütenzweiges mit Blüten und jungen Früchten (nach ENGLER-PRANTL). 2 Frucht und Same im Längsschnitt (zum Teil nach KERNER). — 3 *Rhizophora* spec. Unterende eines Keimlings mit beginnender Wurzelbildung kurz nach dem Abfallen (nach der Natur). — 4 *Kandelia Rheedii*, Frucht (nach SCHIMPER). — 5 *Bruguiera eriopetala*. Junger Keimling (nach ENGLER-PRANTL). — 6 *Ceriops Candolleana*, Frucht (Original, nach der Natur).

pflanzen ist diese Bioteknose von größter Bedeutung und in einer Weise ausgebildet, wie wir sie sonst im Pflanzenreiche nicht wieder antreffen. Die riesige Keimwurzel hat keulenförmige Gestalt; ihre Spitze ist scharf. Der größte Querdurchmesser des Würzelchens liegt dicht hinter dem scharf zugespitzten Ende. Fällt nun die reife Frucht vom Baum, so bohrt sie sich tief in den weichen Schlammboden ein, da sie bei der Größe des „Würzelchens" ein recht bedeutendes Gewicht hat. Hypokotyl und Würzelchen sind grün; sie können daher sofort mit der wichtigsten Lebenstätigkeit einer Pflanze, der Assimilation und Stoffproduktion für den Aufbau neuer Pflanzenteile, beginnen. Das abgefallene Keimpflänzchen bewurzelt sich sofort und schon nach Verlauf weniger Stunden ist es fest im Boden verankert (Abb. 4, Fig. 3). Die hereinbrechende Flut kann ihm nichts mehr anhaben. Fällt die Keimpflanze so herab, daß sie sich nicht sofort fest in den Boden bohren kann, dann trägt sie die nächste Flut davon; sie ist imstande, auch eine längere Seereise auszuhalten. Auch wenn sie nicht in senkrechter Stellung in den Boden gelangt, kann sie sich schnell bewurzeln. Sie kann daher auch nach weiter Fahrt irgendwo an einer ihr zusagenden Stelle der Meeresküste zu einem Baum heranwachsen.

Bei Mangrovepflanzen, deren Keimpflanzen vor der Trennung von der Mutterpflanze keine so bedeutende Größe erreichen wie *Rhizophora mangle*, wird die Verankerung im losen Schlammboden gesichert durch steife, nach oben gekrümmte Haare am Hypokotyl und den Keimblättern, z. B. bei *Avicennia officinalis* L. aus der Familie der *Verbenaceae*.

Überläßt es in diesen Fällen die Mutterpflanze mehr oder weniger dem Zufall, daß die Keimpflänzchen sogleich an den ihnen zusagenden Keimplatz kommen, so finden wir aber auch Fälle einer weitergehenden Fürsorge der Mutterpflanzen für ihre Nachkommenschaft.

2. Legevorrichtungen.

Hierher sind diejenigen Fälle zu rechnen, in denen die Mutterpflanze durch besondere Wachstumsvorgänge am Stiel der reifenden Frucht die Samen gleich an den Keimplatz legt.

Bei manchen Felsenpflanzen, wie z. B. dem zierlichen Zymbel-Leinkraut, *Linaria cymbalaria* L., das in Deutschland an Felsen und Mauern häufig ist und die Gemäuer alter Burgen und Ruinen oft dicht bekleidet, können wir beobachten, wie der Blütenstiel nach der Befruchtung seine Wachstumsrichtung völlig ändert, um die reifenden Früchte tief in den Felsen- oder Mauerspalten zu bergen. Der Blütenstiel wächst bis zum Erblühen der Blumenkrone dem Lichte zu, von der Mauer fort; er ist, wie man sagt, positiv heliotropisch. Nach der Befruchtung der Samenanlagen mit Beginn der Fruchtentwicklung und Samenreife, wird er dagegen negativ heliotropisch, d. h. er wendet sich vom Lichte ab, der Mauer zu. Gleichzeitig beginnt eine starke Verlängerung des Fruchtstieles, der tief in die Ritzen des Gemäuers oder der Felsen eindringt und auf diese Weise die Frucht an Stellen bringt, wo sie bei ihrer Öffnung die reifen Samen an einem günstigen Keimplatz ausstreuen kann. Die eiförmigen Samen sind nicht glatt, sondern mit welligen Querleisten und zahnartigen Vorsprüngen bedeckt, die vielleicht das Fortrollen der Samen vom Platze der Ablage verhindern sollen. Ob die Samen vielleicht auch durch Ameisen, die an Mauern und Felsen nicht fehlen, verschleppt werden, darüber liegen Beobachtungen nicht vor. Dieser Fürsorge der Mutterpflanze verdankt *Linaria cymbalaria* ihre Fähigkeit, sich an einem ihr zusagenden Standorte schnell auszubreiten, so daß sie in wenigen Jahren ausgedehnte Bestände bilden kann (vgl. Abb. 5). Diesem Umstande ist es zuzuschreiben, daß sich *Linaria cymbalaria* an ihr zu-

Abb. 5. *Linaria cymbalaria* L. Zymbel-Leinkraut an einer Mauer in Rüdersdorf-Kalkberge. (Nach Phot. von Dr. K. Hueck 1916)

sagenden Standorten hält und ausbreitet, an die sie der Mensch in guter oder böser Absicht brachte. Die Art war daher eine Zeitlang ein beliebtes Objekt für die Tätigkeit der „Ansalber". Der schlesische Dichter Heinrich Seidel, der mit Paul Ascherson, dem bekannten Floristen Mitteleuropas befreundet war, hatte *Linaria cymbalaria* so in sein Herz geschlossen, daß er auf seinen Wanderungen stets Samen dieser Art mit sich führte und an Stellen, die ihm geeignet schienen, ausstreute. Um seinem Freunde Ascherson eine besondere Überraschung und Freude bei seinen floristischen Studien zu bereiten, wählte Heinrich Seidel mit Vorliebe Standorte dicht an der Grenze des eigentlichen, natürlichen Verbreitungsgebietes von *Linaria cymbalaria*, an denen diese Art wohl hätte urwüchsig vorkommen können. In launigen Versen zu Aschersons 70. Geburtstage hat Heinrich Seidel diese Neckerei mit seinem Freunde in seinem „Ansalbelied" besungen.

Ein in mancher Hinsicht ähnliches Verhalten zeigen auch einige Ehrenpreisarten unserer Äcker, z. B. *Veronica Tournefortii* Gmel., *V. agrestis* L., *V. hederifolia* L. u. a., deren dünne Stengel über den Ackerboden kriechen und achselständige Blüten bilden, die zur Fruchtzeit ihre Stiele abwärts krümmen, um die Früchte in Spalten des Bodens zu versenken.

Hierher zu rechnen wären auch noch einige andere *Linaria*-Arten Mittel- und Süddeutschlands, wie z. B. *Linaria elatine* (L.) Mill., *L. spuria* Mill., die an gleichen Standorten wie die genannten *Veronica*-Arten auftreten und eine ähnliche Bergung der Früchte in Bodenspalten zeigen.

In allen Fällen erfolgt die Ablegung der Früchte mit Hilfe des sich verlängernden Fruchtstieles. Es ist wohl kein Zufall, daß bei diesen Arten gelegentlich, wie bei den amphikarpen (s. unten) Arten sogenannte kleistogame, sich niemals öffnende Blüten vorkommen. Man könnte das Verhalten dieser Arten als erste Vorstufen zur Ausbildung von Amphikarpie und Geokarpie auffassen.

Geokarpie.

Die Fürsorge der Mutterpflanze für ihre Nachkommenschaft geht aber bei einigen anderen Pflanzen noch weiter, dadurch, daß die Samen nicht nur auf den Boden ausgestreut, sondern mit der Frucht in der Erde geborgen werden. Diese Erscheinung bezeichnen wir als Geokarpie oder Erdfrüchtigkeit. Als bekanntestes Beispiel gehört hierher die Erdnuß oder Erdeichel, *Arachis hypogaea* L., ein Schmetterlingsblütler Brasiliens, der seiner ölhaltigen, schmackhaften Samen wegen in allen Tropenländern, aber auch in Südeuropa gebaut wird. Die gelben, bei einigen verwandten Arten weißlichen Blüten sitzen in den Achseln der paarig gefiederten Blätter; nach der Befruchtung fallen die Blütenblätter, Staubblätter und der lange Griffel ab und die Blütenachse verlängert sich außerordentlich stark unter Krümmung nach unten. Der Fruchtknoten bohrt sich tief in die Erde ein und im Boden geborgen reifen die kokonartigen Früchte, die meist zwei eiförmige Samen enthalten (vgl. Abb. 6, Fig. 1—6).

Ähnlich liegen die Verhältnisse bei der Erderbse oder Angolaerbse, *Voandzeia subterranea* Thouars, einer afrikanischen Verwandten der Gartenbohne; auch bei ihr reifen die Früchte und Samen im Boden, doch werden sie nicht so dicht unter die Mutterpflanze gelegt wie bei *Arachis*, da *Voandzeia* ein kurz kriechendes Kraut ist. Die kleinen, hellgelben Blüten sitzen zu je wenigen auf einem achselständigen Blütenstiele, der sich nach der Befruchtung der Samenanlagen tief in den Erdboden einbohrt, was ihm durch eine glatte, am Ende sitzende Schwiele erleichtert wird. Ein Herausreißen aus dem Boden verhindern rückwärts gerichtete Haare (vgl. Abb. 6, Fig. 6, 7.)

Auch bei einer nahe verwandten Gattung Westafrikas, der Kandelabohne, *Kerstingiella geocarpa* Harms, findet eine gleichartige Bergung der reifenden Früchte im Erdboden statt, ebenso bei *Trigonella Ascher-soniana* URB., einer Bockshornkleeart, die in den Wüsten- und Steppen-gebieten Afrikas verbreitet ist, bei der im Altai und Westsibirien heimi-schen Bärenschote *Astragalus hypogaeus* LEDEB. Bei dem in den Län-

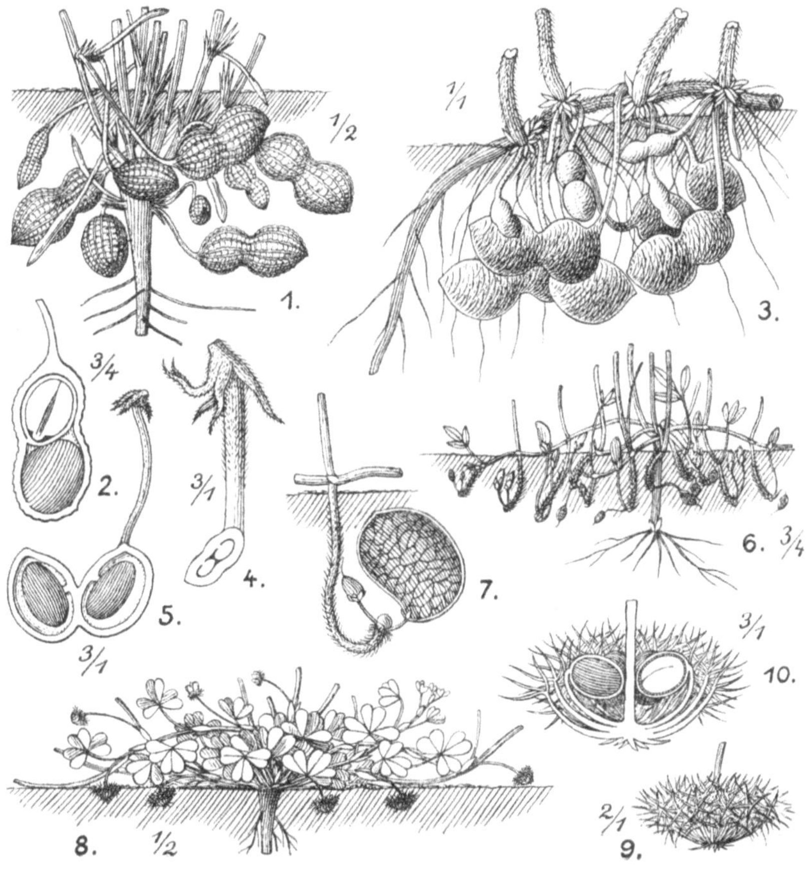

Abb. 6. „Geokarpie" (Erdfrüchtigkeit) bei Schmetterlingsblütlern.
1, 2 „Erdnuß", *Arachis hypogaea* L. 1 unterer Teil einer fruchtenden Pflanze, 2 einzelne Frucht (Hülse) im Längsschnitt mit zwei Samen. — 3—5 „Kandelabohne" *Kerstingiella geocarpa* HARMS. 4 Ausbildung des in die Erde eindringenden Fruchtträgers, 5 einsamige Frucht geöffnet. — 6—7 „Erd-eichel" *Voandzeia subterranea* THOU. 7 der in die Erde eindringende, mit rückwärts gerichteten Haaren besetzte Fruchtträger mit einer reifen und einer verkümmerten Frucht. — 8—10 erdfrüch-tiger Klee, *Trifolium subterraneum* L. 8 eine blühende und fruchtende Pflanze, 9 einzelnes Frucht-köpfchen, 10 desgl. im Längsschnitt mit zwei reifen Früchten. Die starren, schmalen Kelchzipfel der unfruchtbaren Blüten verankern die Früchte im Boden. (Nach TAUBERT und HARMS.)

dern des Mittelmeergebietes verbreiteten Klee *Trifolium subterraneum* L. dringt das ganze Blütenköpfchen in den Boden ein, von dem nur einige Blüten fruchtbar sind, während die auswachsenden, starren Kelche der unfruchtbar bleibenden Blüten mit ihren nach oben (rückwärts) gerich-teten verholzenden Zipfeln eine Verankerung der Früchte im Boden sichern (vgl. Abb. 6, Fig. 3—5).

Auch bei einigen Kruziferen (Kreuzblütlern) kommen geokarpe Arten vor: so bildet die mit schönen, gelben Blüten versehene *Morisia hypogaea* (VIV.) GAY, eine entfernte Verwandte des Kohls, im Erdboden reifende Früchte aus. Diese auf Sardinien und Korsika heimische Pflanze ist eine stengellose, ausdauernde Rosettenstaude mit fiederteiligen Blättern, in deren Achseln die verhältnismäßig großen chasmogamen Blüten sitzen, deren Stiele sich nach der Befruchtung herabbiegen und in den Erdboden eindringen.

Ein ganz ähnliches Verhalten zeigen die Kruzifere *Geococcus pusillus* DRUM. im Australischen Wüstengebiete, die Nyctaginazee *Okenia hypogaea* SCHLECHT. et CHAM. in Mexiko und ein kleines Windengewächs Abyssiniens *Nephrophyllum abyssinicum* A. RICH.

Sehr bemerkenswert ist, daß auch in der großen, in den Tropen so reich entwickelten Familie der Arazeen einige Arten geokarpe Fruchtbildung zeigen, die dadurch zustande kommt, daß die den Blütenstand umhüllende Spatha mit ihrem unteren, röhrigen Teile im Erdboden bis zur Fruchtreife versenkt bleibt. ENGLER gibt ein derartiges Verhalten an für *Stylochiton hypogaeus* LEPR. und *St. lancifolius* KOTSCHY et PEYR., zwei Arten, die im Sudan heimisch sind. Es ist vielleicht anzunehmen, daß die häufige Verschüttung dieser ziemlich kleinen Steppenpflanzen durch Flugsand zur Ausbildung der Geokarpie geführt hat, die im Gegensatz zu allen bisher genannten Fällen nicht durch Verlängerung, sondern durch Kurzbleiben des Stieles des zwischen der Blattrosette stehenden Blütenstandstieles zustande kommt. Dieser Fall leitet uns über zur

„Pseudogeokarpie".

Anzuschließen wären hier auch noch zwei andere eigenartige Fälle von Bergung der Früchte im Boden: beim Alpenveilchen *Cyclamen* und bei dem auf Kreta heimischen, im Mittelmeergebiete verbreiteten Wegerich *Plantago cretica* L., von dem unten noch die Rede sein wird (vgl. unter „Steppenläufer"). Bei den *Cyclamen*-Arten, insbesondere bei *C. europaeum* L., dem europäischen Alpenveilchen und seinen Verwandten, erfolgt die Bergung der Frucht im Erdboden oder zwischen den Spalten des Gesteins und Schotters nicht durch Verlängerung des Blütenstieles oder des Fruchtstandes, wie bei den bisher erwähnten echten geokarpen Arten, sondern durch seine **Verkürzung**. Diese kommt dadurch zustande, daß sich der sehr lange Fruchtstiel von beiden Enden her korkzieherartig einrollt. Hierdurch wird die Fruchtkapsel an oder in den Boden gezogen, in dem sie bis zur Vollreife der Samen im folgenden Jahre verbleibt. Während des Winters verfault der ziemlich zarte Fruchtstiel bis auf ein kurzes, gebogenes Stück unterhalb der Fruchtkapsel, das etwas widerstandsfähigeres Gewebe enthält. Wie ein Haken oder eine Kralle hängt es an der Frucht und kann ein Verschleppen der Frucht durch Tiere, ähnlich einer Klettfrucht, bewirken. Die Samen der *Cyclamen*-Arten sind überdies myrmekochor; sie werden von Ameisen gesammelt und verschleppt. Da sie sehr klebrig sind, können sie auch an den Füßen darauf tretender Tiere haften bleiben und so verbreitet werden (vgl. Abb. 7, Fig. 1).

Höchst eigenartig ist das Verhalten von *Plantago cretica* L., einer kleinen, einjährigen Wegerichart, die im östlichen Mittelmeergebiete, auf Kreta, Zypern, in Syrien und Kleinasien auf dürrem Sandboden der Steppen vorkommt. Die schopfig in der Mitte einer Blattrosette stehenden Blütenstände verholzen zur Fruchtzeit und krümmen sich nach außen bogenförmig ein, so daß die Früchte in den Sandboden gelangen können. Die Bergung der Früchte im Boden ist aber mehr zufällig und nebensächlich; sie braucht wohl auch gar nicht zustande zu kommen. Für die Biologie der Verbreitung von *Plantago cretica* L. ist sie jedenfalls ohne

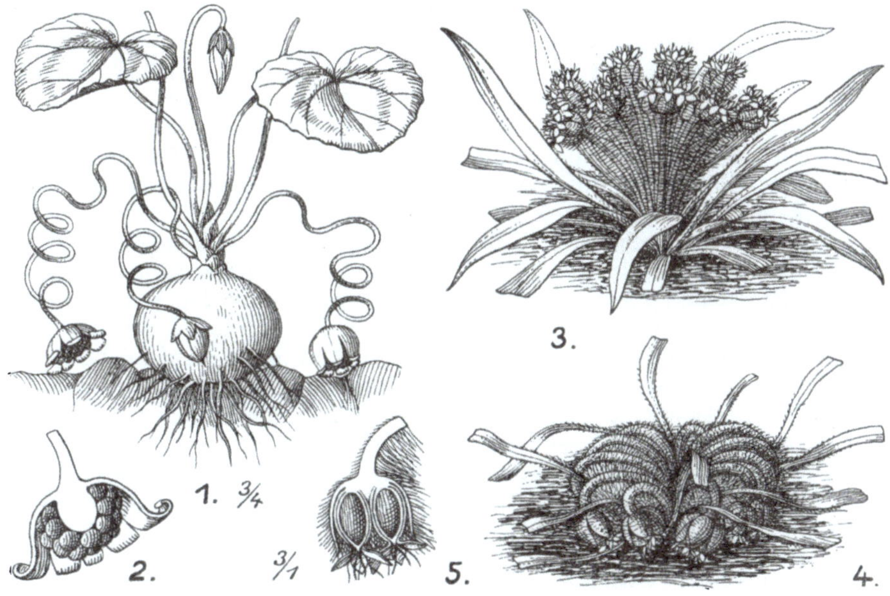

Abb. 7. Pseudogeokarpie

1, 2 *Cyclamen europaeum* L. Der spiralig aufrollende Fruchtstiel zieht die reifende Frucht an oder in den Boden. 2 Fruchtkapsel im Längsschnitt mit den großen klebrigen Samen, die durch Ameisen weiterverbreitet werden. — 3—5 *Plantago cretica* L. aus dem östlichen Mittelmeergebiete. 3 blühende, 4 fruchtende Pflanze, 5 Fruchtstand mit 2 Früchten, Längsschnitt. — Die Stiele der reifenden Fruchtstände verholzen und biegen sich hakenförmig nach außen bis auf den Boden; sie reißen dabei die schwachbewurzelte Pflanze aus dem Boden, die als „Steppenläufer" durch den Wind verbreitet wird, wobei die langen, weichen Haare an den Seiten der Fruchtstiele als Windfang dienen. — Originalzeichnungen nach der Natur.

Bedeutung, denn durch die Außenkrümmung der Fruchtstiele wird die ganze Pflanze aus dem Boden gehoben und rollt, vom Winde getrieben als Steppenläufer davon. (Vgl. unter „Steppenläufer".) Bei Befeuchtung strecken sich die Fruchtstände wieder gerade und die Kapseln öffnen sich (vgl. Abb. 7, Fig. 3, 4).

Derartige Fälle wie bei den *Cyclamen*-Arten und bei *Plantago cretica* L. und einigen verwandten Arten kann man daher nicht als echte Geokarpie bezeichnen. Wir wählen dafür die Bezeichnung „Pseudogeokarpie".

3*

Amphikarpie.

Sehr bemerkenswert ist, daß alle Pflanzen, welche nur geokarpe Erdfrüchte hervorbringen, chasmogame, d. h. sich öffnende, mit farbiger Blütenhülle versehene Blüten besitzen, wie z. B. *Arachis, Voandzeia, Kerstingiella, Morisia* u. a. Es gibt nun aber eine ganze Anzahl von Pflanzen, welche Luft- und Erdfrüchte bilden: Die „Luftfrüchte" entstehen an normaler Stelle des Blütenstandes in der Luft, also über dem Erdboden und gehen aus normalen chasmogamen Blüten hervor; die „Erdfrüchte" entstehen dagegen am Grunde des Stengels, meist an besonderen Sprossen, aus kleistogamen Blüten wie bei den geokarpen Arten. Derartige Pflanzen nennen wir amphikarp. Die Luftfrüchte zeigen im Bau keine Abweichungen von der für die betreffende Gruppe normalen Gestalt, die Erdfrüchte sind dagegen meist kleiner, haben weniger, dafür aber oft größere Samen. Beispiele für derartige Amphikarpie finden wir bei den verschiedensten Familien, besonders zahlreich bei den Schmetterlingsblütlern (*Leguminosae — Papilionaceae*). In unserer heimischen Pflanzenwelt ist die Amphikarpie zu finden bei *Vicia*- und *Lathyrus*-Arten und bei einigen Veilchen.

In unseren trockeneren Kiefernwäldern wächst an sonnigen Stellen auf lockerem Sandboden die durch schöne dunkelrote Blüten ausgezeichnete Wicke *Vicia angustifolia*. Heben wir sie mit den Wurzeln aus dem Boden heraus, so bemerken wir in den Achseln an Niederblättern der fadenförmigen Grundachse und an ihren Ausläufern, auch am Grunde des dünnen Stengels in den Achseln der untersten Laubblätter kurze, meist ein- oder wenigsamige Hülsen, die von den mehrsamigen, schwarzgefärbten Luftfrüchten sehr verschieden sind. Die Luftfrüchte springen in der für diese Gattung typischen Weise unter korkzieherartiger Einkrümmung der beiden Klappen auf, wobei die Samen fortgeschleudert werden. Die Erdfrüchte dagegen sind blaß graubräunlich und springen nicht in dieser Weise auf; sie enthalten nur einen oder wenige Samen. Diese Pflanze, *Vicia angustifolia* Roth var. *amphicarpa*, unterscheidet sich außer durch die Amphikarpie in keinem Merkmal von den gewöhnlichen Formen der Art. Diese Erdfrüchte gehen aus winzigen kleistogamen Blüten hervor. Fabre hat mit *Vicia amphicarpa* interessante Versuche angestellt[1], deren Ergebnis war, daß es ihm gelang, in die Erde gebrachte Anlagen chasmogamer Blüten zu etiolieren und zur Ausbildung von wenigsamigen „Erdfrüchten" zu bringen. Umgekehrt gelang es ihm, unterirdische Anlagen kleistogamer Blüten zur Ausbildung chasmogamer Blüten mit gefärbter Blumenkrone und zur Entwicklung von normalen Luftfrüchten zu bringen. Damit war erwiesen, daß *Vicia amphicarpa* nur eine biologische Form von *Vicia angustifolia* ist (vgl. Abb. 8, Fig. 1).

Auch bei *Vicia pyrenaica* Pourr. tritt solche Amphikarpie auf, ebenso bei der Platterbse *Lathyrus sativus* L. var. *amphicarpus*, deren Verhalten der *Vicia sativa* var. *amphicarpa* vollkommen entspricht.

---

[1] Observations sur les fleurs et les fruits hypogés du *Vicia amphicarpa*: Bulletin de la Société botan. de France 2, 503, 1855.

Ebenso verhält sich *Lathyrus setifolius* L. im Mittelmeergebiete und wahrscheinlich noch andere *Vicia-* und *Lathyrus*-Arten der gleichen Verwandtschaftskreise (vgl. Abb. 8, Fig. 2).

In jüngster Zeit[1] wurde auch bei einer Erbsenart, *Pisum fulvum* SIBTH. et SM. var. *amphicarpum*, die in Syrien und Palästina vorkommt, Amphikarpie von O. WARBURG und A. EIG beschrieben, die vollkommen den bei *Vicia* und *Lathyrus* beobachteten Verhältnissen entspricht. Die Leguminosengattung *Amphicarpaea*, die besonders in der Neuen Welt entwickelt ist, verdankt der Amphikarpie mehrerer Arten, wie *A. monoica* ELL. in Mexiko und *A. sarmentosa* ELL. et NUTT. ihren Namen. Auch eine Kleeart, *Trifolium polymorphum* POIR., die in den Anden Südamerikas häufig und verbreitet ist, zeigt Amphikarpie, ebenso die gleichfalls dort vorkommenden Arten *Cracca heterantha* (GRISEB.) HARMS und *Neocracca Kuntzei* (HARMS) O. KTZE.

Trifolium polymorphum POIR. ist im andinen Gebiete sehr formenreich entwickelt. Die amphikarpen Formen sind häufig und unter verschiedenen Namen beschrieben, z. B. als *Trifolium amphicarpum* PHIL., *T. argentinense* SPEG. Die Luftblüten erheben sich auf Blütenständen, die unserem kriechenden Klee ähneln; sie sind chasmogam, aber, wie es scheint, häufig steril. Die kleistogamen Erdblüten sitzen in den Achseln der Blätter des Kriechsprosses auf kurzem Schafte. Die Stiele der einzelnen Blüten verlängern sich stark und schieben die kleinen eiförmigen, nicht aufspringenden Hülsen in den Boden (vgl. Abb. 8, Fig. 3).

Auch eine einjährige *Ranunculus*-Art (*R. Hilairei* HIERON., *Casalea sessiliflora* ST. HIL.) des andinen Gebietes zeigt ganz entsprechende Amphikarpie. In Argentinien kommt auch eine Kruzifere mit besonders auffälliger Amphikarpie vor: *Cardamine chenopodiifolia* PERS. (vgl. Abb. 8, Fig. 5): der aufrechte Stengel bildet normale chasmogame Blüten in traubigem Blütenstande, die normale Luftfrüchte (klappig aufspringende Schoten) entwickeln. Aus den Achseln der Blätter der Grundrosette entspringen dagegen kleistogame Blüten, die sich zu geokarpen, kleinen Erdfrüchten entwickeln.

Andere bemerkenswerte Beispiele von Amphikarpie bieten mehrere Veilchenarten, besonders *Viola odorata, V. hirta, V. suavis, V. sepincola* u. a. Bei den beiden erstgenannten Arten, die auch bei uns in Laubwäldern anzutreffen sind, können wir die Amphikarpie gelegentlich beobachten. Sie bilden im Frühling die bekannten, schöngefärbten, blauen Blüten, die aber zumeist infolge ausbleibender Befruchtung keine Früchte bilden; bilden sie Früchte aus, so sind dies eiförmige, dreiklappig aufspringende Kapseln. Während des Sommers bilden sie kleistogame Blüten aus, die sich namentlich bei *Viola hirta* unter starker Verlängerung des Stieles tief in die Erde einbohren. Die aus ihnen hervorgehenden Früchte sind kugelig (vgl. Abb. 8, Fig. 4). Übergangsformen aller Stufen von der schön entwickelten chasmogamen bis zur ganz unscheinbaren kleistogamen Blüte kann man bei beiden Arten leicht beobachten, bei

---

[1] Agricultural Records Nr. 1 of the P. Z. E. Institute of Agriculture and Natural History. Tel-Aviv, Palestine, Dec. 1926.

Abb. 8. „Amphikarpie". Ausbildung von Erdfrüchten aus kleistogamen Blüten neben normalen Luftfrüchten aus chasmogamen Blüten.
1. *Vicia angustifolia* RTH. var. *amphicarpa* DORT. — 2. *Lathyrus amphicarpus.* — 3. *Trifolium polymorphum* POIR. — 4. *Viola hirta* L. — 5. *Cardamine chenopodiifolia* PERS. — 6. *Amphicarpon Purshii* KUNTH. — Die punktierte Linie deutet die Erdlinie an. (Fig. 1—4 Original, 5 zum Teil nach ANA MANGANARO, 6 nach HITCHCOCK.)

Viola odorata am häufigsten bei der Herbstgeneration der Blüten in Gärtnereien („Herbstveilchen"), bei *Viola hirta* besonders im Frühling. Bei dieser Art habe ich in Rüdersdorf-Kalkberge fast alljährlich derartige Übergangsformen beobachtet an lichteren Stellen. Die Samen der amphikarpen und geokarpen Veilchen sind überdies stark myrmekochor: ihrer großen Nabelschwiele wegen werden sie von Ameisen eifrig gesammelt (vgl. Abb. 1, *H, J;* — 8, Fig. 4).

Mehrere Fälle von Amphikarpie sind auch aus der Familie der Rachenblütler (*Scrophulariaceae*) bekannt, so von der auf den kanarischen Inseln und im mediterranen Nordafrika verbreiteten *Scrophularia arguta* SOL., bei welcher diese Erscheinung zuerst von DURIEU DE MAISONNEUVE beobachtet und von SV. MURBECK[1] näher beschrieben wurde, und bei der im Himalaya verbreiteten *Lindernia* (*Vandellia*) *sessiliflora* (BENTH.) WETTST. Auch bei einer Orobanchazee, bei *Phelipea lutea* DESF. und einer Komposite *Catananche lutea* L. konnte SV. MURBECK Amphikarpie nachweisen, ebenso bei einer Polygonazee *Emex spinosus* (L.) CAMPD., drei Arten, die in den nordafrikanischen Wüsten verbreitet sind.

Viel seltener ist Amphikarpie bei den Monokotyledonen; es liegen nur wenige Fälle von Beobachtungen hierüber vor, so von der ostindischen Commelinazee *Commelina bengalensis* L. und einigen nordamerikanischen Gräsern.

.Sehr bemerkenswert ist, daß auch einige Gräser Amphikarpie aufweisen: Die beiden nordamerikanischen Panizeen *Amphicarpon Purshii* KUNTH (= *Milium amphicarpon* PURSH, *Amphicarpon amphicarpon* [PURSH] NASH), ein einjähriges Gras mit behaarten Blättern, das von New Jersey bis Florida verbreitet ist, und *A. floridanum* CHAPM., eine Ausläufer bildende, ausdauernde Art mit kahlen Blättern, die auf Florida beschränkt ist und auf Triften, oft in großer Menge vorkommt, bilden große, rispige Luftblütenstände aus, deren Früchte aber fehlschlagen und kleine, wenigblütige, im Erdboden geborgene, an denen sich größere, samenhaltige Früchte entwickeln. Dieser Fall stellt eine sehr interessante Parallele zu *Cardamine chenopodiifolia* PERS. aus Argentinien dar (vgl. Abb. 8, Fig. 6)[2].

Geokarpie findet sich vorwiegend bei einjährigen Pflanzen, Amphikarpie dagegen sowohl bei einjährigen, wie bei mehrjährigen und ausdauernden Arten. Die Geokarpie und Amphikarpie kommt bei Pflanzen verschiedenartigster Standorte vor, sowohl bei Waldpflanzen wie bei Arten lichter, offener Pflanzengemeinschaften, nur nicht bei Sumpf- und Wasserpflanzen.

Auffällig reich an amphikarpen und geokarpen Arten sind die Trockengebiete, besonders Steppen und Savannen. So finden wir einmal in den Mittelmeerländern, besonders im Osten, ferner in den zentralasiatischen Steppen, im afrikanischen Steppen- und Savannengebiete, und ganz besonders auffällig, im andinen Gebiete Südamerikas die Amphikarpie reich entwickelt. Auch bei uns finden sich die amphikarpen Wicken und

---

[1] Öfvers. af Kongl. Vetenskaps.-Akad. Förhandl. 1901, Nr. 7.
[2] Vgl. A. S. HITCHCOCK, The Genera of Grasses of the United States, U. S. Departm. of Agriculture, Bulletin Nr. 772, Washington Dc. 1920.

Veilchen besonders an trockeneren, sandigen Plätzen. Dies kann kein Zufall sein, sondern deutet wohl darauf hin, daß Amphikarpie und Geokarpie Erscheinungen sind, die als Anpassungen an die in ariden Gebieten herrschenden Lebensbedingungen aufzufassen sind. Die Trockenheit und der Sonnenbrand bedingen ein schnelles Verblühen und Vertrocknen der Luftblüten. Die erdnahen Pflanzenteile werden leicht von Flugsand verschüttet und, wenn die Verschüttung tief genug ist, gegen Vertrocknen geschützt. Die Verschüttung im Sande entzieht die Blüten dem Lichte und bewirkt Vergeilen, Etiolieren der Blütenstiele; sie entzieht die Blüten aber auch den bestäubenden Insekten und bewirkt Selbstbestäubung und schließlich Kleistogamie. Die Amphikarpie ist vielleicht als eine Art Vorstufe zur Geokarpie aufzufassen; sind doch bei sehr vielen amphikarpen Arten fast nur die Erdfrüchte samenhaltig, die Luftblüten dagegen fast oder ganz steril.

Manche Autoren wollen in der Amphikarpie und Geokarpie auch einen Schutz gegen Tierfraß (Weidetiere) sehen; doch glaube ich, daß diese Erscheinung mehr als eine Anpassung an die ökologischen Bedingungen des Standortes, die ein schnelles Verblühen und Unfruchtbarkeit der Luftblüten infolge der Hitze und Trockenheit mit sich bringen, aufzufassen ist.

3. Schleudervorrichtungen.

Wenn die Mutterpflanze die Ausstreuung der Samen selbst besorgt und es nicht dem Spiele der Winde oder anderen Kräften überläßt, ihre Nachkommenschaft an einen anderen Platz zu bringen, wird die Wahrscheinlichkeit des Aufkommens der jungen Keimpflänzchen ziemlich groß sein. Denn die zur selbständigen Ausschleuderung notwendigen und geeigneten Vorrichtungen der Mutterpflanze werden die Samen doch immer in verhältnismäßig geringer Entfernung zu Boden fallen lassen. Daher werden sie zumeist gleiche Lebensbedingungen vorfinden wie die Mutterpflanze; die jungen Keimpflanzen werden daher mit größerer Wahrscheinlichkeit zur vollen Größe der Mutterpflanze heranwachsen können. Diese Verhältnisse werden an geeigneten Standorten zur Bildung von Massenbeständen der betreffenden Arten führen. In der Tat sehen wir, daß die meisten Arten mit Selbstausschleuderung ihrer Samen bestandbildend auftreten, z. B. die Springkrautarten *Impatiens noli-tangere* und *I. parviflora*, deren Massenbestände in unseren Wäldern und Parkanlagen jedem Beobachter auffallen. Die meisten Arten mit Selbstverbreitung ihrer Samen durch Schleudervorrichtungen sind Waldpflanzen, die an ganz bestimmte ökologische Verhältnisse angepaßt sind. Viele sind ausgeprägte Schattenpflanzen und zudem einjährige Arten. Die Ausschleuderung der Samen ermöglicht ihnen gute Ausnutzung gefundener günstiger Standorte auch ohne Wandersprosse, deren sie zumeist entbehren.

Wir wollen versuchen, an der Hand typischer Beispiele uns einen Überblick über die Ausbildungsformen der Schleudervorrichtungen zu verschaffen.

A. Samenausschleuderung durch Saftdruck und Spannung lebender Gewebe.

Nur in verhältnismäßig wenigen Fällen bewirken lebende noch frische und saftige Gewebe der Früchte die Ausschleuderung der Samen. Wirksame Kraft ist neben Gewebespannungen der innere Saftdruck des Gewebes der Früchte. Wir bezeichnen diesen Saftdruck in der lebenden Zelle als Turgor und dementsprechend die Mechanismen, die sich dieses Turgors zur Ausschleuderung der Samen bedienen, als Turgormechanismen. Hierher gehören viele Explosionseinrichtungen saftiger Früchte. Dieser Turgordruck erreicht in besonderen Schwellgeweben eine außerordentliche Höhe und löst plötzlich eine Explosion aus, bei welcher gewisse Gewebespannungen überwunden werden: die Frucht öffnet sich und die Samen werden herausgeschleudert.

Hierbei lassen sich zwei Typen unterscheiden: Spritzvorrichtungen und eigentliche Schleudervorrichtungen. Spritzvorrichtungen sind namentlich im Pilzreiche verbreitet und besonders leicht, auch mit unbewaffnetem Auge, bei den Morcheln, Lorcheln, Becherpilzen (*Pezizaceae*) und anderen Schlauchpilzen zu beobachten. Bei diesen Pilzen werden die Sporen in Schläuchen gebildet, die bis zur Sporenreife saftig bleiben. Zur Zeit der Sporenreife ist der Turgordruck ganz außerordentlich gesteigert, und es genügt der geringste Anlaß, um die Schläuche an ihrer Spitze zum Platzen zu bringen. Durch das entstandene Loch werden die Sporen mit großer Gewalt ausgespritzt, um dann ein Spiel des Windes zu werden. Nach der Ausspritzung der Sporen sinkt die Wandung der Schläuche zusammen oder verkürzt sich stark, weil der sie vorher straff spannende Turgordruck fehlt.

a) Spritzvorrichtungen.

Bei den Blütenpflanzen ist nur ein einziger Fall der Ausbildung eines Spritzmechanismus bekannt: nur die im Mittelmeergebiet heimische Spritzgurke, *Ecballium elaterium* (L.) A. Rich., spritzt ihre Samen aus den reifen, noch saftigen, gurkenähnlichen Früchten heraus. Die Frucht der Spritzgurke ist eiförmig, grün und außen mit weichen Stacheln besetzt. Sie sitzt am Ende eines aufrechten Stieles, dessen Ende aber hakenförmig nach unten gebogen ist, so daß die Spitze der Frucht nach unten hängt, während die Anheftungsstelle nach oben gerichtet ist. Diese Stellung der Frucht ist für die Wirkung des Spritzmechanismus bedeutungsvoll; denn das Ausspritzen der Samen erfolgt durch die Öffnung, welche durch das plötzliche Losreißen der Frucht von ihrem Stiele entsteht. Der Mechanismus wirkt in der Weise, daß die feste, aber elastische Fruchtwandung das Widerstandsgewebe darstellt, das auch dem stärksten Innendruck gewachsen ist. Sie enthält in einer etwa 2,5 mm dicken, weißen Schicht sehr dickwandige Zellen, die quertangential orientiert sind. Im Querschnitt sind diese Zellen länglich-oval, im Längsschnitt dagegen fast kreisrund; sie berühren sich nur mit einem kleinen Teile ihrer Oberfläche. Daher befinden sich zwischen ihnen weite, lufterfüllte Zwischenräume, welche die ganze Schicht weiß erscheinen lassen.

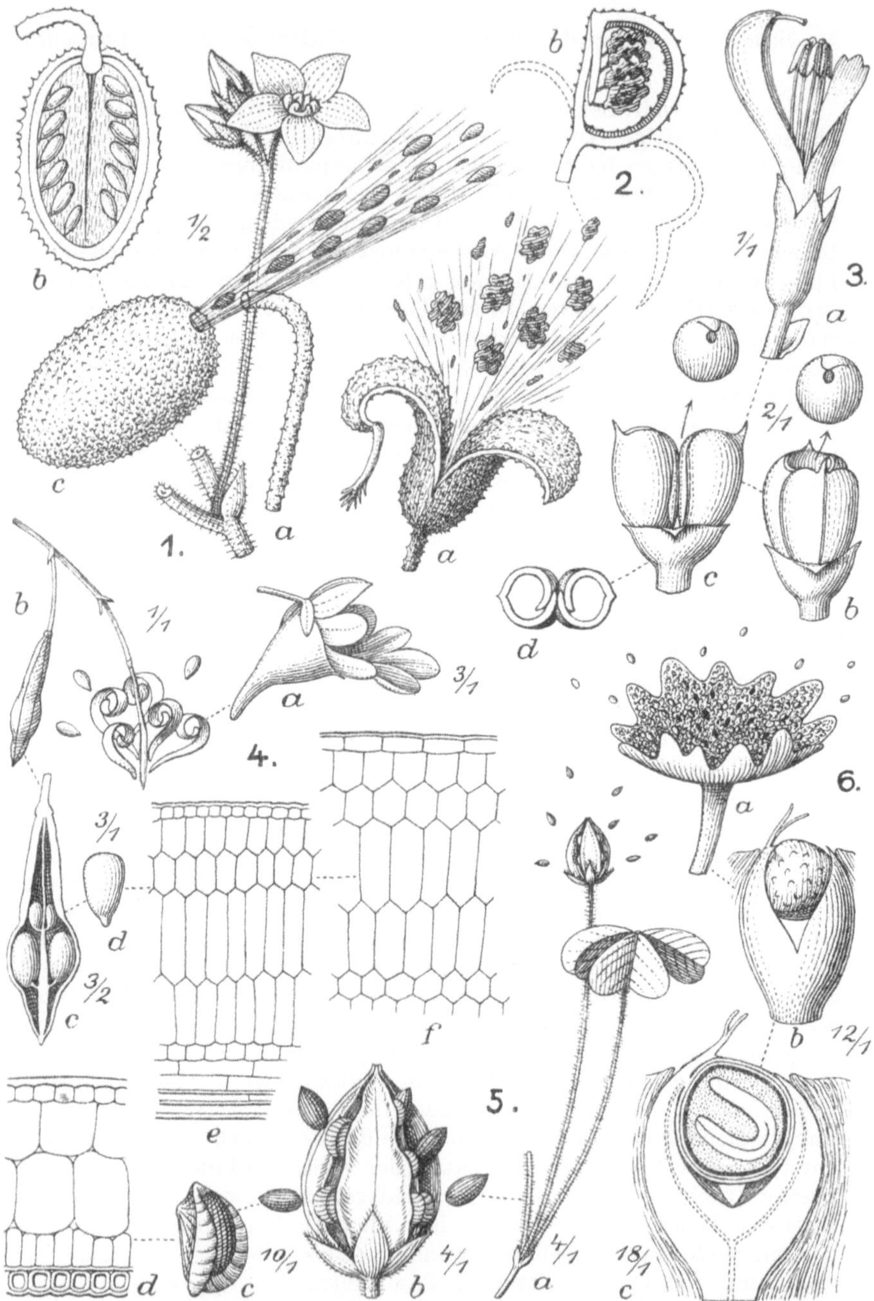

Abb. 9. Saftige Explosionsfrüchte mit Turgormechanismen zur Ausschleuderung der Samen.
Fig. 1. Spritzgurke (*Ecballium elaterium* [L.] A. Rich.); *a* männliche Blüten; *b* Frucht im Längsschnitt;
c vom Stiel abfallende Frucht, die Samen mit dem saftigen Fruchtinhalt ausspritzend. — Fig. 2.
Cyclanthera explodens Naud.: *a* explodierende Frucht, *b* reife Frucht im Längsschnitt; die punk-

Infolge ihres Baues vermögen sie sich stark zu dehnen. Das Innere der Frucht besteht aus sehr zarten, dünnwandigen, wasserhellen, großen, fast blasigen Zellen des Fruchtfleisches, in das die länglich eiförmigen Samen eingebettet sind. Die Samen sitzen schräg nach oben gerichtet in sechs Längsreihen an der Innenseite der Fruchtwandung. Jede Frucht enthält etwa 50 Samen (vgl. Abb. 9, Fig. 1). Das saftige Fruchtfleisch enthält Zuckersaft, ein Glykosid (das Elaterinid), das durch Wasseraufnahme den Turgordruck in der reifen Frucht bis auf etwa 27 Atmosphären steigert. Das Trennungsgewebe als Gewebe geringsten Widerstandes liegt an der Ansatzstelle des Fruchtstieles; es wird durch den gewaltigen Innendruck des Fruchtfleisches zerrissen, der Fruchtstiel gelöst und aus der so entstandenen Öffnung wird der Fruchtsaft mit den Samen herausgespritzt, wobei die plötzliche Aufhebung des Innendruckes die Zusammenziehung der bis dahin straff gespannten, elastischen Fruchtwandung bewirkt. Hierdurch wird die Spritzwirkung erhöht. Die durch Verschleimung ihrer Oberhaut schlüpfrigen Samen gleiten leicht durch die Öffnung und fliegen unter der Wirkung des gewaltigen Druckes weit davon. Die entleerte Gurke fällt zu Boden. Die schleimig-schlüpfrigen Samen heften sich leicht dem Boden an und kommen schnell zur Keimung (v. GUTTENBERG).

b) Schleudervorrichtungen.

Die zweite Gruppe von Turgormechanismen umfaßt die eigentlichen Schleudervorrichtungen, bei denen die Samen meist durch Zerspringen der noch saftigen Fruchtwandungen fortgeschleudert werden. Hier lassen sich zwei Typen unterscheiden: 1. Hebelschleudern, 2. Quetschschleudern. Beide Typen sind in der Pflanzenwelt unserer Heimat vertreten. Beim ersten Typus wirken Teile der saftigen Frucht als Hebel, durch welche die Samen fortgeschleudert werden, während beim zweiten Typus durch Quetschung geschwellter Fruchtteile die Ausschleuderung erfolgt.

1. **Hebelschleudern.** Wir betrachten zunächst die Hebelschleudern. Als bekanntestes Beispiel gehört hierher die Frucht von *Impatiens*. Am leichtesten zu beobachten ist das kleinblütige Springkraut, *Impatiens parviflora* L., ein Einwanderer aus dem fernen Osten, der sich in unseren Parkanlagen, schattigen Gärten und auch schon in unseren Alluvialwäldern an den großen Strömen heimisch und als Unkraut lästig gemacht hat. Diese, wie die bei uns heimische schönere Schwesternart, das großblütige Springkraut, *Impatiens nolitangere* L., die dem lästigen Eindringling aus dem Osten vielfach hat den Platz räumem müssen, besitzt fleischige Fruchtkapseln, die im reifen Zustande bei der leisesten

<hr>

tierten Linien deuten die Stellung der Fruchtklappen nach der Explosion an. — Fig. 3. Großblütige Schuppenwurz (*Lathraea clandestina* L.): *a* Blüte; *b, c* Frucht und darüber der ausgeschleuderte Samen, *d* Frucht im Querschnitt nach der Ausschleuderung der Samen. — Fig. 4. Kleinblütiges Springkraut (*Impatiens parviflora* L.): *a* Blüte, *b* Früchte, *c* reife Frucht vor dem Zerspringen, *d* Samen, *e* Längsschnitt, *f* Querschnitt durch das mechanisch wirksame Schwellgewebe. — Fig. 5. Sauerklee (*Oxalis acetosella* L.) *a* reife Frucht in der Achsel eines Blattes, die Samen ausschleudernd; *b* Fruchtkapsel vergrößert; *c* einzelner Same noch im Schwellgewebe der Samenschale; *d* Querschnitt durch die Samenschale. — Fig. 6. *Dorstenia contrayerva* L. reifer Fruchtstand, die Samen ausschleudernd; *b* einzelne Frucht; *c* dieselbe im Längsschnitt. — (Fig. 1 nach BECK und KERNER, 2*a* nach BECK, 2*b*, 4*e, f* nach OVERBECK, 5*d* nach GUTTENBERG, alles übrige Originalzeichnungen nach der Natur.) — Vergleiche den Text!

Berührung explodieren. Die schotenähnlichen, grünen Früchte sind fleischige, fünffächerige Kapseln, die in ihrem Innern außerordentlich zarte Scheidewände besitzen und an einem nach oben verbreiterten Mittelstrang, der sogenannten Plazenta, vier Samenanlagen tragen. Nur die beiden oberen Samenanlagen entwickeln sich nach der Befruchtung zu länglich-eiförmigen glatten Samen (vgl. Abb. 9, Fig. 4). Die Früchte schwellen daher zur Reifezeit nur im oberen Teile an und werden länglich-keulenförmig. Der angeschwollene Teil der Fruchtwandung dort, wo die beiden reifen Samen sitzen, bleibt dünner und unwirksam, dagegen tritt in dem unteren Teile der sich verdickenden Fruchtwandung eine sich allmählich steigernde Gewebespannung auf. Diese kommt dadurch zustande, daß die Außenschicht ein zunehmendes Ausdehnungsbestreben zeigt, dem die inneren Schichten Widerstand entgegensetzen. Die schwachen Längsverbindungen der Fruchtblätter, än denen sich ein zartes Trennungsgewebe aus rundlichen Zellen befindet, vermögen der starken Spannung nicht mehr zu widerstehen, sie reißen, und mit großer Kraft rollen sich die einzelnen Fruchtblätter (Wände) der Kapsel nach innen ein. Hierbei stoßen sie an die Samen und schleudern sie weit fort. Die Zellen des Schwellgewebes der Fruchtwandung haben prismatische Gestalt mit spitzen Enden. Sie enthalten zur Zeit der Fruchtreife reichlich Zucker im Zellsaft, durch dessen osmotische Wirkung der Turgordruck bis auf 25—26 Atmosphären gesteigert wird. Dieser gewaltige Innendruck bedingt das Bestreben der Zellen, sich abzurunden; diese Abrundung kann aber erst nach dem Zerplatzen der Fruchtwandung eintreten; es erfolgt dann mit so großer Kraft, daß die aus Amyloid, nicht aus Zellulose bestehenden Wandungen des Schwellgewebes überdehnt werden. Die Einrollung der abgesprungenen Fruchtkapseln läßt sich daher nicht mehr rückgängig machen (HILDBRAND *4*, v. GUTTENBERG).

Biologisch bemerkenswert ist nun, daß beide *Impatiens*-Arten gleichen Fruchtbau besitzen, beide in Massenbeständen vorkommen und doch die kleinblütige, eingewanderte (*I. parviflora* L.) der großblütigen heimischen Art (*I. nolitangere* L.) überlegen ist. In den Auenwäldern der Oder finden wir vielfach den Kampfplatz zwischen beiden Arten: wir treffen hier oft auf Bestände beider Arten, die deutlich das Zurückweichen der heimischen vor der eingewanderten erkennen lassen. Diese Überlegenheit von *Impatiens parviflora* erklärt sich einmal aus ihrer stärkeren Samenproduktion infolge zahlreicherer, wenn auch kleinerer Blüten und aus der kräftigeren Entwicklung der Vegetationsorgane: die größeren Blätter beschatten den Boden stärker, als bei *Impatiens nolitangere*, unterdrücken daher das Aufkommen konkurrierender, aber schwächerer Arten, zu denen auch die großblütige Schwesternart zählt (U).

Einen in mancher Beziehung ähnlichen Explosionsapparat der Früchte besitzt *Cyclanthera explodens* NAUD., ein Gurkengewächs des tropischen und andinen Südamerika, das häufig in botanischen Gärten kultiviert wird, und *C. pedata* SCHRAD., dessen Heimat Mexiko und Zentralamerika ist. Die schief-eiförmigen Früchte sind auf der Rückenseite dunkelgrün und mit weichen Stacheln besetzt, auf der Bauchseite bleichgrün, glatt und flach konkav. Im Innern besitzt die Frucht eine mittelständige Samenleiste (Plazenta), an der 7—9 Samen an dünnen Stielchen sitzen (vgl. Abb. 9, Fig. 2). Zur Zeit der Samenreife genügt die leiseste Erschütterung, um die Frucht zur Explosion zu bringen. Hierbei springt die Fruchtwand in zwei Längsrissen auf, ein etwa 1 cm breiter Streifen der Rückenwand krümmt sich momentan rückwärts, die reif nur noch an der Rückenwand haftende Plazenta wird hierbei mitgerissen und in weitem Bogen fliegen die Samen davon. Als wirksamer Mechanismus dient auch bei *Cyclanthera* ein Schwellgewebe, dessen zuckerhaltige Zellen einen osmotischen Druck von 15—16 Atmosphären aufweisen, und als Widerlager ein Kollenchymgewebe, das unter der Wirkung des Schwellgewebes stark gespannt wird und dessen Spannung zum Einreißen der Fruchtwandung führt (v. Guttenberg).

Etwas anders gebaut ist der Explosionsmechanismus der Früchte einiger heimischer Schaumkraut-, *Cardamine*-Arten. *Cardamine hirsuta* L., *C. impatiens* L. und einige andere Arten schleudern ihre Samen dadurch aus, daß sich die Schotenklappen von unten beginnend von der zarten Scheidewand ganz plötzlich ablösen und nach außen einrollen. Die Samen, die an dünnen Stielchen in flachen Gruben der Klappen liegen, werden hierbei losgerissen und meterweit fortgeschleudert. Auch hier erfolgt die explosionsartige Öffnung der Früchte durch ein saftiges Schwellgewebe der Fruchtklappen, das wie bei *Impatiens* aus prismatischen, pyramidenförmig zugespitzten, zickzackförmig verzahnten Zellen besteht, deren Wandungen sehr zart sind. Als Widerlager zu diesem Schwellgewebe dient ein druckfest gebautes Gewebe aus Zellen, die säulenförmige Verdickungsmassen an ihren Wandungen enthalten. „Das Widerstandsgewebe läßt sich durchaus mit einem Stück Wellpappe vergleichen, das leicht quer eingerollt werden kann, während eine Längskrümmung durch die Rippen gehemmt wird und eine Verkürzung durch die Druckfestigkeit des Materials verhindert wird" (v. Guttenberg 1926, S. 125).

Während bei den bisher besprochenen Explosionsfrüchten die Auslösung des Turgormechanismus zu einer Zertrümmerung der Frucht führt, besitzt die in Süd- und Westeuropa heimische, auf Weidenwurzeln schmarotzende Schuppenwurz *Lathraea clandestina* L. einen äußerst wirksamen Turgormechanismus, durch den die ziemlich großen, kugelrunden, glatten Samen mehrere Meter weit fortgeschleudert werden, ohne daß hierbei die Früchte zerspringen (vgl. Abb. 9, Fig. 3). Nimmt man eine reife Frucht in die Hand und übt einen leichten Druck auf die saftigen, dickfleischigen Fruchtwandungen aus, so rollen sich die beiden Fruchtklappen mit großer Kraft nach innen ein, wobei sie eine Querkrümmung erfahren. Im Moment der Einrollung verspürt man einen kräftigen Ruck und in weitem Bogen fliegt der Same davon. Während sonst Saprophyten und Parasiten durch staubfeine Samen ausgezeichnet sind (vgl. unten), besitzt *Lathraea clandestina* auffällig große Samen, die durch diesen eigenartigen Explosionsmechanismus von der Mutterpflanze selbst verbreitet werden. Auch hier dient als wirksamer Mechanismus ein Schwellgewebe, dessen zartwandige Zellen pektinartige Wandungen und zuckerhaltigen Zellsaft besitzen. Als Widerlager wirkt ein inneres Kollenchym auf der Innenseite der Fruchtklappen (v. Guttenberg, Ulbrich).

2. Quetschschleudern. Die eigenartige Früchte der *Lathraea clandestina* L. führen uns zu dem zweiten Typus saftiger Explosionsfrüchte über, zu den eigentlichen Quetschschleudern, von denen nur ganz wenige Fälle bekannt sind. In unserer heimischen Flora ist dieser Typus nur durch die Früchte des Sauerklees, *Oxalis acetosella* L., *O. stricta* L. u. a. vertreten. Das Sonderbare dieses Typus ist, daß die Ausschleuderung der Samen aus den laternenähnlichen Fruchtkapseln nicht durch Teile der Frucht, sondern durch die Samen selbst bewirkt wird. Die Samenschale besitzt nämlich einen höchst eigenartigen Bau: sie besteht aus einem sehr festen und dicken, nicht dehnbaren Oberflächenhäutchen, der sogenannten Kutikula, auf diese folgt die aus kleinen Zellen bestehende Oberhaut (Epidermis) und hierauf folgen große, fast blasenförmige, dünnwandige Zellen eines Schwellgewebes, das in der Jugend Stärke, später Zucker enthält (vgl. Abb. 9, Fig. 5). In diesem Schwellgewebe herrscht zur Zeit der Samenreife ein osmotischer Druck von 16—17 Atmosphären. Die pektinhaltigen Wandungen dieses Schwellgewebes sind äußerst elastisch und dehnen sich beim Aufspringen der Samenschale um etwa 33 vH. Auf dieses Schwellgewebe folgt nach innen eine aus sehr dickwandigen Zellen bestehende Hartschicht. Sie bildet die einzige schützende Hülle des Samens, während die übrigen Schichten der Samen nur der Ausschleuderung dienen. Die Schwellschicht (Schleuderschicht) rollt sich bei leisester Berührung zur Zeit der Samenreife ganz plötzlich zurück und schleudert die nur noch von der Hartschicht umgebenen Samenkerne durch die Spalten der laternenartig durchbrochenen Fruchtkapselwandungen [1].

Äußerst wirksame Quetschschleudern stellen die Früchte eines tropisch-amerikanischen Maulbeergewächses, von *Dorstenia contrayerva* L., dar, das in Westindien, Zentralamerika von Mexiko bis Peru vorkommt. Aus dem schildförmigen, fleischigen Fruchtstande werden die zahlreichen kleinen Steinkerne mit solcher Gewalt herausgequetscht, daß sie 3—4 m weit fortfliegen. Der Mechanismus besteht aus dem ungleich entwickelten fleischigen Perikarp (Fruchtfleisch), das den Steinkern der Frucht zangenartig umfaßt. Unterhalb des keilförmigen Steinkernes ist das Fruchtfleisch am dicksten und hier befindet sich ein Schwellgewebe, das infolge seines Ausdehnungsbestrebens die seitlich vom Steinkern befindlichen Backen der Zange zusammenzudrücken sucht. Daran wird das Gewebe durch den harten Steinkern gehindert. Nun ist aber das saftige Fruchtfleisch über dem Steinkern sehr dünn, so daß es dem starken Druck nicht widerstehen kann; es reißt und nun fliegt der Steinkern unter dem gewaltigen Seitendruck der Backen der Gewebezange davon wie ein zwischen den Fingern fortgeschnellter Kirschkern [2] (vgl. Abb. 9, Fig. 6 *a—c*).

---

[1] Overbeck, Fr.: Zur Kenntnis des Mechanismus der Samenausschleuderung von *Oxalis*. Jahrb. für wissenschaftl. Botanik *62*. 1923.

[2] Overbeck, ebenda *63*. 1924.

Damit sind die **Turgormechanismen** erschöpft, durch deren Wirkung eine plötzliche und wirksame Entfernung der Samen aus den saftigen Früchten erzielt wird; wirksam sind hierbei in allen Fällen lebende, saftige Gewebe.

Eine **Zwischenstellung** zwischen den eigentlichen Turgormechanismen und den Schleudervorrichtungen durch tote Gewebe nimmt die Gattung *Arceuthobium* ein, eine kleine, parasitisch auf *Juniperus oxycedrus* L. im Mittelmeergebiet lebende Loranthazee. Die beerenartigen Früchte werden bei der Reife vom Fruchtstiel abgestoßen und aus der Bruchfläche wird das Endokarp mit den Samen mit großer Gewalt herausgeschleudert. Nach den Untersuchungen von HEINRICHER[1] beruht der Ausschleuderungsvorgang auf Schleimbildung der Innenschicht des Endokarps. Die Wandungen einer besonderen „Schleimschicht" quellen auf, wobei das nötige Quellwasser aus dem großzelligen Gewebe des Mesokarps und aus Speichertracheiden entnommen wird. Ein Kollenchymgewebe wird durch den Quellungsdruck elastisch gespannt, bis die Frucht an der Ansatzstelle abreißt; hierbei verkürzt sich das straff gespannte Kollenchym plötzlich und preßt das Endokarp heraus, wobei der Schleim als „Schmiermittel" den Reibungswiderstand verhindert. Das Endokarp mit dem Samen hat die Form einer Patrone und fliegt weit fort. Da der Ausschleuderungsvorgang auch an in Alkohol konservierten, demnach abgetöteten Beeren nach Einlegen in Wasser eintritt, beruht er nicht auf Turgeszenz lebender Gewebe. Seinem Bau nach gehört der Mechanismus zu den Quetschschleudern.

B. Samenausschleuderung durch Spannung in trockenen Geweben.

Es gibt nun aber noch eine ganze Reihe von Schleudervorrichtungen, bei denen tote, nicht mehr saftige Gewebe der Früchte wirksam sind, um die schnelle und weite Entfernung der Samen von der Mutterpflanze selbsttätig zu bewirken. Bei den Blütenpflanzen handelt es sich hier wohl ausschließlich um Mechanismen, die auf ungleichmäßiger Zusammenziehung anatomisch verschieden gebauter Gewebe beruhen. Wir können alle hierher gehörigen Fruchtformen als mit **Austrocknungsmechanismen** versehen bezeichnen. Irgendwelche Mechanismen dieser Art finden sich an fast allen aufspringenden Früchten; aber nur bei verhältnismäßig wenigen erfolgt das Aufspringen so plötzlich und mit solcher Kraft, daß man diese Früchte als Explosionsfrüchte bezeichnen kann. In einigen Fällen erfolgt die Öffnung unter völligem Zerspringen der ganzen Frucht, z. B. bei der Euphorbiazee *Hura crepitans*. Meist bleiben die Früchte erhalten, wenn auch stark verändert, oder es gehen bei der Explosion und Ausschleuderung Teile der Frucht verloren, z. B. beim Diptam, *Dictamnus albus* L., einer Rutazee Mittel- und Süddeutschlands und des wärmeren Europas.

Wir müssen uns mit Rücksicht auf den zur Verfügung stehenden

---

[1] Sitzungsberichte d. Kais. Akad. d. Wissensch. Wien, Math.-naturw. Kl. Abt. I, *124*, 1915.

Raum auf die eigentlichen Explosionsfrüchte beschränken, bei denen also eine plötzliche Öffnung der Frucht erfolgt, wobei die Samen mehr oder weniger weit fortgeschleudert werden.

Als bekannte Beispiele gehören hierher die Früchte vieler Leguminosen, z. B. *Sarothamnus scoparius*, des Besenginsters und anderer Ginstergewächse, der Erbsen (*Pisum*-Arten), Platterbsen (*Lathyrus*), Wicken (*Vicia*), Lupinen (*Lupinus*), des Hornklees (*Lotus*), der Bohnen (*Phaseolus*) und vieler anderer Arten (ULBRICH *9*).

Gehen wir an einem heißen und trockenen, möglichst windstillen Hochsommertage durch einen dichten Bestand fruchtenden Besenginsters, so können wir häufig ein knisterndes Geräusch mit nachfolgendem Fall wahrnehmen. Gehen wir diesem Geräusch nach, so können wir sehr bald feststellen, daß es von den sich plötzlich öffnenden schwarzen Hülsenfrüchten des Besenginsters herrührt. Die Öffnung erfolgt augenblicklich und mit großer Kraft; es lösen sich die Hälften der Hülse längs der Bauch- und Rückennaht und jede Hälfte für sich rollt sich blitzschnell schraubig (korkzieherartig) ein. Hierbei werden die glatten Samen von ihrer sehr dünnen Anheftungsstielchen losgerissen und in weitem Bogen fortgeschleudert. Sie fallen in einiger Entfernung von der Mutterpflanze zu Boden, und, da sie mit einem kleinen wulstigen Anhängsel versehen sind, das von Ameisen gern abgenagt wird, können sie auch noch weiter durch diese Tiere verbreitet werden (vgl. Abb. 10, Fig. 1).

Ganz ähnlich verhalten sich die übrigen *Papilionaceen*-Hülsen: es erfolgt stets plötzliche Öffnung mit großer Gewalt, schraubige Einrollung der Kapselhälften, wobei die Samen fortgeschleudert werden. Der Explosionsmechanismus beruht auf Schrumpfung schräg zueinander angeordneter fester Zellfaserelemente. Die Wandung der Hülsen zeigt folgenden Bau: Die Außenhaut bildet eine aus sehr dickwandigen Zellen bestehende Epidermis, unter der zuweilen (z. B. bei *Caragana*) noch ein Hypoderm liegt. Die Zellen der Epidermis sind mächtig verdickt und sowohl ihre Innen- wie die Außenwände deutlich tangential geschichtet. Die Zellen der Epidermis und, wenn vorhanden, auch des Hypoderms verlaufen steil-schräg, so daß sie die Fasern der im Innern der Wandung liegenden Hartschicht im Winkel von 90° kreuzen. Diese Hartschicht folgt nach innen zu auf das dünnwandige Parenchym. Sie besteht aus einer größeren Anzahl von Faserlagen. Diese Fasern sind langgestreckt, sehr dickwandig und verlaufen schräg, so daß sie mit der Fruchtachse einen Winkel von 30—40° bilden. Die innersten Fasern zeigen deutliche Längsstruktur. Schon in der Hartschicht herrscht ein Krümmungsbestreben, da ihre innere Seite sich bei der Austrocknung in der Querrichtung sich stärker verkürzt als die äußere. Zu einer korkzieherartigen Einrollung der Hülsenhälften muß es kommen, weil die Fasern der Hartschicht schräg verlaufen. Durch den Bau der Epidermis wird diese Einrollung noch verstärkt, und so erklärt sich die große Gewalt, mit welcher die Einrollung erfolgt (v. GUTTENBERG).

Es erübrigt sich, auf die einzelnen genannten Gattungen näher einzugehen, weil die Verhältnisse bei ihnen ganz ähnlich liegen; geringe Unterschiede bestehen nur in der Art der Ausbildung der einzelnen

Schichten. Im Grundprinzip ist der Bauplan der Hülsen und ihr Öffnungsmechanismus gleich.

Abb. 10. **Trockene Schleuderfrüchte.** Die Ausschleuderung der Samen erfolgt durch explosionsartige Öffnung der Früchte infolge von Spannungen der austrocknenden, toten Gewebe. —
Fig. 1. Besenginster, *Sarothamnus scoparius* (L.) Scop., als Beispiel für das Aufspringen vieler Legu-
minosenhülsen: *a* Zweig mit 2 Hülsen, die obere aufgesprungen, *b* einzelner Same mit dem Nabelwulst, welcher der Lösung der Samen vom Stielchen und der Verbreitung der Samen durch Ameisen
dient. — Fig. 2. Diptam, *Dictamnus albus* L., eine Rutazee: *a* 2 geöffnete Früchte, *b* das ausgeschleuderte Endokarp, das sich widderhornartig einkrümmt, *c* Samen. — Fig. 3. Frucht des Sand-
büchsenbaums, *Hura crepitans* L. (Euphorbiazee): *a* vor dem Zerspringen, *b* Teil der zersprungenen
Frucht und Mittelsäule, an welcher die Fruchtblätter saßen, *c* Samen. — Fig. 4. Fruchtender Stengel
von *Viola tricolor* L.: *a* oben unreife, Mitte aufgesprungene, unten entleerte Frucht, *b* Samen mit
kleinem Nabelwulst. — Fig. 5. Fruchtzweig von *Geranium palustre* L. mit unreifer und reifer, zer-
springender Frucht, *b* Samen. — Fig. 6. *Acanthus mollis* L.: *a* 2 Früchte, daneben ein Same, darüber eine Fruchthälfte, darin eine Schleuder sichtbar. — (Fig. 3 *a* zum Teil nach E. Huth, alles
übrige Originalzeichnungen nach der Natur.) — Vgl. den Text.

Auf gleichem Grundplan beruht auch der Bau der Fruchtkapseln
einiger Rutazeen, z. B. vom Diptam, *Dictamnus albus*, und der Raute
(*Ruta graveolens*). Die Fruchtkapseln sind fünfteilig und lokulizid; an

der Ober- und an der Außenkante öffnen sie sich. Beim Diptam löst sich eine harte, fast hornartige Innenschicht, das Endokarp, von der zarten, aus dünnwandigen Parenchymzellen bestehenden Außenschicht, dem Exokarp, ab. Das hornige Endokarp treibt das Exokarp auseinander, zerfällt in zwei sich momentan widderhornartig-schraubig eingekrümmte Teile und springt aus der Frucht heraus. Bei diesem sich explosionsartig vollziehenden Vorgange werden die kugelrunden, glänzend-glatten Samen mit großer Kraft herausgeschleudert (vgl. Abb. 10, Fig. 2).

In mancher Hinsicht ähnlich sind die Kapselfrüchte von *Ruta* gebaut, doch trennen sich Endokarp und Exokarp nicht, sondern bleiben verbunden. Ihre korkzieherartige Einkrümmung bewirkt die Öffnung der Frucht, die aber nicht so plötzlich, explosionsartig erfolgt wie bei *Dictamnus*.

Auch bei vielen Wolfsmilchgewächsen (*Euphorbiaceae*) kommen Explosionsfrüchte mit eigenartigem Schleuderapparat vor, so bei *Euphorbia*, *Mercurialis*, *Ricinus*, *Hura* u. a. Die kräftigsten Schleuderapparate besitzt *Hura crepitans* L., der Sandbüchsenbaum, Sandbox-tree des tropischen Amerika, ein prächtiger Baum mit breiten Blättern, der seines schönen Wuchses wegen in den Tropen gern angepflanzt wird, obwohl er einen stark giftigen Milchsaft enthält. Die Früchte, die als Streusandbüchsen verwendet werden, sind ziemlich große, niedergedrückte Kapseln, die aus zahlreichen Teilfrüchtchen, den sogenannten Kokken, bestehen, die rings um ein Mittelsäulchen angeordnet sind. Zur Zeit der Reife springen diese Teilfrüchte von der Mittelsäule unter lautem Knall ab, wobei die Früchte zerfallen und die ziemlich großen, linsenförmigen Samen bis zu 14 m weit fortgeschleudert werden. Diesem eigenartigen Verhalten der Früchte verdankt der Baum seinen Artnamen (*crepitans* = knallend, lärmend). Auch bei diesen Früchten ist es die innere Hartschicht der Fruchtwandung, welche die Explosion der Früchte verursacht. Dem beim Aufspringen der Früchte entstehenden Geräusch verdankt *Hura crepitans* den drolligen, volkstümlichen Namen „Pet du diable", wie LAMARCK angibt (vgl. Abb. 10, Fig. 3).

In stark verkleinerter Form finden wir ganz ähnlich gebaute Früchte bei einigen heimischen Wolfsmilchgewächsen, bei *Euphorbia peplus* L. und *E. helioscopia* L., die auch in Gärten und auf Äckern Norddeutschlands als Unkraut vorkommen, und bei dem einjährigen Bingelkraute, *Mercurialis annua* L., das schon in Mitteldeutschland die Nordgrenze seines Verbreitungsgebietes erreicht. Wer diese Pflanzen einmal für sein Herbar getrocknet hat, weiß, daß es nicht gelingt, die reifen Früchte zu erhalten: sie zerspringen beim Trockenwerden vollständig. Das Zerspringen der Früchte läßt sich in der Natur an geeigneten Standorten leicht beobachten. An warmen, trockenen Sommertagen kann man feststellen, daß zunächst die einzelnen Fruchtfächer mit ziemlicher Gewalt abgeschleudert werden, wobei sie zunächst noch ihre etwa eiförmige Gestalt behalten. Da die Trennschicht der Fruchtfächer von der Mittelsäule nicht aus zarten, dünnwandigen Zellen besteht, sondern aus fest miteinander verbundenen, der Rißlinie parallel verlaufenden, derben Fasern, ist eine sehr erhebliche Spannung zu überwinden; dies erfolgt explosionsartig. Die weitere Austrocknung bewirkt dann die korkzieherartige Krümmung der aufgesprungenen Fächer und Ausschleuderung der Samen nach gleichem Grundplan des Mechanismus wie bei den Hülsen der Schmetterlingsblütler (HABERLANDT, 1924).

Ganz ähnlich verhält es sich nach den Untersuchungen von LECLERC-DU SABLON die Fruchtkapsel des Buxbaums (*Buxus sempervirens* L.).

Anders liegen jedoch die Verhältnisse der Mechanik bei der Ausschleuderung der Samen aus den Früchten der *Geraniaceae*, bei *Pelargonium*, *Geranium* und *Erodium*. Diese Gattungen besitzen Spaltfrüchte, die sich bei der Reife infolge Eintrocknung in die fünf Teilfrüchtchen lösen. Die Loslösung beginnt unten: die Teilfrüchtchen springen von der Mittelsäule der Frucht ab und trennen sich. Gleichzeitig drehen sie sich korkzieherartig um ihre Achse, und zwar nach links, wobei sich ihre stark grannenartig verlängerten Enden nach außen biegen. Schließlich lösen sich die Teilfrüchtchen mit den Samen ganz ab. Die Fruchtgranne ist im trockenen Zustande korkzieherartig gewunden und in ihrer oberen gerade, bei der letzten Windung fast rechtwinklig knieförmig gebogen. Bei Befeuchtung streckt sie sich gerade. Hierdurch tritt eine bedeutende Verlängerung ein, die bewirkt, daß die unten scharf zugespitzten Teilfrüchtchen sich in die Erde bohren. Rückwärts gerichtete, borstenförmige Haare befestigen die Teilfrüchte im Boden. Korkzieherartige Einkrümmung und nachfolgende Streckung wiederholen sich bei jedem Wechsel von Trockenheit und Feuchtigkeit. Hierdurch bohren sich die Teilfrüchtchen immer tiefer in das Erdreich ein, bis sie in die zur Keimung erforderliche Tiefe vorgedrungen sind. Bei einigen Arten von *Pelargonium* und *Erodium* treten an der Fruchtgranne lange Haare auf, die einmal die abgeschleuderten Teilfrüchtchen durch den Wind verbreiten können, da sie als Flugorgane dienen können, dann aber das Einbohren der Teifrüchtchen in den Boden noch erleichtern, weil sie die Wirkung der Granne gleichsinnig unterstützen. Diese Haare sind gleichfalls hygroskopisch,spreizen bei Trockenheit und legen sich bei Feuchtigkeit der Granne an. Der anatomische Bau der Fruchtschnäbel (Grannen) ist recht kompliziert. Sie enthalten ein sehr mächtig entwickeltes Hartzellgewebe, das über einem längsverlaufenden Luftkanal liegt und von dünnwandigem Gewebe umgeben ist. Das Hartzellgewebe allein läßt nicht weniger als fünf verschiedene Faserschichten erkennen, die sich durch verschiedene Struktur der Wandung und dementsprechend verschiedene Stellung der Tüpfel der Zellen unterscheiden. Alle wirken in gleichem Sinne dahin, daß eine intensive Linkswindung der ganzen Granne zustandekommt, sobald die Granne trocknet; durch entsprechend ungleiche Quellung der Schichten wird die korkzieherartige Windung aufgehoben und infolgedessen die Granne gerade gestreckt. Die Mechanik des ganzen Apparates beruht also auf tangentialen Quellungsunterschieden in mehreren Zellagen (v. GUTTENBERG; KERNER v. MARILAUN).

Bei einigen *Geranium*-Arten erfolgt auch Ausschleuderung der Samen aus den Fruchtfächern, die sich durch einen Längsriß öffnen. Die Teilfrüchtchen lösen sich bei der Reife von der Mittelachse der Frucht, blei-

4*

ben aber an der Grannenspitze und an ihrer Basis zunächst noch mit der Mittelsäule verbunden. Das Herausfallen der Samen aus den sich öffnenden Teilfrüchten wird zunächst noch durch einen Dornfortsatz, der vom Grunde der Fruchtwandung entspringt, verhindert; bei manchen Arten treten hier auch noch spreizende Haare auf. Mit fortschreitender Reife und Austrocknung reißen dann die Teilfrüchtchen plötzlich von ihrem Grunde los, rollen sich spiralig ein, und zwar nach außen und oben, bleiben aber mit der Grannenspitze noch mit der Mittelsäule verbunden. Hierdurch werden die Samen in weitem Bogen fortgeschleudert (vgl. Abb. 10, Fig. 5). Schrumpfungsunterschiede verschiedener Gewebeschichten liegen auch hier dem Ausschleuderungsmechanismus zugrunde. Bei den *Geranium*-Arten, die auf diesem Wege ihre Samen ausschleudern, fehlt die korkzieherartige Windung der Granne, die ja bei der Wirkung des ganzen Mechanismus, bei dem die Samen frei werden, zwecklos wäre. Einen derartigen Ausschleuderungsmechanismus besitzt beispielsweise der durch seine prächtigen blutroten, großen Blüten ausgezeichnete Storchschnabel, *Geranium sanguineum* L., eine Art, die bei uns auf trockenen Wiesen und als häufige Leitpflanze auf „pontischen", sonnigen Hügeln vorkommt. Ganz ähnlich verhalten sich der Sumpfstorchschnabel, *Geranium palustre*, Wiesenstorchschnabel, *G. pratense*, und andere Arten (v. GUTTENBERG; KERNER V. MARILAUN).

Auf einem etwas anderen mechanischen Prinzip beruht der Öffnungsmechanismus der Fruchtkapseln und die selbsttätige Ausschleuderung der Samen bei vielen Veilchen, *Viola*-Arten, z. B. beim allbekannten Stiefmütterchen, *Viola tricolor*. Es erfolgt zunächst das Aufspringen der Fruchtkapsel mit ihren drei Fächern; hierbei strecken sich die vorher etwas gekrümmten Klappen gerade infolge der Verkürzung ihrer Außenseite in der Längsrichtung. Hierauf schlagen die Klappenflügel in der Quere einwärts, bis sich ihre Hälften mit den Innenseiten berühren. Bei dieser Quereinrollung werden die ziemlich großen Samen gedrückt und nacheinander ausgeschleudert. Die Auswärtskrümmung der ganzen Klappen schreitet immer weiter fort, bis die Klappen schließlich in einem Winkel von 45° nach abwärts gerichtet sind (vgl. Abb. 10, Fig. 4). Die Entfernung, bis zu welcher die Samen fortgeschleudert werden, ist recht bedeutend und beträgt 2—4³/₄ m. Schrumpfungsunterschiede in den verschiedenen Gewebeschichten der Kapseln bewirken diese Bewegungen. Die Auswärtsbewegung der Klappen kommt nach STEINBRINCK durch Querkontraktion der äußeren, horizontal gelagerten Fasern der Flügel zustande. Als Widerlager dient ein mächtig entwickeltes Kollenchym an der Plazenta, dessen Zellelemente senkrecht verlaufen und stark quellbar sind und außerdem die senkrechten Zellen der Innenepidermis an den Rißstellen der Klappen. Der Zusammenschluß der Klappenflügel erfolgt unter Wirkung einer starken Querkontraktion des Kollenchyms, wobei die Radialreihen durch ihre gleichsinnige Querkontraktion mitwirken (HILDEBRAND *4*, STEINBRINCK).

Den Vorgang der Kapselöffnung und nachfolgenden Ausschleuderung der Samen kann man im Zimmer oder Arbeitsraum an eingetopften *Viola*-Arten leicht beobachten. Es ist anziehend, zu verfolgen, wie nach dem Aufspringen der Klappen sofort die Einrollung ihrer Ränder nach der Mitte zu erfolgt. Von beiden Seiten her werden die großen, glatten Samen gepreßt und durch den Druck fortgeschnellt wie Kirschkerne, die man durch Druck zwischen Daumen und Zeigefinger fortprellt. Die Ausschleuderung der Samen erfolgt in ganz regelmäßiger Reihenfolge: Die Zusammenrollung der Fruchtwände beginnt am freien Ende der Fruchtblätter. Infolgedessen wird der hier sitzende Samen zuerst fortgeschnellt; nach dem Grunde der Frucht hin setzt sich das Schnellfeuer fort, bis das erste Fruchtblatt ganz entleert ist. Dann folgt das zweite Fruchtblatt in ganz gleicher Weise und schließlich das dritte.

Nach den Untersuchungen von L. Gross 1926 ist die Wurfweite bei unseren heimischen Veilchenarten verschieden. Er fand, daß *Viola canina* seine Samen zwischen 2,68 m und 4,72 m weit schleudert, *V. elatior* 1,76—4,65 m, *V. silvestris* 0,20—3,75 m, *V. Riviniana* 1,83 bis 4,63 m, *V. rupestris* 0,70—3,80 m, *V. Riviniana* × *stagnina* 2,15 bis 4,23 m. Bemerkenswert ist, daß die Ausschleuderung, wie es nach seinen Untersuchungen scheint, an bestimmte Tagesstunden gebunden ist. In den meisten Fällen fand die Ausschleuderung zwischen 9 und 12 Uhr vormittags statt; nur einmal nachmittags um $^1/_2$6 Uhr. Für die weitere Verbreitung der Samen ist es biologisch von Bedeutung, daß die Ausschleuderung am Tage erfolgt, weil die Veilchensamen auch an die Verbreitung durch Ameisen angepaßt sind. Die in den Vormittagsstunden ausgeschleuderten Samen können also noch am gleichen Tage von den tagsüber eifrig sammelnden Ameisen gefunden und weiter verschleppt werden. Daß die Ausschleuderung in die Vormittagsstunden fällt, hängt wohl mit der Abnahme der Luftfeuchtigkeit im Laufe des Tages zusammen.

Schleuderkapseln mit recht wirksamer Ausschleuderungsvorrichtung besitzen auch einige Caryophyllazeen und Portulacazeen. Die Kapseln springen mit Längsrissen auf, die fast bis zum Grunde reichen. Die sich streckenden Kapselklappen rollen ihre Ränder nach innen gegen die Mittellinie ein, greifen unter die Samen und schleudern diese mit großer Gewalt davon. In unserer heimischen Flora besitzt die kleine Portulacazee der Gattung *Montia* Gmel. derartige Früchte, die bei dieser Familie wohl auch sonst noch vorkommen. Festgestellt sind sie bei *Claytonia sibirica* L., *Calandrinia Menziesii* Torr. et Gray u. a. Bei den Caryophyllazeen besitzt *Polycarpon tetraphyllum* L. solche Schleuderkapseln. Der Ausschleuderungsmechanismus beruht auf starker Radialschrumpfung der mächtigen Zelluloseschichten der Zellen der obersten (bei *Montia*) oder inneren Schichten der Kapselwandung. Die Wirksamkeit dieser Schleudervorrichtung ist sehr groß: bei der nur wenige Zentimeter goßen *Montia fontana* L. werden die Samen in einen Bogen von durchschnittlich 60 cm Höhe bis zu 2 m weit fortgeschleudert. Zuerst beobachtet wurde diese Schleudervorrichtung 1728 von Micheli, dem Begründer der Gattung *Montia*; eingehend beschrieben wurde sie von I. Urban 1878[1]. Die kleinen warzigen Erhebungen der Samenschale erhöhen den

---

[1] Verhandl. d. Bot. Vereins d. Prov. Brandenburg und Jahrb. des k. Botan. Gartens Berlin *4*, S. 256.

Reibungswiderstand; die kugelrunde Gestalt der Samen erleichtert den Wurf und das Fortrollen auf dem Boden.

Längskrümmung mit Radialschrumpfung der Kapselwände bewirkt die Ausschleuderung der Samen aus den Fruchtkapseln der Polemoniazee *Collomia grandiflora* Dougl., einer ursprünglich nordamerikanischen Pflanze, die sich nach ihrer Einschleppung besonders in Mitteldeutschland als Unkraut lästig macht. Ihrem wirksamen Schleuderapparat verdankt sie ihre schnelle Verbreitung als Unkraut.

Sehr selten sind merkwürdigerweise Schleuderfrüchte bei den Monokotyledonen. Allein die im tropischen Amerika verbreitete Amaryllidazeengattung *Alstroemeria*, deren Arten wegen ihrer Blütenpracht bei uns in Gewächshäusern kultiviert werden, besitzen Schleuderfrüchte. Gaertner hat sie zuerst bei *Alstroemeria peregrina* beobachtet. Stapf hat *A. psittacina* L.[1] untersucht und fand, daß die Samen aus den sechsklappigen, von unten nach oben aufreißenden Kapseln bis 4 m weit geschleudert werden.

Die Früchte mancher epiphytischer Orchideen der Tropen, z. B. *Stanhopea, Vanda, Angrecum* u. a. (vgl. Abb. 2) enthalten hygroskopisch bewegliche Schleuderhaare, welche die Samen aus den bei Trockenheit aufspringenden Fruchtkapseln herausquellen lassen und das Zusammenballen der staubfeinen Samen verhindern (Horowitz; Pfitzer).

An den Schluß unserer Besprechung der Früchte mit selbsttätiger Ausschleuderung der Samen wollen wir die Vertreter einer bei uns zwar nicht heimischen, aber doch hin und wieder in Gärten kultivierten Familie setzen, der *Acanthaceae*, und als zu besprechendes Beispiel den schon im Altertum bekannten und wegen seiner schönen Blätter in der Ornamentik viel verwendeten *Acanthus mollis* wählen. Die Frucht ist, wie bei allen Acanthazeen, eine zweifächerige Kapsel; bei der Reife springt sie mit großer Gewalt bis zum Grunde auf, wobei die sehr kräftig entwickelte Scheidewand die Frucht in der Mitte trennt. Sie ist ausschließlich bei der Samenausschleuderung wirksam. Jede Hälfte der Scheidewand enthält ein mächtiges äußeres und ein etwas schmäleres inneres Bündel außerordentlich fester Fasern; beide Bündel sind durch eine zarterwandige Parenchymschicht getrennt. Die beiden äußeren Faserbündel besitzen quergestellte Poren, die beiden inneren dagegen linksschiefe Tüpfel. Durch die Zusammenziehung der äußeren Faserbündel entsteht eine starke Spannung, durch welche die beiden Hälften der kräftigen Samenleiste plötzlich getrennt werden, die beiden Kapselhälften springen ab und schleudern die ziemlich großen, linsenförmigen Samen in weitem Bogen fort. An den Samen sitzen aus dem verhärten-den Nabelstrang hervorgegangene, federartig gespannte Schleudern, die sogenannten Jakulatoren. Diese holzigen, dornartigen Gebilde bestimmen die Flugbahn der Samen, so daß diese aus den beiden Fruchthälften nach genau gegenüberliegenden Seiten davonfliegen (vgl. Abb. 10, Fig. 6). Ganz ähnlich verhalten sich die Früchte aller mit *Acanthus* verwandten Vertreter dieser Familie, die zur Unterfamilie der Acanthoideen gehören.

---

[1] Sitzungsber. d. Zool.-botan. Gesellsch. Wien 1887, S. 53.

Die große Mannigfaltigkeit der Ausbildung selbsttätiger Schleudervorrichtungen erhellt aus den angeführten Beispielen. Es sei hier noch kurz hingewiesen auf die Wirkung der Ausschleuderung. Die Entfernung, bis zu welcher die Samen fortgeschleudert werden, ist um so größer, je schwerer die Samen sind. Einige Zahlen mögen dies beweisen, die KERNER in seinem bekannten Werke „Pflanzenleben", Bd. II, S. 776, 1891 gibt:

	Form des Samens	Längster Durchmesser mm	Kürzester Durchmesser mm	Gewicht des Samens g	Wurfweite m
Cardamine impatiens .	ellipsoidisch	1,5	0,7	0,005	0,9
Geranium columbinum	kugelig	2,0	2,0	0,004	1,5
„ palustre . .	walzig	3,0	1,5	0,005	2,5
Lupinus digitatus. . .	würfelförmig	7,0	7,0	0,08	7
Acanthus mollis . . .	bohnenförmig	14,0	10,0	0,4	9,5
Hura crepitans » . . .	linsenförmig	20,0	17,0	0,7	14
Bauhinia purpurea . .	„	30,0	18,0	2,5	15

Wenn wir die mit selbsttätigen Ausschleuderungsmechanismen versehenen Pflanzen überblicken, so fällt auf, daß es sich fast ausschließlich um Waldpflanzen handelt, d. h. also um Arten, die in der Auswahl ihres Standortes recht wählerisch sind. Hierher gehören von den oben erwähnten Arten *Impatiens nolitangere, I. parviflora, Cardamine impatiens, C. hirsuta* u. a., *Lathraea clandestina,* bei welcher die Gebundenheit an ihre Wirtspflanze noch erschwerend hinzukommt, *Oxalis, Euphorbia peplus* u. a., *Mercurialis, Viola* u. a. Die selbsttätige Ausschleuderung bewirkt, wie aus den obigen Ausführungen hervorgeht, im günstigsten Falle bei diesen Waldpflanzen eine Entfernung der Samen von der Mutterpflanze um einige Meter und genügt, um den aufkommenden Pflänzchen einen ausreichenden Platz zur Entfaltung zu sichern, der in den allermeisten Fällen in seinen Standortsbedingungen von denen der Mutterpflanze nicht allzu verschieden sein dürfte. Dies erklärt das Auftreten solcher Arten in fast reinen Beständen, auch wenn ihnen wirksame vegetative Vermehrungsorgane, wie Ausläufer, Kriechsprosse u. dgl. fehlen, z. B. *Impatiens, Lathraea, Euphorbia, Oxalis stricta* u. a. Sind die Arten zudem ausdauernd und mit irgendwelchen vegetativen Wanderorganen ausgerüstet, so wird diese Fähigkeit der Bildung reiner Bestände an geeigneten Standorten noch wesentlich erhöht, z. B. *Cardamine hirsuta, Mercurialis, Viola odorata* u. a., *Oxalis acetosella.*

Die Ausschleuderung der Samen wird aber in vielen Fällen auch eine Verbreitung durch vorüberstreifende Tiere ermöglichen, ja bei vielen Arten finden sich noch besondere Einrichtungen an den Samen, die auf eine Verbreitung durch Tiere hindeuten. Die ausschließlich auf Selbstverbreitung durch Ausschleuderung eingestellten Samen sind vollkommen glatt, kugelrund oder linsenförmig, seltener eckig (würfelförmig) und besitzen eine trockene Oberfläche. Ihre Beschaffenheit sichert eine möglichst weite Flugbahn, ihre Glätte ein leichtes Abspringen von Gegenständen, an die sie stoßen.

Dagegen zeigen die Samen, die nach der Ausschleuderung noch durch Tiere verbreitet werden können, oft eine schleimige, klebrige Oberfläche, wie z. B. die Samen von *Oxalis, Ecballium* u. a., die ein leichtes Ankleben im Fell oder Gefieder vorüberstreifender Tiere ermöglichen. Da die Explosionseinrichtungen der im turgeszenten Zustande zerspringenden Früchte zumeist durch leichte Erschütterungen ausgelöst werden, liegt es nahe, daß Tiere, die Bestände solcher Pflanzen durchstreifen, diese Erschütterung hervorrufen und damit die Explosionseinrichtung auslösen. Sie werden dann aus nächster Nähe mit den Samen beschossen. Da die Ausschleuderung mit sehr großer Kraft erfolgt, wird diese Kraft genügen, um einige Samen, auch wenn sie nicht klebrig oder mit besonderen Haftvorrichtungen versehen sind, im Fell oder Gefieder unterzubringen. Das geringe Gewicht der Samen genügt, um ein Festhaften zwischen den Haaren oder Federn zu sichern. Wenn diese Samen auch bald wieder abfallen, oder beim Reinigen des Gewandes wieder entfernt werden, so genügt dies doch, um auch durch Explosionsvorrichtungen eine weitere Entfernung vom Standorte der Mutterpflanze zu bewirken. Diese weitere Entfernung wird aber gegenüber der selbsttätigen Verbreitung am Standorte selbst eine verhältnismäßig untergeordnete Rolle spielen, immerhin aber einen Wechsel des Standortes ermöglichen, vorausgesetzt, daß die Samen an einen günstigen Keimplatz gelangen.

Nun zeigen aber eine ganze Reihe der Samen, die durch Explosionsmechanismen aus der Frucht befördert werden, besondere Einrichtungen für eine zweite Verbreitung durch Tiere. In den allermeisten Fällen sind es kleine Schwielen am „Nabel“ der Samen, die, wie auch durch Versuche erwiesen ist, der Verbreitung durch Ameisen dienen. Dies gilt besonders für die oben besprochenen Veilchen und für viele Wolfsmilch- (*Euphorbia-*)Arten, ferner für die Bingelkräuter (*Mercurialis*), den Besenginster (*Sarothamnus scoparius*) und viele andere. Pflanzen, deren Samen, Früchte oder sonstige der Verbreitung dienende Organe an die Verschleppung durch Ameisen angepaßt sind, nennen wir „Myrmekochoren“ oder Ameisenwanderer. Dieser Pflanzen wird später, im Zusammenhange mit der Verbreitung der Pflanzen durch Tiere, besonders zu gedenken sein. Auch die großen Samen der Hülsenfrüchtler und anderer Formen, die durch reichen Gehalt an Reservestoffen aller Art ausgezeichnet sind, werden nach der Ausschleuderung aus den Früchten durch sammelnde Tiere, besonders Nagetiere, wie Mäuse u. a. verbreitet, z. B. Erbsen-, Bohnen-, Wickensamen u. dgl.

Anpassungen an die Weiterverbreitung durch den Wind oder Wasser fehlen bei den Pflanzen mit Selbstausschleuderung der Samen. Da es sich vorherrschend um Waldpflanzen handelt, bei denen der Wind als Verbreitungsfaktor nur wenig wirken kann, ist dies nicht verwunderlich; ebensowenig, daß Anpassungen an die Verbreitung durch Wasser fehlen.

4. Kriechvorrichtungen.
(„Kriechende und hüpfende Früchte.“)

Eine Anzahl von Früchten ist mit hygroskopischen Borsten oder Grannen ausgerüstet, deren Bewegungen bei wechselnder Feuchtigkeit eine Eigenbewegung der ganzen Frucht vermitteln. Hierher gehören die Früchte einiger Dipsacazeen, Kompositen und Gräser. In einigen Fällen kann auch ein Kelch, dessen erhärtende hygroskopische Zipfel Bewegungen ausführen, in gleichem Sinne wirken, z. B. bei einigen *Trifolium-*, Kleearten. In allen Fällen werden die unter der Wirkung solcher hygroskopischer Bewegungen zurückgelegten Strecken zwar nur sehr gering sein, bedeuten aber doch eine Entfernung der Früchte und Samen von der Mutterpflanze, die nicht ganz belanglos ist, zumal zumeist allochore Verbreitung durch Wind oder Regenwasser oft wohl noch hinzukommt. Aber selbst wenn diese Allochorieverbreitung ausbleibt, genügt die autochore Verbreitung, um den jungen Pflänzchen einen Platz in einiger Entfernung von der Mutterpflanze zu sichern.

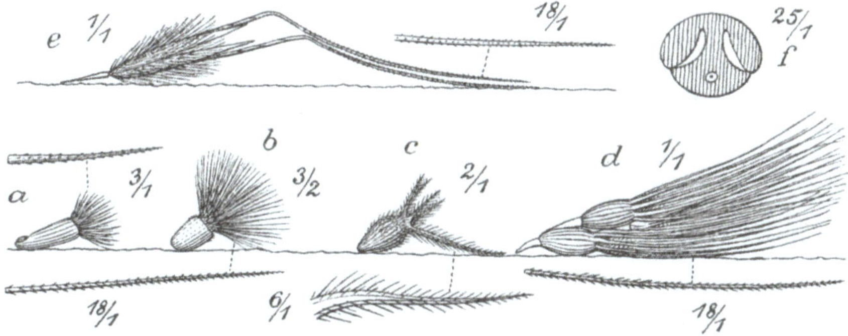

Abb. 11. „Kriechende und hüpfende Früchte.“
Infolge hygroskopischer Bewegungen ihrer behaarten Anhänge bewegen sich die Früchte auf dem Boden fort. Bewegungsrichtung in der Abbildung nach links.
a Kornblume, *Centaurea cyanus* L., darüber Ende eines Pappushaares. — *b Crupina vulgaris* L., darunter Ende eines Pappushaares. — *c Trifolium squarrosum* SAVI, darunter Kelchzipfel. — *d Aegilops ovata* L., darunter Ende einer Granne. — *e, f Avena sterilis* L., Frucht, darüber Ende einer Granne, *f* Querschnitt durch den Teil der Granne unterhalb des Knies, das sklerenchymatische, tordierende Gewebe schraffiert. — (*f* nach HILDEBRAND, alles übrige Originalzeichnungen nach der Natur.) — Vgl. den Text.

Wir betrachten zunächst die Pappusbildungen einiger Kompositen und wählen als leicht zu beschaffendes Beispiel die Früchte der Kornblume *Centaurea cyanus* L., einer Art, die ja als Unkraut in unseren Getreidefeldern, besonders Roggen und Weizen, sehr häufig, urwüchsig heimisch aber in den Mittelmeerländern ist. Der Pappus besteht aus kurzen, steifen Borsten, die mit sehr kurzen, starren, nach vorn gerichteten, spitzen Haaren besetzt sind, deren Wandungen sehr stark verdickt sind. Der Pappus ist viel zu klein, um die verhältnismäßig großen Früchte wie bei anderen Kompositen (vgl. unten) mit Hilfe des Windes davonzutragen. Legt man die Früchte auf eine rauhe Unterlage, so lassen sie sich in der Richtung nach ihrer Basis hin leicht fortbewegen; eine Rückwärtsbewegung verhindert jedoch der Pappuskranz mit seinen dornigspitzen Härchen. Die Pappusborsten breiten sich bei Trockenheit aus und legen sich bei Befeuchtung zusammen. Durch diese Bewegung werden die Früchtchen auf dem Boden fortgeschoben. Eine weitere Verbreitung der Früchte erfolgt durch Ameisen; die Früchte besitzen seitlich am Grunde einen Ölkörper, welcher den Ameisen eine willkommene Speise liefert, deretwegen sie die Früchte sammeln und verschleppen (vgl. unten unter Myrmekochoren). Ganz ähnlich ist der Pappus bei vielen anderen *Centaurea*-Arten, bei der verwandten Gattung *Crupina* und anderen gebaut. Im Mittelmeergebiet sind die meisten Arten dieses Typus zu Hause; einige kommen auch bei uns als Kulturpflanzenbegleiter, Adventivpflanzen oder Bewohner trockener, sonniger Standorte vor, wie *Centaurea scabiosa* L., *C. rhenana* u. a. Auch der Hüllkelch des ganzen Köpfchens besteht aus strohartigen, hygroskopischen Blättern, die sich bei Trockenheit weit öffnen, so daß ein flacher Teller entsteht, aus dem die Früchte leicht herausfallen können. Bei den Gattungen der *Cynareae-Centaureinae*, also des Verwandtschaftskreises der Flockenblumen, die vornehmlich im Mittelmeergebiet verbreitet sind, kommen derartige Pappusbildungen vielfach vor.

Ganz ähnlich wirkt der ausdauernde Kelch der Früchte mancher Dipsacaceae, der wie bei manchen Kompositen aus starren, hygroskopischen Borsten oder schmalen Zipfeln oder kragenartigen Bildungen besteht, z. B. bei vielen *Scabiosa*-Arten, bei *Knautia arvensis* (L.) COULT., *Succisa* u. a. Außerdem treten bei diesen Früchten noch andere Verbreitungseinrichtungen auf, vielfach auch Myrmekochorie.

Auch einige mediterrane *Trifolium*-Arten können wir hier anschließen, wie *T. stellatum* L., *T. incarnatum* L., *T. squarrosum* SAVI u. a., bei denen der Kelch lange, starre, behaarte Zipfel besitzt, die sich zur Fruchtzeit verlängern, schwach verholzen und durch ihre hygroskopischen Bewegungen ein „Kriechen" der Früchte vermitteln. Bei den beiden erstgenannten Arten sind alle Kelchzipfel etwa gleichlang, bei *T. aquarrosum* SAVI dagegen ist ein Zipfel sehr verlängert und fast grannenartig entwickelt. Bei allen diesen Arten sind die starren Zipfel mit kürzeren starren Haaren besetzt, welche wie bei den obengenannten Pappusborsten der Kompositen eine Bewegung der Früchte in der Richtung nach der Basis der Früchte fördern, eine Änderung der Bewegungsrichtung dagegen verhindern. (U.)

Die grannenartige Ausbildung eines Kelchzipfels bei *Trifolium squarrosum* führt uns dann zu den echten Grannen über, welche bei einigen Gräsern eine Ortsbewegung der Früchte vermitteln, die bei der eigenartigen Beschaffenheit dieser Bildungen allerdings weniger ein Kriechen als vielmehr ein Springen oder Hüpfen der Früchte vermitteln. (U.) Hierher gehören die Früchte z. B. von *Arrhenatherum elatius, Avena pratensis, A. sterilis* und mehreren anderen Gräsern, bei denen die Grannen vom Grunde der Spelzen ausgehen und knieförmig gebogen sind. Unterhalb des Knies sind diese Grannen schraubig gedreht und sehr stark hygroskopisch. Sie drehen sich daher je nach dem Feuchtigkeitszustande bald auf, bald zusammen. Infolge dieser Drehungen wird der nicht schraubig gedrehte Teil der Granne oberhalb des Knies hin und her bewegt, wenn er nicht irgendwo fest eingeklemmt ist. Findet er durch Anstoßen an einen festen Körper, der auf dem Boden liegt, einen Widerstand, so stemmt er sich an; die korkzieherartige Drehung des unteren Teiles der Granne versetzt ihn in Spannung, die schließlich so groß werden kann, daß bei Überwindung des Hindernisses und plötzlicher Entspannung der wie eine Uhrfeder wirkenden Granne die ganze Frucht ruckartig emporgeschleudert wird und davonhüpft (ASCHERSON; HILDEBRAND *2*; KERNER VON MARILAUN).

Die korkzieherartige Drehung des basalen Teiles der Granne ist eine Torsion, die auf dem eigenartigen anatomischen Bau des tordierenden Teiles beruht, der bei *Avena sterilis* von STEINBRINCK näher untersucht wurde. Danach zeigt der tordierende Teil des Festigungsgewebes im Querschnittsbilde die Gestalt eines T mit gekrümmtem Kopf und verbreitertem Fuße; es besteht aus dickwandigen, langgestreckten und reich getüpfelten Zellen, deren Länge von außen nach innen abnimmt. Die Tüpfel der äußeren Zellen, deren Enden sehr spitz zulaufen, sind im äußeren Teil links-, im inneren linksschief gestellt, die der Innenzellen, deren Enden fast stumpf sind, dagegen fast horizontal. Infolgedessen ziehen sich die Innenzellen entsprechend ihrer Struktur um etwa 30 vH zusammen, die äußeren dagegen nur um etwa 20 vH. Die schiefe Stellung der Tüpfel bedingt die Torsion des Grannenteiles entsprechend der Struktur der Zellwandungen (VON GUTTENBERG).

II. Fremdverbreitung (Allochorie).

Früchte und Samen, die durch fremde Kräfte verbreitet werden.

Weitaus die meisten Pflanzen bedienen sich fremder Hilfe, um ihre Früchte oder Samen zu verbreiten. Fremde Hilfe steht den Pflanzen reichlich zur Verfügung: die Natur bietet sie in den Kräften der unbelebten Welt, im Wasser und Winde und in ihren Lebewesen, den Tieren der Pflanzenwelt dar. Hiermit kommt aber ein Moment der Unsicherheit hinzu: Wird die Nachkommenschaft auch wirklich auf ihrer Reise an einen Platz gelangen, an dem sie gedeihen und sich erhalten kann? Verhältnismäßig am geringsten ist dieses Moment der Unsicherheit bei den Wasserpflanzen, da das Wasser überall ähnliche oder mutatis mutandis sogar gleiche Bedingungen der Pflanzenwelt darbietet. Viel größer ist die Unsicherheit beim Transport der Früchte und Samen durch den Wind und durch Tiere. Durch Verwehung an Plätze, die den Samen keine günstigen Keimungsbedingungen bieten, oder durch Fraß geht ein erheblicher Anteil der Nachkommenschaft zugrunde, ohne der Fortpflanzung und Erhaltung der Art dienen zu können. Dieser Verlustfaktor wird ganz erheblich größer sein als bei den Pflanzen, die ihre Samen selbsttätig verbreiten, bei denen oft eine Einschränkung der Samenbildung erfolgt, während sich die Pflanzen mit Fremdverbreitung durch größere Fruchtbarkeit, ja oft genug durch Überproduktion von Samen auszeichnen. Einige Beispiele mögen dies erläutern: *Cardamine impatiens* (vgl. S. 45) bildet nur verhältnismäßig wenige Früchte, deren Samen die Mutterpflanze selbst ausschleudert, die Rauken, *Sisymbrium*-Arten, zeichnen sich dagegen durch außerordentliche Fruchtbarkeit aus; sie überlassen es dem Winde, ihre Samen oder sogar die ganzen Pflanzen mit Früchten und Samen zu verbreiten. Die großblütige Schuppenwurz, *Lathraea clandestina* (vgl. S. 42, 45),

schleudert aus ihren sehr wirksamen Explosionsfrüchten die nur ein
oder zwei großen Samen selbständig aus. Dagegen hat die bei uns nicht
allzuseltene gewöhnliche Schuppenwurz, *Lathraea squamaria*, sehr zahlreiche Blüten, die vielsamige Fruchtkapseln erzeugen, deren kleine
Samen durch einen weniger wirksamen Ausstreuungsmechanismus aus
den Kapselfächern entfernt, und dann wohl durch den Regen oder vielleicht auch auf anderem Wege weiterverbreitet werden. Viel größer
ist der Unterschied, wenn man die Gattungen *Lathraea* und *Orobanche*
(Sommerwurz) vergleicht. Beide sind Schmarotzer auf den Wurzeln
anderer Pflanzen, aber die Arten der erstgenannten Gattung Waldpflanzen mit Schleuderfrüchten, die *Orobanche*-Arten dagegen Bewohner
lichter, sonniger Hänge, die ihre in ungeheuren Mengen erzeugten,
winzig kleinen Samen dem Winde zur Verbreitung überlassen. Bei ihnen
ist eine ganz gewaltige Überproduktion von Samen notwendig, um die
Erhaltung der Art zu sichern. Trotzdem gehören fast alle *Orobanche*-
Arten zu den großen oder größten Seltenheiten unserer heimischen
Pflanzenwelt (U.)

In unserer Darstellung ist leitender Gedanke, die Abschnitte so auf-
einander folgen zu lassen, daß die Wirksamkeit der Verbreitung der
Früchte und Samen sich steigert, d. h. daß in der Darstellung die Formen
mit weniger weitwirkenden Verbreitungseinrichtungen denen mit wirksameren vorangehen.

Bei den allochoren Pflanzen werden die durch Tiere verbreiteten
Früchte und Samen im allgemeinen weniger weite Strecken zurücklegen
als die meisten durch Wasser oder Wind verbreiteten Arten, die, wenigstens theoretisch, fast unbegrenzte Wanderstrecken zurücklegen können.

Dementsprechend wollen wir zunächst die Früchte und Samen
solcher Pflanzen betrachten, die an die Verbreitung durch Tiere angepaßt
sind. Es wird sich bei unseren Ausführungen oft genug zeigen, daß viele
Verbreitungseinrichtungen mancherlei Verbreitungswege zulassen: viele
Früchte und Samen können sowohl durch den Wind wie durch Wasser
oder auch durch Tiere verbreitet werden, z. B. wollhaarige Früchte und
Samen. Wir werden derartige Formen entsprechend dem für ihre Verbreitung wirksamsten Faktor in die nachfolgende Darstellung einordnen.

Einen Übergang zu den eigentlichen allochoren Pflanzen bilden diejenigen Formen, die man nach dem Vorgange KERNERS als

Ballistische Früchte

bezeichnen kann. Sie bilden gewissermaßen eine Vermittlung zwischen
den Pflanzen mit aktiven Schleudervorrichtungen und passiver Verbreitung durch allochore Faktoren (Wind, Tiere). Derartige Früchte
kommen bei verschiedenen Lippenblütlern (*Labiatae*), bei einigen Nelkengewächsen (*Caryophyllaceae*) und Knötericharten (*Polygonum*) vor.

Bei den Labiaten mit derartigen Einrichtungen finden wir folgenden
Bau: Die Blüten sitzen seitlich meist in mehr oder weniger deutlicher
quirliger Anordnung auf Stielen, deren Oberende hakenförmig nach
unten gebogen ist. Auf diesen Stielen sitzt der bauchig-glockenförmige
Kelch so, daß die Blüte seitlich wagerecht absteht. Der Blütenstiel ver-

holzt zur Fruchtzeit, so daß er starr und hart wird, und verdickt sich häufig unterhalb des Kelchansatzes. Auch der Kelch wird zur Fruchtzeit starr; die Zipfel seiner Unterlippe sind löffelförmig nach oben gebogen. Die Früchte der Labiaten zerfallen bei der Reife in vier „Nüßchen", die bei den hier in Frage kommenden Formen kugelig, eiförmig oder ellipsoidisch sind. Der feste, meist bogenförmige Fruchtstiel wirkt nun wie eine Feder. Wird von oben her ein Druck auf den starren Kelch ausgeübt, so wird diese Feder gespannt; bei Aufhören des Druckes geht sie sofort in ihre Ruhelage zurück, d. h. sie schnellt nach oben. Die

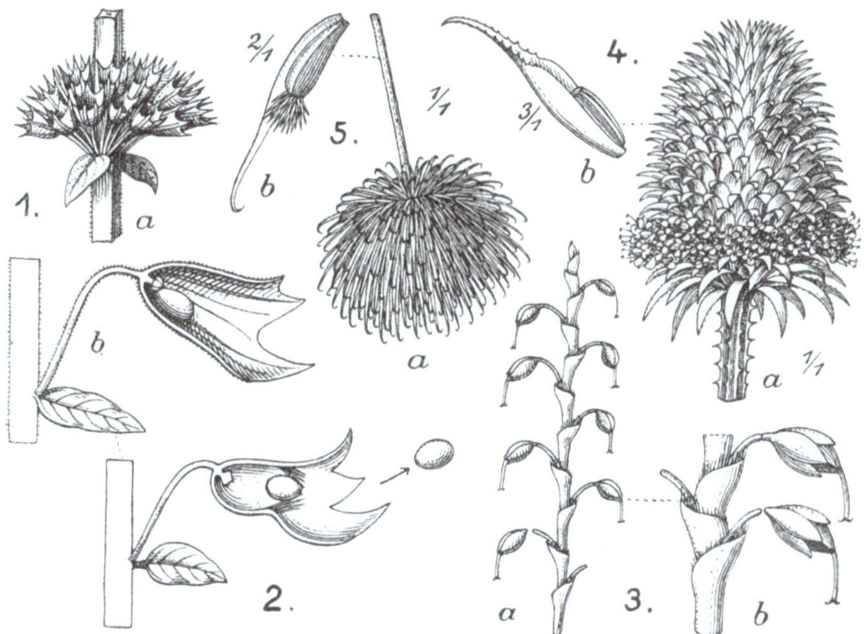

Abb. 12. Ballistische Früchte und Schleuderkletten.
Fig. 1. *a* Teil eines Fruchtstandes von *Salvia verticillata* L., *b* einzelner Fruchtkelch. — Fig. 2. Fruchtkelch von *Teucrium Euganaeum* L. — Fig. 3. *a* oberer Teil eines Fruchtstandes von *Polygonum virginianum* L., *b* zwei Einzelfrüchte, die untere im Moment der Abschleuderung. — Fig. 4. *a* Karde, *Dipsacus fullonum* L., *b* Einzelfrucht mit ihrem als Klettapparat wirkenden Tragblatte. — Fig. 5. Hainklette, *Arctium* (*Lappa*) *nemorosum*, *a* Fruchtstand, *b* Einzelfrucht mit Klettschuppe. — (1—3 zum Teil nach KERNER, das übrige Originalzeichnungen nach der Natur; vgl. den Text!)

reifen Früchtchen lösen sich sehr leicht von ihrer Anheftungstelle ab und rollen in die bauchige Erweiterung des glockenförmigen Kelches, sobald ein plötzlicher Druck von oben her ihre Loslösung bewirkt hat. Schnellen nun die Fruchtkelche nach plötzlichem Aufhören des Druckes nach oben zurück, dann werden die Nüßchen, die inzwischen bis auf den löffelförmigen oder schlittenkufenähnlichen Teil am Ende der Unterlippe gerollt sind, im weiten Bogen fortgeschleudert, wobei die Richtung der Flugbahn durch die Stellung der Zipfel der Unterlippe des Kelches bestimmt wird. Dieser ballistische Apparat wird in Tätigkeit gesetzt durch vorüberstreifende Tiere, auffallende schwere Regentropfen oder auch durch den Wind. Derartige Einrichtungen finden wir bei der

Salbei (*Salvia*), Gamander (*Teucrium*), *Monarda*, Schwarznessel (*Ballote*), Helmkraut *Scutellaria* und anderen Labiaten. Sonst kommt eine gleiche Ausschleuderungsvorrichtung in unserer heimischen Pflanzenwelt nicht vor (KERNER VON MARILAUN).

In mancher Beziehung ähnlich ist jedoch der Samenausschleuderungsvorgang bei einigen Caryophyllazeen (Nelkengewächsen), besonders bei manchen Hornkraut- (*Cerastium*-) Arten, z. B. *C. macrocarpum*: Die ziemlich langen Fruchtkapseln sind eigentümlich S-förmig gebogen und zwar so, daß ihre Mündung mit den hygroskopischen Zipfeln schräg nach oben gerichtet ist. Bei trockenem Weter sind die Zipfel geöffnet, so daß die Mündung offen ist. Die Fruchtstiele sind ähnlich wie bei den genannten Labiaten verholzt und steif; sie wirken daher in gleicher Weise wie eine Feder. Daher werden die Samen bei plötzlichen Erschütterungen im Bogen herausgeschleudert und können dann durch den Wind oder Tiere weiterverbreitet werden.

Ja, es kommt sogar vor — KERNER beschreibt dies von dem Virginischen Knöterich *Polygonum virginianum* L. —, daß durch einen derartigen ballistischen Mechanismus ganze Früchte abgeschleudert werden. Die Früchte dieser Art sitzen auf kurzen Stielen seitlich an langen, ährigen, biegsamen Fruchtständen. Zwischen der Frucht und ihrem Stiel erkennt man eine deutliche Gelenkzone, welche der Stelle entspricht, an welcher die Frucht bei leisester Berührung abbricht. v. GUTTENBERG (1926) hat diesen Mechanismus nachgeprüft. Er fand, wie KERNER (1898), daß „die Gelenkstelle immer aus großen Parenchymzellen besteht, die sich in einer zum Fruchtstiel senkrechten Ebene in den Mittellamellen voneinander trennen und gegeneinander vorwölben. Es drücken also die Zellkuppen auf der Fruchtseite gegen den Stiel und die auf der Stielseite gegen die Frucht, ohne daß es zunächst zu einer vollständigen Wölbung der Kuppen kommen kann, weil die Epidermen, die fest verbunden bleiben, dies verhindern. Führt ein leichter Stoß zum Zerreißen der Epidermiszellen, so wird die Wölbung der inneren Parenchymzellen plötzlich vollständig, und die Frucht wird durch den Rückstoß 2—3 m weit fortgeschleudert". Der Griffel der Frucht ist verholzt, hart und hakenförmig gebogen. Im Fell eines vorüberstreifenden Tieres, das den ballistischen Mechanismus auslöste, kann die Frucht leicht hängenbleiben und so auf weitere Entfernung verbreitet werden v. GUTTENBERG bezeichnet diesen Typus als „Rückstoß-Schleudermechanismus", der sich von den oben beschriebenen Schleudermechanismen lebender Gewebe dadurch unterscheidet, daß auch der abgeschleuderte Pflanzenteil, die Frucht, einen erheblichen Teil der Bewegungsenergie liefert, während er sich sonst passiv verhält.

1. Verbreitung durch Tiere (Tierverbreitung, Zoochorie).

Die Verbreitung von Früchten, Samen oder anderen Pflanzenteilen („Verbreitungseinheiten") durch Tiere kann erfolgen erstens dadurch, daß diese Pflanzenteile verzehrt und die Samen meist mit den Exkrementen an anderer, vom Aufsammlungsplatze entfernter Stelle abgesetzt werden. Derartige Verbreitung bezeichnen wir als **endozoisch**, die entsprechenden Pflanzen als „**Endozoen**". Bei einer zweiten Gruppe bleiben die Früchte und Samen äußerlich an Fell, Gefieder oder sonst irgendwie an Tieren haften und werden auf diese Weise verbreitet. In diesem Falle geschieht die Verbreitung unabsichtlich, gewissermaßen zwangsmäßig, mitunter sogar mit Gefährdung des verbreitenden Tieres. Derartige Früchte und Samen nennen wir „**epizoisch**", die Pflanzen entsprechend „**Epizoen**".

Eine dritte Gruppe von Früchten und Samen wird von bestimmten Tieren absichtlich gesammelt und verschleppt, um nur teilweise verzehrt zu werden. Derartige Samen und Früchte nennen wir „**synzoisch**", die Pflanzen „**Synzoen**".

A. Mittelbare Wirkung der Tiere.

Bei allen Formen der zoochoren Verbreitung kommen Fälle vor, in denen die Tiere nur mittelbar bei der Verbreitung der Früchte und Samen mitwirken. Wenn ein Tier die saftigen Fruchtstiele von *Anacardium occidentale* oder die süßen, fleischigen Fruchtstandsachsen einer *Hovenia* verzehrt, ohne die Frucht selbst anzurühren, weil sie ihm ungenießbar sind, so ist diese Form der Verbreitung strenggenommen nicht eigentlich als endozoisch zu bezeichnen. Aus praktischen Gründen sollen derartige Fälle jedoch bei der endozoischen Verbreitung besprochen werden, um die Übersicht nicht zu erschweren, wenn sie auch nur Beispiele einer **mittelbar-endozoischen** Verbreitung darstellen.

Ebenso finden sich verschiedene Fälle **mittelbar-synzoischer** Verbreitung bei den **Myrmekochoren** (vgl. unten), z. B. bei den Perlgrasarten *Melica nutans, M. uniflora* u. a. Bei diesen Arten liegt der Ölkörper, der den Ameisen begehrenswert erscheint, ganz außerhalb der Blüte und Frucht: er besteht in einem keulenförmigen Gebilde, das aus einem fehlgeschlagenen Teile des über der Frucht liegenden Blütenährchens hervorgeht.

Die Fälle **mittelbar-epizoischer** Verbreitung sind dagegen sehr zahlreich, so daß es sich empfiehlt, sie hier an einigen Beispielen kurz darzustellen.

Es gehören hierher die Fälle, in denen die ganzen Pflanzen mit Kleb- oder Klettvorrichtungen versehen sind, wie z. B. als bekannteste Beispiele aus unserer Pflanzenwelt das Klebkraut, *Galium aparine* L., und seine nächsten Verwandten, einjährige Kletterpflanzen der feuchten Gebüsche, Erlenbrücher und Sümpfe. Stengel und Blätter der ganzen Pflanze sind mit kleinen, aber sehr wirksamen Kletthaaren besetzt, die ein Festhaften der ganzen Pflanze an Tier und Mensch sichern. Die kleinen kugeligen Früchte, die übrigens auch mit ähnlichen Kletthaaren versehen sind, sitzen auf dünnen Stielchen, so daß sie leicht abbrechen. Flüchtendes Wild wird sich daher beim Durchbrechen eines Gebüsches, das vom Klebkraut durchrankt ist, leicht mit den zur Reifezeit der Früchte brüchigen Stengeln unfreiwillig bekränzen, mindestens aber eine stärkere Erschütterung der Pflanzen hervorrufen, welche die Früchte zum Abbrechen bringt, und sich mit diesen beladen. Ähnlich liegen die Verhältnisse bei der Borraginazee *Asperugo procumbens*.

In ähnlicher Weise kann stärkere Bekleidung mit Drüsenhaaren eine Erschütterung der Pflanzen durch vorüberstreifende Tiere bewirken, z. B. bei vielen Steinbrecharten, wie *Saxifraga granulata, S. tridactylites*, vielen Nelkengewächsen, wie dem klebrigen Hornkraut *Cerastium glutinosum* und anderen Arten.

Bei einer nicht geringen Anzahl von Pflanzen werden zwar typische Klettfrüchte ausgebildet, die sich aber nicht leicht von der Pflanze ablösen, daher auch nicht verschleppt werden. Wir bezeichnen derartige Früchte als „Schüttelkletten", weil sie nur dazu dienen, eine stärkere Erschütterung der fruchtenden Pflanze hervorzurufen, die dadurch zustande kommt, daß die Klettfrüchte im Fell vorüberstreifender Tiere festhaken, dann aber infolge der Elastizität ihrer zähen Stengel zurückschnellen; hierbei fliegen die locker sitzenden Früchte in gleicher Weise wie bei den oben geschilderten „ballistischen" Pflanzen heraus. Als sehr bekannte Beispiele gehören hierher die „Kletten", die Arten der Gattung *Arctium* (= *Lappa*): Diese Pflanzen treten urwüchsig gern, wie die obengenannten Klebkrautarten der Gattung *Galium*, in der Nähe von Wasser auf, demnach an Standorten — Tränken —, die sich durch stärkeren Besuch von Tieren auszeichnen, so daß ihre eigenartige Verbreitungsvorrichtung leicht in Wirksamkeit treten kann. Sekundär sind diese und andere Arten zu „Anthropophilen" geworden und wachsen gern in der Nähe menschlicher Wohnstätten als „Ruderalpflanzen", auf Schuttstellen, Dorfstraßen, an Zäunen und ähnlichen Standorten. Dies gilt auch für die Karden, die Arten der Gattung *Dipsacus*, z. B. *D. silvester, D. fullonum*, die bekannte „Weberkarde", für *Echinaria*, manche Umbelliferen mit ähnlichen, nicht von der Pflanze abreißenden Kletten und schließlich vielleicht auch für einige Arten mit „Trampelkletten" (siehe unten).

B. Unmittelbare Wirkung der Tiere.

Hierher gehören alle übrigen an die Verbreitung durch Tiere angepaßten Früchte und Samen. Der Unterschied gegenüber den im vorigen Abschnitt behandelten Pflanzen besteht darin, daß die Früchte und Samen selbst von der Mutterpflanze getrennt und von den Tieren verbreitet werden, wobei sehr oft akzessorische Bestandteile die eigentlichen Verbreitungsmittel liefern.

a) Endozoische Früchte und Samen.

Beobachtungen über Verbreitung mancher Pflanzen durch die Exkremente von Tieren finden sich schon im Altertum. Bereits Theophrast war die Verbreitung der Mistel durch Vögel bekannt, und bei seinem Interpreten Plinius und anderen römischen Schriftstellern sind seine Beobachtungen zusammengefaßt in dem Satze „Turdus malum sibi ipsi cacat" mit Bezug auf die Herstellung von Vogelleim aus den viscinhaltigen klebrigen Beeren der Mistel. Eine große Anzahl tropischer Pflanzen, die durch die Exkremente von Tieren verbreitet werden, nennt RUMPHIUS in seinem *Herbarium amboinense* im Jahre 1750. Viele Einzelbeobachtungen über endozoische Verbreitung finden sich in den verschiedensten Werken der Reisenden und Naturforscher. Wertvolle Zusammenfassungen mit vielen eigenen Beobachtungen geben MORRIS 1888, E. HUTH 1889, RIDLEY 1893 und 1896 u. a.

Als Verbreiter derartiger Früchte und Samen kommen in Frage der Mensch, zahlreiche Säugetiere, Fische und vor allem Vögel. Als Beispiele „endanthropischer" Verbreitung durch den Menschen sei erwähnt, das Auftreten mancher Obstgehölze in unseren Wäldern, wie besonders Stachel- und Johannisbeeren, gelegentlich auch Kirschen, Äpfel und Birnen. Der Genuß der feigenartigen Früchte mancher Kakteen, besonders der *Opuntia*-Arten bei den Indianern trägt zur Verbreitung dieser Pflanzen bei. Die Indianer vermeiden es daher, menschlichen Dünger zur Verbesserung ihrer Felder zu verwerten, um eine Verunkrautung durch diese schwer auszurottenden Kakteen zu verhindern.

Bei der endozoischen Verbreitung kommen in erster Linie Pflanzen in Frage, die saftige oder fleischige, angenehm, meist süß schmeckende Früchte besitzen. Durch die Haustiere des Menschen, aber auch durch wildlebende Pflanzenfresser können aber auch Pflanzen, die keine derartigen Früchte besitzen, endozoisch verbreitet werden. So werden manche *Mesembrianthemum*-Arten, die in den Trockengebieten Südafrikas als Futter für Schafe in Frage kommen, viel durch den Mist der Schafherden verbreitet. Die endozoische Verbreitung durch Säugetiere spielt bei uns eine verhältnismäßig untergeordnete Rolle; in den wärmeren Ländern, besonders in den Tropen, ist sie dagegen sehr wichtig. Die Zahl der fruchtfressenden Säugetiere ist hier groß; unter ihnen sind am wichtigsten die Affen und Halbaffen, ferner die fruchtfressenden Fledermäuse, die fliegenden Hunde u. a. Aber auch andere Tiere, wie Wildschweine, manche gelegentlich fruchtfressende Raubtiere (Marder u. a.) spielen eine Rolle.

Weitaus am wichtigsten sind aber in allen Breiten die Vögel aller Verwandtschaftskreise. Auch die sonst insektenfressenden Singvögel, wie Rotkehlchen u. a., die bei uns auch während des Winters bleiben, gehen in der insektenarmen Zeit zur Fruchtnahrung über. Hauptverbreiter sind bei uns Amseln, Drosseln, Stare und andere, die ihre Nahrung wenig zerkleinern, daneben noch viele andere; in den Tropen auch die fruchtfressenden Tauben, Hühnervögel, Tukane, Nashornvögel, Papageien, Paradiesvögel, die zahllosen Starvögel, Webervögel und viele andere. Als auffällige Beispiele der Verbreitung von Pflanzen mit Beerenfrüchten durch Vögel seien hervorgehoben die Kermesbeere (*Phytolacca decandra*) in den wärmeren Ländern, die Eberesche (*Pirus aucuparia*), Holunder (*Sambucus nigra* und *S. racemosa*), *Berberis* (*Mahonia*) *aquifolium*, wilder Wein (*Parthenocissus*) und neuerdings *Prunus serotina* in unseren Wäldern. (U.)

Früchte und Samen, welche von Tieren verzehrt und auf diesem Wege verbreitet werden sollen, müssen so beschaffen sein, daß sie den Tieren begehrenswert erscheinen und zur Reifezeit der Samen leicht gefunden werden können. Die Genießbarkeit der Früchte ist nur Mittel zum Zweck, nicht Hauptzweck der Früchte. Hauptzweck ist, daß die in ihnen enthaltenen Samen der Fortpflanzung der Art dienen. Fortpflanzungsfähigkeit tritt aber erst bei der Samenreife und bei vielen erst nach einer mehr oder weniger langen Ruheperiode ein. Der Zeitpunkt der Samenreife muß daher zusammenfallen mit der Zeit, in welcher die Früchte den sammelnden Tieren am begehrenswertesten erscheinen. Daher finden wir bei allen derartigen Früchten Vorkehrungen gegen zu frühes Einsammeln oder Verzehr: vor der Samenreife sind die Früchte aus irgendwelchen Gründen ungenießbar, unzugänglich oder so unscheinbar, daß sie dem Auge des Tieres entgehen. Auf die verschiedenen Schutzeinrichtungen werden wir bei den betreffenden Gruppen der Früchte kurz hinweisen.

Die Samen als wichtigste Teile der Früchte bedürfen aber nicht nur vor ihrer Reife des Schutzes gegen vorzeitiges Verzehrtwerden, auch während des Verzehrtwerdens und während ihres Aufenthaltes in den Verdauungsorganen der Tiere sind sie besonders großen Gefahren ausgesetzt: beim Fressen besteht die Gefahr, daß die Samen zertrümmert oder so beschädigt werden, daß ihre Keimfähigkeit vernichtet wird. Diese Gefahr wird beseitigt oder wenigstens gemildert durch Einbettung der Samen in weiche und saftige Teile der Frucht (oder Scheinfrucht). Die Gefahr der Beschädigung im Augenblick des Verzehrs wird um so geringer sein, je kleiner die Samenmasse im Verhältnis zur weichen Fruchtmasse ist. Die Einbettung bietet so viel Schutz, daß verhältnismäßig dünne Schutzgewebe (Samenschale, bei einigen Scheinfrüchten und Sammelfrüchten auch Fruchtschale) genügen. Bei größeren Samen und dementsprechend weniger vollkommenem Schutz durch Einbettung bedürfen die Samen stärkerer Schutzgewebe. Der Schutz allein durch die Samenschale reicht nicht immer aus, um Beschädigungen vorzubeugen; es nehmen dann oft steinhart gewordene Teile der Frucht oder Scheinfrucht am Schutz der Samen teil (vgl. Steinfrüchte, Steinobst). Die Vorkehrungen zum Schutze der Samen beim Verzehr bieten in den allermeisten Fällen auch genügend Schutz gegen Beschädigung der Samen während ihres Aufenthaltes im Magen und Darmkanal der Tiere. Hier wirken in erster Linie chemische Verbindungen der Verdauungssäfte gefährdend, daneben aber auch physikalische, mechanische: die Reibewirkung der harten Magenwandung und mit der Nahrung verschluckter Hartkörper. Es ist ja bekannt, daß Tiere, insbesondere viele Vögel, Sand und kleine Steinchen mit der Nahrung verschlucken. Die Gefahr der Beschädigung der Samen während ihres Aufenthaltes in den Verdauungswegen ist daher groß und wird noch dadurch gesteigert, daß die Samen durch die Feuchtigkeit und Wärme der Verdauungsorgane (Kropf, Magen, Darm) mehr oder weniger stark quellen. Vermindert wird diese Zeit der Gefährdung durch die Geschwindigkeit der Verdauung bei den Vögeln: der Aufenthalt im Vogelkörper dauert meist nur verhältnismäßig kurze Zeit. Nach kaum einer halben Stunde, höchstens nach einigen Stunden haben die unverdaulichen Reste (Samen) der Nahrung den Tierkörper wieder verlassen. Viele Vögel werfen die unverdaulichen Teile der verzehrten Früchte mit dem „Gewölle" wieder aus, bevor diese in den Magen und Darm gelangen. In diesen Fällen findet eine Gefährdung der Samen überhaupt nicht statt, ebensowenig, wenn beim Zerkleinern der Früchte die Samen vor dem Verzehr fortgeworfen werden.

A. Saftfrüchte.

Die meisten auf endozoische Verbreitung eingestellten Früchte verlocken durch ihre Saftigkeit und ihren Wohlgeschmack und oft auch durch ihren Duft. Saftige Früchte eignen sich aber nicht oder nur in ganz geringem Maße zur Aufbewahrung als Wintervorrat. Sie sind daher zum sofortigen Verzehr bestimmt, der eintreten muß, wenn die Samen reif sind. Hierher gehören alle biologisch als „Beeren" bezeichneten Gebilde. Daß die Keimfähigkeit der Samen saftiger Früchte durch die Einwirkung der Verdauungssäfte des Tierkörpers erhöht wird, ist für viele Arten erwiesen. So berichtet FRITZ MÜLLER[1], daß die Früchte des Mateteestrauches, *Ilex paraguariensis* ST. HIL. in Südamerika zerstoßen dem Hühnerfutter beigemengt werden, um dann die wieder entleerten Samen zu säen. Eine Erhöhung der Keimfähigkeit der Samen nach Verzehr durch Vögel ist ferner durch Beobachtung erwiesen für Himbeeren (*Rubus idaeus* L.). In Chile haben sich die durch deutsche Farmer eingeführten Himbeeren rasch durch Vögel verbreitet, ebenso Äpfelbäume. Auch vom Nelkenpfefferbaum, der Myrtazee *Pimenta vulgaris* LDL., wird berichtet[2], daß die Keimung der Samen durch fruchtfressende Vögel sehr gefördert werde und daß alle Pimentpflanzungen Jamaikas mit Beihilfe der Vögel entstanden seien. Scherzhaft ist, was RUMPHIUS[3] von den Samen einiger Loranthazeen berichtet: Die Einwohner Amboinas fürchten die Keimkraft des Mistes von Vögeln, welche diese Beeren gefressen haben, so sehr, weil sie glauben, daß er, selbst wenn er auf den Körper eines Menschen gefallen sei, dort jenen Schmarotzer zur Keimung bringe, wenn er nicht schleunigst abgewaschen würde.

1. Fruchtgebilde mit kleinen Samen. (Viel Fruchtfleisch im Verhältnis zur Menge und Größe der Samen.) Für die Trennung nach der Größe der Samen war maßgebend, daß kleine Samen meist mit dem Fruchtfleisch von den Tieren verschluckt werden und den Darmkanal passieren, so daß sie mit den Exkrementen wieder den Tierkörper verlassen, große Samen dagegen entweder überhaupt nicht verschluckt werden, oder nach dem Verschlucken wieder mit dem „Gewölle"·durch den Schnabel ausgeschieden werden; sie gelangen daher gar nicht in den Darm. Wenn diese Trennung auch nicht durchgreifend ist, so erleichtert sie uns doch in mancher Beziehung die Übersicht.

a) Vögel als Hauptverbreiter. Je größer die weiche und saftige Fruchtmasse ist im Verhältnis zur Größe und Menge der Samen, desto geringer ist die Gefahr der Beschädigung der Samen, namentlich, wenn beim Verzehren durch Vögel oder andere Tiere keine stärkere Zerkleinerung eintritt. Größere Vögel, wie Drosseln, Stare und andere

---

[1] HUTH: Die Verbreitung der Pflanzen durch die Exkremente der Tiere. Berlin 1889. S. 11.
[2] LUNAN in Hort. Jamaic. 2, 67. 1814.   [3] Herbarium amboinense 5, 61.

Beerenfresser, verschlucken die Frucht fast ohne Zerkleinerung. Dabei
werden die in weiches, saftiges Fruchtfleisch eingebetteten Samen fast
gar nicht gefährdet. Die Samenschalen werden daher in erster Linie
als Schutz gegen die Einwirkung der Verdauungssäfte zu dienen haben,
da sie ja auch im Kropf, Magen und Darm in die Fruchtmasse eingebettet bleiben.

α) „*Samen*" *unvollkommen eingebettet.* Durch winzige Schließfrüchtchen an großen, saftigen Fruchtachsen sind die Erdbeeren, die Fruchtgebilde der Arten von *Fragaria* und *Waldsteinia* ausgezeichnet. Morphologisch sind diese Fruchtgebilde Scheinfrüchte; das, was an ihnen
saftig und fleischig ist, stellt die Achse der Blüte und des Fruchtstandes
dar. Die Früchte selbst sind winzig klein, in Gruben der Fruchtstandsachse geborgen, so daß sie beim Zerbeißen der Frucht sofort in das
saftige Fleisch hineingelangen und der Gefahr der Zertrümmerung schon
hierdurch weitgehend entzogen werden. Einen weiteren Schutz bietet
die steinharte, holzige Fruchtschale, die der Samenschale eng anliegt,
sowohl gegen Zertrümmerung wie gegen die Einwirkungen der Verdauungsorgane. Als Vertilger und damit als Verbreiter der Erdbeeren
kommen in Frage in erster Linie Vögel, welche diese Früchte wohl meist
ganz verzehren oder nur wenig zerkleinern, ferner Kleintiere des Waldes,
wie Mäuse, Eichhörnchen und andere gelegentliche Fruchtfresser, wie
Igel. Auch eine ganze Reihe von Kerftieren, besonders von Ameisen,
Käfern, Tausendfüßlern und schließlich auch Schnecken stellen diesen
wohlschmeckenden Fruchtgebilden nach. Die Kleinformen des Tier-
reiches werden naturgemäß nur eine unbedeutende Rolle bei der Verbreitung dieser Pflanzen spielen.

β) *Samen vollkommen in das Fruchtfleisch eingebettet.* Einen noch
besseren Schutz gegen Zertrümmerung der Samen beim Verschlucken
der Früchte zeigen die Sammelfrüchte von Himbeeren (*Rubus* Sect.
Idaeus), Brombeeren (*Rubus* anderer Gruppen), Maulbeeren (*Morus*)
und andere. Die kleinen, aber durch dicke Samenschalen geschützten
Samen sind vollkommen in ein weiches, saftiges Fruchtfleisch eingebettet. Selbst bei einer weitgehenden Zerkleinerung der Früchte bleiben
die Samen geborgen, da sich das Fruchtfleisch nur schwer von den
Samen lösen läßt. Daß Vögel bei der Verbreitung der Himbeeren und
Brombeeren eine besonders wichtige Rolle spielen, können wir daraus
ersehen, daß *Rubus*-Büsche oft genug an Standorten plötzlich auftreten,
an die sie nur durch Vögel gelangt sein können: hoch oben auf Mauern,
an unzugänglichen Felsen, ja als Epiphyten auf Bäumen finden sie sich
gelegentlich ein. Daß außer den beerenfressenden Vögeln noch allerlei
andere Tiere den *Rubus*- und *Morus*-Früchten nachstellen, ist leicht zu
verstehen. In den warmen Ländern spielen die fruchtfressenden Fledermäuse und Fliegenden Hunde eine den Vögeln ähnliche Rolle bei der
Verbreitung saftiger Früchte. So berichtet der Forschungsreisende
E. ULE, daß er Fledermäuse beim Verzehr der Früchte von *Cecropia*
beobachtet habe[1]. Die Arten dieser durch ihre Myrmekophilie bekann-

---

[1] Berichte d. Deutsch. Bot. Gesellsch. *18*, 122. 1900.

ten Morazeen treten gelegentlich an Standorten auf, an die sie nur durch
Fledermäuse gelangt sein können, wie z. B. in alten Blattnischen von
Palmen, die von ihnen gern als Schlupfwinkel aufgesucht werden. Auch
für *Coussapoa, Ficus* und andere auf Palmen epiphytisch auftretende
Arten mit Saftfrüchten ist eine Verbreitung durch Fledermäuse anzunehmen. Alle diese Früchte sind durch süßliches Fruchtfleisch ausgezeichnet. Als Freunde süßer Früchte kommen aber auch Ameisen in
Frage, daneben auch Käfer und andere Insekten, Asseln, Tausendfüßler
und auch Schnecken. Sie werden aber nur von den abgefallenen Früchten
naschen, die sie wohl auch hin und wieder ein Stück verschleppen.

Bei den meisten echten Beeren ist die Größe und Gesamtmasse
der Samen im Verhältnis zur fleischigen und saftigen Fruchtmasse
gering. Die Oberhaut der Beeren ist meist mehr oder weniger zäh-
lederig und widersteht dem Zerreißen. Die Zerkleinerung der Beeren
wird dadurch und ganz besonders aber durch ihre kugelrunde oder
rundlich-eiförmige Gestalt erschwert. Daher werden die Beeren meist
unzerkleinert verzehrt. Die Samen passieren daher größtenteils ganz
unbeschädigt die Mundwerkzeuge und den Darmkanal ihrer Vertilger.
Als Hauptverbreiter kommen für Beeren aller Art in erster Linie Vögel
in Frage. Bei der Beweglichkeit dieser Tiere werden selbst bei der ungemein schnellen Verdauung doch recht beträchtliche Strecken zwischen
Aufnahme der Früchte und Wiederabgabe der Reste zurückgelegt werden können. Beeren oder beerenartige Früchte sind ganz besonders
häufig bei den niedrigeren Gehölzen, bei Sträuchern und kleinen Bäumen, z. B. Stachel- und Johannisbeeren, *Ribes*-Arten, Kreuzdorn *Rhamnus cathartica*, Ahlkirsche *Rh. frangula*, Holunder *Sambucus nigra* und
S. racemosa u. a. Biologisch ist hierher auch der Beerenzapfen des
Wacholders, *Juniperus communis*, zu rechnen, wenn seine morphologische Natur auch ganz anderer Art ist. Die Sträucher, besonders Dorn-
gebüsche, und niederen Bäume sind bevorzugte Aufenthaltsorte der
Vögel. Es ist daher leicht verständlich, wenn gerade hier Beerenfrüchte besonders häufig sind. Aber auch unter den Zwerggehölzen
und Kräutern und Stauden des Waldes kommen viele Beerenfrüchtler
vor. Man braucht nur an die Massenbestände von Heidelbeeren (*Vaccinium myrtillus*) und Preißelbeeren (*V. vitis idaea*), in manchen Gegenden auch von Krähenbeeren (*Empetrum nigrum*) zu denken, die den
Waldboden oft genug auf weite Strecken mit geschlossener Decke überziehen.

Die Beeren und beerenartigen Früchte sind vorwiegend ausgesprochene Vogelfrüchte: sie fallen meist durch besondere Färbung auf,
aber nur ganz wenige besitzen einen mehr oder weniger deutlich wahr-
nehmbaren Geruch. Die Vögel erspähen ihre Beute mit dem Auge, nicht
aber mit dem Geruchssinn. Die durch einen bestimmten Geruch ausgezeichneten Beeren und beerenartigen Früchte (angenehmer Duft bei
Erdbeeren, Himbeeren, strenger Geruch bei Heidelbeeren, unangeneh-
mer Geruch bei *Ribes nigrum*) werden auch gern von anderen Tieren,
insbesondere den kleinen Nagern und Insekten und anderen gelegentlich verzehrt.

Dementsprechend sind auch die Schutzeinrichtungen dieser Früchte gegen vorzeitiges Verzehrtwerden auf das Auge abgestellt: vor ihrer Reife sind die Beerenfrüchte unscheinbar grün und unauffällig. Hierzu gesellt sich Härte und Ungenießbarkeit. Erst zur Zeit der Samenreife erfolgt die Umbildung der Stärke und anderer Reservestoffe zu Zucker, Fruchtsäuren usw.: Die Beeren werden reif und schmackhaft; einige entwickeln dann auch ihren Duft.

Die Farben der Beerenfrüchte sind nicht sehr mannigfaltig. Verhältnismäßig selten sind weiße Beeren; sie finden sich hauptsächlich bei Gehölzen, die ihre Früchte bis zum Winter halten. Dann fallen die weißen Beeren am kahlen Strauch sehr auf und heben sich von dem dunklen Boden gut ab. Solche Früchte besitzen z. B. die Schneebeere (*Symphoricarpus racemosa*) und deren Verwandte, einige *Cornus*-Arten u. a. Selten sind weiße Beeren bei Pflanzen, die ihre Früchte zu einer Zeit reifen, wenn das Laub noch grün ist oder die immergrünes Laub besitzen, wie die Misteln (*Viscum album*). Bei *Symphoricarpus* wird die weiße Färbung der Beeren durch totale Reflexion des einfallenden Lichtes hervorgerufen.

Sehr häufig sind fleischige Früchte und Beeren von roter Farbe, die hervorgerufen wird durch festes Karotin, amorphe oder kristallinische Farbstoffkörper (z. B. bei *Rosa*, *Taxus* u. v. a.) oder durch rote Anthozyanlösung (z. B. bei *Ilex*, *Calla palustris*) oder auch durch beide Farbstoffe zugleich (z. B. bei *Berberis*, *Crataegus* u. a.). Die leuchtendrote Lockfarbe findet sich besonders bei solchen Pflanzen, die ihre Früchte reifen, wenn die Blätter noch grün sind.

Vielleicht am häufigsten sind dunkelblaue bis fast schwarze Beerenfrüchte, die ihre Färbung gleichfalls dem gelösten Anthozyan verdanken, z. B. *Ampelopsis*, *Parthenocissus*, *Vaccinium*, *Polygonatum*, *Paris* u. v. a. Diese Beerenfarbe kommt vorwiegend bei Arten vor, die im grünbelaubten Zustande fruchten oder lebhafte Herbstfärbung zeigen. Die dunklen Beeren heben sich sowohl vom grünen, wie vom buntgefärbten Laube gut ab.

In manchen Fällen übernimmt auch der lebhaft gefärbte Kelch die Aufgabe des Anlockungsmittels, z. B. bei der Judenkirsche, *Physalis alkekengi*, oder die Tragblätter der Blüten und andere Organe werden zu Schauapparaten, deren Kontrastwirkung die weiß oder dunkel gefärbten Beeren sehr auffällig macht, z. B. bei manchen beerenfrüchtigen Melastomatazeen des tropischen Amerika, wie *Clidemnia neglecta* D. Don, *Leandra scabra* Dc. u. a. Ähnliches zeigen viele beerenfrüchtige Bromeliazeen, z. B. *Nidularium*, *Aechmea* u. a. E. Ule[1] meint, daß besonders auffällige Lockapparate gerade bei Früchten auftreten, die einen weniger angenehmen Geschmack besitzen. Die lebhaften Schaufarben sollen das Verzehrtwerden der Früchte trotz weniger angenehmem Geschmackes sichern.

b) Säugetiere als Verbreiter. Während das Geruchsempfinden bei den Vögeln schlecht entwickelt ist, das Auge dafür aber um so sicherer

---

[1] Berichte d. Deutsch. Bot. Gesellsch. *18*, 128. 1900.

späht, pflegt bei den Säugetieren der Geruchssinn besser entwickelt zu sein, während das Auge bei manchen Tierformen nicht sehr scharf ist. Namentlich die Nachttiere zeichnen sich durch besonders gute Spürnasen aus, besonders die kleinen Nager in Wald und Feld, die für die Verbreitung von Früchten und Samen sehr wichtig sind und in den Ländern der gemäßigten und kälteren Zonen eine bedeutende Rolle spielen. Von geringerer Bedeutung für die endozoische Verbreitung von Samen ist dagegen das Hochwild und Schwarzwild, das wohl nur gelegentlich in Frage kommt. Durch den intensiveren Kauprozeß wird namentlich beim Hochwild die Zerkleinerung der Früchte so weit gehen, daß die in den Magen und Darm gelangenden Samen so geschädigt werden, daß sie unter der Einwirkung der Verdauungssäfte ihre Keimkraft verlieren. Nur beim Schwarzwild, das seine Nahrung gieriger verschlingt, mag eine Verbreitung von Samen verzehrten Wildobstes stattfinden.

In den wärmeren Ländern spielen die Affen, Halbaffen und fruchtfressenden Fliegenden Hunde neben den Nagern eine große Rolle, außerdem Fruchtfresser aus anderen Tiergruppen, wie Marder, Zibetkatzen u. a.

Die an endozoische Verbreitung durch Säugetiere angepaßten fleischigen Früchte zeichnen sich daher meist weniger durch auffällige Farben, als durch mehr oder weniger auffälligen Geruch und Geschmack aus.

Früchte bzw. Scheinfrüchte mit viel Fruchtfleisch und verhältnismäßig kleinen Samen, die an die Verbreitung durch Säugetiere angepaßt sind, gibt es in unserer heimischen Pflanzenwelt nicht allzu viele. Hierher gehören die Scheinfrüchte der Äpfel, Birnen, Quitten (*Cydonia*), Mispeln (*Mespilus germanica*). Diese bestehen größtenteils aus der fleischig gewordenen, hohlen Blütenachse. Die eigentliche Frucht liegt im Innern geborgen, die Samen im innersten Teile. Die Verbreitung der Samen erfolgt dadurch, daß Tiere, welche die Frucht zum Verzehren aufgelesen oder abgenagt haben, das Fruchtfleisch fressen, bis sie auf die inneren Schutzgewebe der Samen, das sogenannte „Kerngehäuse" stoßen. Dieses Kerngehäuse ist bei den wilden Obstformen der genannten Bäume und Sträucher viel fester als bei den hochgezüchteten Kultursorten, die bei unseren biologischen Betrachtungen in den Hintergrund treten. Nur die wilden Sorten zeigen die Gewebe der Früchte und Samen in unveränderter, natürlicher Form. Bei den Kultursorten sind die fleischigen, genießbaren und wohlschmeckenden Teile der Scheinfrüchte außerordentlich vergrößert, die Schutzgewebe der Samen dagegen, namentlich bei den Birnensorten, zurückgebildet. Bei den Äpfeln umschließt ein hartes, horniges Endokarp die Fruchtfächer mit den Samen als wirksames Schutzgewebe gegen Tierfraß; bei den Birnen und Quitten bilden dichte und sehr harte Steinzellschichten einen festen Panzer. Werden die Früchte von Tieren verzehrt, so bleiben die harten Schutzgewebe des Kerngehäuses übrig. Die Samen selbst sind überdies noch durch ihre Glätte und Härte und außerdem durch den Blausäuregehalt ihres Nährgewebes gegen Fraß geschützt.

Als Anlockungsmittel dient abgesehen von dem Wohlgeschmack des Fruchtfleisches ein feiner Duft, der den Früchten zur Reifezeit entströmt. Gegen vorzeitiges Gefressenwerden sind diese Scheinfrüchte durch unscheinbare Färbung, Härte, Herbheit und reichen Stärkegehalt des Fruchtfleisches geschützt, das sich erst zur Reifezeit in Zucker und Fruchtsäure umwandelt.

In den wärmeren Ländern sind an Tierverbreitung angepaßte Fruchtformen mit kleinen Samen viel häufiger. Ein besonders ausgeprägter Typus sind die Feigen, *Ficus*-Arten. Bei uns in Kultur ist hin und wieder die Eßfeige, *Ficus carica*, die uns für diesen Typus als treffendes Beispiel dienen kann. Die Feigen sind Scheinfrüchte: die Hauptmasse des Fruchtfleisches besteht aus der dickfleischigen, hohlen Blütenachse. In der Höhlung dieser Scheinfrucht sitzen in großer Anzahl die winzigen Früchtchen mit je einem Samen. Frucht und Samen bilden eine feste Einheit. Beim Verzehren der Feigen werden diese kleinen Früchtchen in das weiche Fruchtfleisch der Blütenachse gedrückt und selbst beim Zerkauen des Fleisches nicht, oder wenigstens nicht alle, zerstört. Sie gelangen mit dem zerkauten Fruchtfleisch in den Magen und Darm; ihre derbe, harte Schale schützt sie vor den Einwirkungen der Verdauungssäfte und mit den Exkrementen werden die Früchtchen mit den Samen wieder ausgeschieden. Anlockungsmittel zur Reifezeit sind, abgesehen von auffälliger Färbung bei manchen Feigenarten — es gibt deren weit über 1000 —, die ins Auge fallende Stellung der Früchte am Stamm (stammbürtige Blüten) und an den Zweigen, feine aromatische Düfte. Als Schutzmittel gegen vorzeitiges Gefressenwerden dienen dieselben Schutzmittel wie bei den Birnen, Äpfeln, Quitten: Unauffälligkeit, Härte, Ungenießbarkeit.

Einen ähnlichen Fruchttypus, wenn auch mit kleineren Außmaßen der Scheinfrucht, stellen in unserer Flora die „Hagebutten" dar, die Früchte der *Rosa*-Arten. Bei einigen Arten anderer Länder, z. B. bei der auch bei uns vielfach zu Hecken angepflanzten ostasiatischen Kartoffelrose, *Rosa rugosa*, sind die Hagebutten sehr groß und stehen den Feigen an Größe nicht nach. Wie bei den Feigen ist das Fruchtgebilde einer Scheinfrucht hervorgegangen aus der fleischig gewordenen, hohlen Blütenachse. Wie bei den Feigen sitzen die eigentlichen Früchte im Innern des Hohlraumes, eingebettet in starre Haare. Frucht und Samen bilden auch hier eine Einheit. Anlockungsmittel sind leuchtendrote Färbung des Fruchtbechers der Hagebutten, süßlicher Geschmack und feiner Duft des Fruchtfleisches und auffällige Stellung der ganzen Früchte. Schutzmittel der reifen Früchte und Samen sind durch das steinhart werdende Gewebe der ganzen Fruchtblätter gegeben und durch die Einbettung in die starren Haare des Fruchtbodens. Schutzmittel gegen vorzeitige Verzehrung sind Drüsenhaare an den unreifen Früchten und unscheinbare, grüne Färbung.

Während bei den bisher genannten Früchten dieser Gruppe der Geruch nur schwach ist, finden wir in den wärmeren Ländern eine ganze Anzahl ausgeprägter „Duftfrüchte" mit saftreichem Fruchtfleische und verhältnismäßig kleinen Samen. Als bekannter Vertreter dieser Gruppen gehört hierher die Ananas, ursprünglich heimisch im tropischen Südamerika, durch Kultur über alle wärmeren Länder verbreitet. Das herrlich duftende, süßsäuerliche Fruchtfleisch bildet eine zusammenhängende Masse, so daß die einzelnen Beeren, welche den Fruchtstand zusammensetzen, nur äußerlich an der Gliederung der Fruchtoberfläche erkennbar sind. Bei den mit der Ananas verwandten „Karatas", den Früchten der gleichfalls in Südamerika heimischen

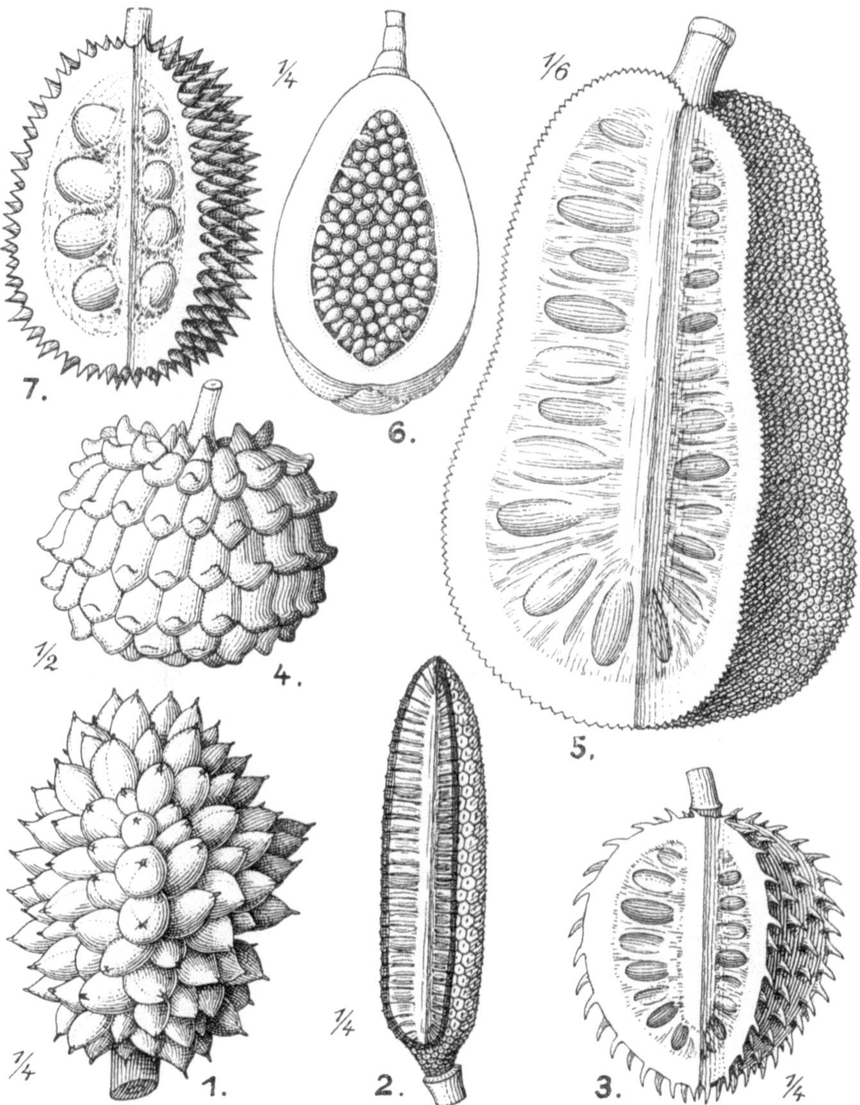

Abb. 13. „Tropische Duftfrüchte."

Fig. 1. *Karatas Plumieri*, eine Bromeliazee aus der Verwandtschaft der Ananas. — Fig. 2. Fruchtstand der Arazee *Monstera deliciosa* LIEBM. — Fig. 3. Sauerapfel, *Anona muricata* L. — Fig. 4. Schleimapfel, *Duguetia marcgrafiana*. — Fig. 5. Jackbaumfrucht, *Artocarpus integrifolia*, die größte aller Tropenfrüchte. — Fig. 6. Baummelone, *Carica papaya* L. — Fig. 7. Stinkfrucht Durian, *Durio zibethinus* L. — (Fig. 1, 4 nach SEHRWALD, alles übrige nach der Natur.)

Bromeliazee *Karatas Plumieri* MORR. (= *Bromelia Karatas* L.), bleiben die einzelnen Beeren des Fruchtstandes getrennt. Andere Duftfrüchte sind die kolbenförmigen, fleischigen, herrlich nach Ananas duftenden Fruchtstände der kletternden Arazee *Monstera deliciosa* und besonders die als köstliches Tropenobst geschätzten Früchte der Anonazeen *Anona cheirimolia* (Zimtapfel), *A. squamosa* (Zuckerapfel), *A. muricata* (Sauerapfel), *A. reticulata* (Ochsenherzapfel), *Duguetia Marcgrafiana* (Schleimapfel) u. a. Sie gleichen im Bau riesengroßen Maulbeeren oder Himbeeren.

Als besonders eigenartige Saftfrüchte mit im Verhältnis zur Fruchtgröße kleinen Samen mögen hier noch die riesigen Früchte der Brotfruchtbäume erwähnt sein. Sie stammen von kleinen bis mittelgroßen Bäumen aus der Familie der Maulbeergewächse (*Moraceae*) und gehören zwei nahe verwandten Arten der Gattung *Artocarpus* an: Der Brotfruchtbaum, *Artocarpus incisa*, besitzt sehr große, bis 35 cm lange und etwa 15 cm breite, eingeschnittene Blätter und breiteiförmige bis kugelige Früchte von 30 cm Länge und 25 cm Breite, die bis etwa 3 kg schwer werden. Die zweite Art, *Artocarpus integrifolia*, der Jackbaum, ist ähnlich, hat aber ungeteilte, ganzrandige Blätter und riesige, stammbürtige Früchte, die eine Länge von 50—60 cm bei einer Dicke von 25—40 cm erreichen und 10—15 kg schwer werden. Im unreifen Zustande sind die Früchte beider Arten mehlig, werden dann aber süß, beide entwickeln viel Zucker. Die in das mehlig-saftige Fruchtfleisch eingebetteten Samen haben etwa die Größe einer Kastanie; sie werden geröstet gegessen. Unreif abgenommen, lassen sich die Früchte zu Backwerk verarbeiten. Namentlich bei *Artocarpus integrifolia* entwickelt das Fruchtfleisch in der Nähe der Samen einen Geruch und Geschmack nach fauligen Rosen. Demnach sind es Duftfrüchte. Welche Tiere ihrer Verbreitung dienen, ist nicht bekannt; es müssen sehr kräftige Tiere sein, da die Schalen der Früchte ziemlich derb sind. Allerdings zerplatzen die schweren Früchte beim Aufprallen auf den Boden.

Als letzten hierhergehörigen Typus können wir die Fruchtformen der Bananen erwähnen, die ziemlich großen, bei einigen Arten bis 35 cm und darüber langen Früchte der *Musa*-Arten. Die zu uns als Obst in den Handel kommenden Bananenfrüchte sind ebenso wie die für die Tropenländer viel wichtigeren Fruchtformen der Mehlbananen samenlos. Diese Samenlosigkeit, die übrigens auch in gleicher Weise bei den Früchten von *Artocarpus incisa* vorkommt, ist nicht der ursprüngliche Zustand, sondern eine Folge jahrtausendelanger Vermehrung durch Stecklinge oder Ableger. Die wilden Bananen enthalten etwa erbsengroße harte Samen, die in das mehlig-saftige Fruchtfleisch eingebettet sind. Die Fruchtstände der Bananen hängen von der Spitze der Krone der Riesenstauden an langem, festem Fruchtschafte herab. Sie sind daher nicht allen Tieren zugänglich. Als Verbreiter der Samen kommen Affen, Elefanten und Fliegende Hunde in Frage. Da die Bananen im reifen Zustande einen feinen Duft des Fruchtfleisches entwickeln, können auch sie den Duftfrüchten zugezählt werden.

2. **Fruchtgebilde mit wenig Fruchtfleisch und großen Samen.** Ist die Fruchtmasse im Verhältnis zur Größe der Samen nur gering, so

müssen die an Verbreitung durch Tiere angepaßten Früchte besonders wirksame Schutzeinrichtungen für die Samen haben, um diese ihren Zwecken, der Fortpflanzung der Art zu dienen, sicher zu erhalten. Wir finden daher sowohl bei den an die Verbreitung durch Vögel angepaßten,

Abb. 14. Mistel (*Viscum album* L.) auf Schwarzpappel (*Populus nigra* L.) in Bialowies.
(Nach einer käuflichen Photographie.)

kleineren, beerenartigen Früchten dieser Gruppe, wie bei den an die Verbreitung durch Säugetiere angepaßten Formen außerordentlich kräftig entwickelte Schutzhüllen der Samen oder der die Samen enthaltenden „Kerne".

a) Vögel als Verbreiter. Als Vertreter der beerenartigen Früchte gehören hierher z. B. die Loranthazeen, insbesondere bei uns die Mistel, *Viscum album* L., und die Riemenblume, *Loranthus europaeus*. Ihre Früchte nehmen unter den „Beeren" eine Sonderstellung ein: es sind Scheinbeeren, die entstanden sind aus der Versenkung der eigentlichen Frucht in die hohle, fleischig gewordene Fruchtachse, die zu einem tiefen Becher umgestaltet ist. Diese becherförmige Fruchtachse enthält in ihrem Innern eine Schicht, die für die Verbreitung der Früchte und Samen von größter biologischer Bedeutung ist, die „Klebschicht" oder „Viscinschicht". Diese Viscinschicht entsteht nämlich an der Innenseite des fleischigen Fruchtkelches in unmittelbarer Nachbarschaft der eigentlichen Frucht. Diese Schicht hat die besondere Aufgabe, die Frucht auf die Zweige der Bäume aufzuleimen. Da *Viscum* und *Loranthus* Baumschmarotzer sind, müssen die Samen zugrunde gehen, wenn sie auf den Erdboden fallen, da sie hier keine Möglichkeit finden, zu keimen. Sie müssen also im Gezweig der Bäume haften bleiben. Dies bewirkt die Klebschicht, die erst dann ganz frei wird, wenn die Scheinbeeren den Darmkanal der Vögel (Drosseln, Stare) durchwandert haben. Die Verlagerung der Viscinschicht in die tieferen Gewebe der Scheinbeere ist also biologisch von größter Bedeutung: sie kann beim Passieren des Darmkanals nicht vollständig verdaut werden und wird auf diesem Wege von ihren äußeren Deckschichten so vollständig befreit, daß sie dann ihre Aufgabe erfüllen kann. Frucht und Same sind bei dem eigenartigen Bau der *Viscum*-Scheinbeeren eine biologische Einheit. Im Gegensatz zu den allermeisten anderen, echten Beeren sind die Mistelscheinbeeren weiß gefärbt. Hierdurch werden sie im dunkelgrünen Laub- oder Nadelwerk der Baumkronen sehr auffällig. Zu ihrer Auffälligkeit trägt ihre unverdeckte Stellung in den *Viscum*-Zweigen noch wesentlich bei. Diese besondere Auffälligkeit ist notwendig, um das Auffinden der Beeren durch die Vögel auch in den dichten Kronen der hohen Bäume zu erleichtern. Andere Verbreiter als Vögel kommen für *Viscum* nicht in Frage. Daß die Mitwirkung der Vögel großen Erfolg hat, davon kann man sich in Gegenden, in denen *Viscum* vorkommt, leicht überzeugen. Die beste Beobachtungszeit hierfür ist der Winter, wenn die Kronen der Laubbäume blattlos dastehen und die immergrünen Mistelbüsche schon aus weiter Ferne sichtbar sind. Besonders hohe und mehr einzeln oder in lichterem Bestande stehende Bäume und Bäume an Gewässern, Lieblingsaufenthalte der Drosseln und Amseln, sind meist reichlich mit Mistelbüschen bedeckt. Daß auch die Stare wesentlich zur Verbreitung der Mistel beitragen, kann man in und bei Ortschaften feststellen, und müssen die Obstgartenbesitzer zu ihrem Leidwesen erfahren. Stare halten sich gern in Obstgärten auf; sie verschleppen daher oft genug die Mistel auf Birnen- und Apfelbäume. Bei ihren Streifzügen entfernen sie sich meist nicht allzuweit von ihren Brutstätten. Untersucht man die Gegend, so kann man feststellen, daß die Mistel im Bereich der Streifzüge der Stare auf Bäumen aller Art häufig ist, außerhalb dieses Gebietes aber nur ganz spärlich auftritt, oder sogar ganz fehlt. Hohe Pappeln an Landstraßen und Chausseen sind dann besonders stark von *Viscum* befallen, wenn die Baumhöhe der Pappeln die der benachbarten Waldbäume übertrifft, oder die Straße durch Nadelwald oder durch mehr offenes Gelände führt. Bäume, die bevorzugte Ruheplätze der Drosseln

Abb. 15. Tropische Loranthazeen (die großen Büsche) und Ameisengärten (die kleineren Büsche) von *Camponotus femoratus* (FAB.) mit der Bromeliazee *Streptocalyx angustifolius* MEZ hoch oben in der Krone eines zur Zeit blattlosen, überragenden Urwaldbaumes bei Iquitos in Peru; im Vordergrunde *Cecropia sciadophylla* MART. — Originalaufnahme von E. ULE, Juli 1902. — Mit Genehmigung der Direktion des Botanischen Museums in Berlin-Dahlem veröffentlicht.

oder Stare sind, wird man fast immer mit *Viscum*-Büschen bedeckt finden, wenn Misteln in der Nachbarschaft vorkommen.

Sehr viel reicher als bei uns sind die Loranthazeen in den Tropen entwickelt und namentlich Südamerika zeichnet sich durch eine außerordentliche Fülle von Arten und Gattungen aus. Aus der Verwandtschaft unserer Eichenmistel (*Lorantheae*) finden sich in den Wäldern des tropischen Südamerikas weit über 100 Arten der Gattungen *Phrygilanthus, Struthanthus, Phthirusa* und *Psittacanthus* und auch die einer eigenen Gruppe (*Phoradendreae*) angehörige Gattung *Phoradendron* (vgl. Abb. 15) ist mit fast 100 Arten vertreten. Alle Arten besitzen Beerenfrüchte (Scheinbeeren) mit Klebschichten im Fruchtfleisch, die von Vögeln verbreitet werden. Gleich unseren Misteln bevorzugen auch die tropischen Loranthazeen vereinzelt stehende oder besonders hohe, den Urwald überragende Bäume, die als Rastplätze von den beerenfressenden Vögeln bevorzugt werden. Auch Bäume in der Nähe von Wasser oder menschlicher Siedlungen sind wie in unseren Breiten oft dicht mit Loranthazeenbüschen bedeckt (Abb. 15).

Andere an die Verbreitung durch Vögel angepaßte Früchte dieser Gruppe sind die Scheinbeeren der Eiben, *Taxus baccata* L., deren morphologische Natur allerdings eine ganz andere ist: ein leuchtend korallenroter, fleischiger Samenmantel umschließt, von unten her emporwachsend, den harten, ziemlich großen Kern der Frucht. Der fleischigsaftige Samenmantel enthält Zucker; er schmeckt fade-süß und wird namentlich von Drosseln, Amseln und Staren verspeist, welche die Frucht ganz verschlucken. Da der Samenmantel nicht sehr dick ist und überdies nicht bis zur Spitze reicht, ist der Same selbst nur verhältnismäßig wenig eingebettet. Eine außerordentlich harte Samenschale, die aus der verholzenden Deckschicht der Samenanlage hervorgeht, schützt den Samen gegen Verletzung und die chemischen Einwirkungen der Verdauungssäfte. Biologisch bemerkenswert und für die Verbreitung der Scheinbeeren wichtig ist der Umstand, daß der fleischige Samenmantel ungiftig, alles übrige dagegen, wie die Zweige und Blätter der Eibe giftig ist.

Von echten Beeren, die durch verhältnismäßig große Samen ausgezeichnet sind, gehören hierher die Früchte des echten und wilden Weins, von *Vitis-, Parthenocissus-, Ampelopsis*-Arten. Obwohl die Samen rings in das Fruchtfleisch eingebettet sind, zeigen sie doch eine ganz außerordentliche Härte. Die Festigkeit ihrer Samenschale ist notwendig, weil das Fruchtfleisch verhältnismäßig spärlich, dafür bei den *Vitis*-Arten aber sehr saftreich ist. Mit welcher Gier die größeren beerenfressenden Vögel gerade den Weinbeeren nachstellen, ist bekannt. Der Erfolg ihrer Tätigkeit läßt sich unschwer feststellen an den Keimpflänzchen, die im Garten fern vom Weinspalier oder der von wildem Wein umrankten Mauer auftreten.

Biologisch gehören hierher die Steinfrüchte der *Prunus*-Arten, der Kirschen, Pflaumen, des Faulbaums (*Prunus padus*) u. a. Wir dürfen auch hier wie beim Kernobst nur die wilden Formen zum Vergleich heranziehen, also die bei uns wild wachsende Vogelkirsche (*Prunus avium* L.), die Zwergkirsche *Prunus fruticosa*, ferner die wilden Pflaumen und Schlehen *Prunus insititia* und *P. spinosa* u. a. Bei ihnen ist das Fruchtfleisch im Verhältnis zur Größe der Samen ziemlich dünn.

Da meist nur ein einziger Same in jeder Frucht vorhanden ist, muß dafür gesorgt werden, daß dieser Same unter allen Umständen unbeschädigt bleibt. Die Samenschale allein reicht nicht aus, um einen sicheren Schutz zu gewähren; daher bilden sich die innersten Gewebeschichten der Fruchtwandung zu einer Schutzhülle um: sie formen den Steinkern, dessen außerordentlich feste Gewebe aus Steinzellen bestehen, die dem Samen einen sicheren Schutz gegen Verletzungen gewähren. Unter den Vögeln ist es wohl nur der Kirschkernknacker, *Coccothraustes*, der imstande ist, mit seinem ungewöhnlich kräftigen Schnabel auch den Steinkern einer Kirsche zu zertrümmern und damit die Schutzvorkehrungen der Natur illusorisch zu machen.

b) Andere Tiere (Säugetiere) als Verbreiter. Daß die größeren Formen der Steinfrüchte nicht geeignet sind, um von Vögeln ohne Zerkleinerung der Früchte verschluckt zu werden, ist ohne weiteres verständlich. Die Verbreitung größerer Steinfrüchte von *Prunus*-Arten wird daher auch durch Säugetiere erfolgen. Der starke Steinkern verhindert, daß mechanische Beschädigungen beim Zerbeißen der Früchte oder eine chemische Einwirkung durch die Verdauungssäfte eintreten. Dies gilt besonders für die größeren Pflaumenarten, für Pfirsich, Aprikosen und ähnliche Früchte.

Die wärmeren Länder sind nun reich an Saftfrüchten mit großen Samen; die Zahl der Fruchtfresser ist ja auch viel größer als in den gemäßigten Zonen. Einige dieser Fruchtformen dienen ja auch als Obst zur menschlichen Ernährung. Das gleichmäßige Klima der Tropen, insbesondere der tropischen Regenwaldgebiete, überhebt die Tiere der Tropen der Vorsorge für Zeiten knapper Nahrung; der Tisch ist ihnen jederzeit reichlich gedeckt. Im Gegensatz zu den Fruchtformen gemäßigter und kalter Länder und der Gebiete der wärmeren Länder mit wechselndem Klima (Steppengebiete) herrschen unter den Früchten der Regenwälder schnell vergängliche Formen vor. Die Keimfähigkeit ihrer Samen erlischt oft schon nach kurzer Zeit. Daher sind die Einrichtungen, welche eine endozoische Verbreitung sichern sollen, bei den Tropenfrüchten besonders auffällig. Bei der Fülle der Formen kann hier nur eine kleine Auslese gegeben werden, wobei besonders diejenigen Früchte besprochen werden sollen, die auch der menschlichen Ernährung dienen.

Oben erwähnt wurde bereits das Steinobst, von dem für die Tropen besonders die Pfirsiche, Nektarinen und ähnliche Formen in Frage kommen. Die Größe dieser Früchte schließt ein Verschlucken unzerkleinerter Pfirsische durch Vögel aus. Es kommen daher wohl Säugetiere als Hauptverzehrer und Verbreiter in Frage; die steinharte, rauhe Schale des Steinkerns widersteht auch kräftigen Kauwerkzeugen, so daß eine Beschädigung der Samen nicht zu befürchten ist.

Diesem Steinobsttypus können wir anreihen die Früchte einiger Lorbeergewächse, Rosazeen, Anacardiazeen, Myrtengewächse und tropische Vertreter anderer Familien, die ein mehr oder weniger schmackhaftes Obst liefern. Wie beim Pfirsich ist bei diesen Früchten ein weiches, saftiges Fruchtfleisch vorhanden, in welches ein großer Steinkern oder steinharter großer Same eingebettet ist.

Hierher gehört als eine bekannte Tropenfrucht die Abakate oder Avokatobirne, „Alligatorpear" der Engländer, die Frucht eines kleinen, immergrünen Lorbeergehölzes *Persea gratissima* (vgl. Abb. 16, Fig. 1). Die Frucht erinnert in ihrer Gestalt lebhaft an eine recht große Birne; es ist eine langgestielte Steinfrucht, deren glatte, sehr dünne Schale grün, braun, rötlichbraun oder dunkelblau bis schwarz gefärbt ist. Das

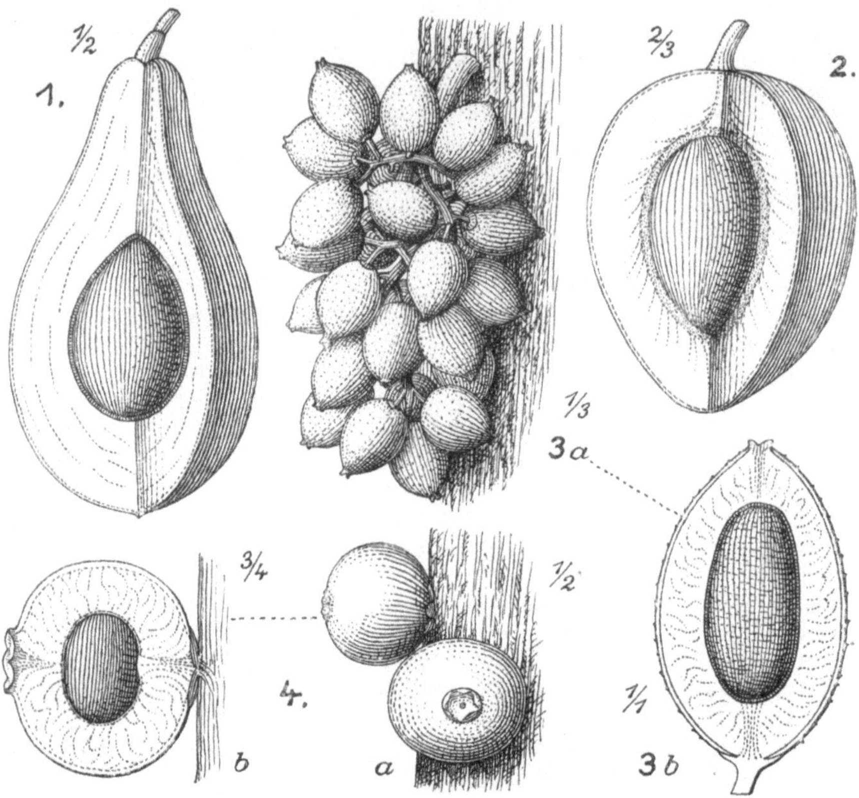

Abb. 16. Tropische Saftfrüchte mit großem Steinkern.
Fig. 1. Abakate, *Persea gratissima* L. (Laurazee). Fig. 2. Mangopflaume, *Mangifera indica* L. (Anacardiazee). — Fig. 3. *Trichoscypha ferruginea* ENGL. (Anacardiazee), *a* stammbürtige Fruchtrispe, *b* Einzelfrucht im Längsschnitt. — Fig. 4. *Marlierea edulis* (Myrtazee), *a* zwei stammbürtige Früchte, *b* einzelne Frucht im Längsschnitt. — (Fig. 1—3 *a* Originalzeichnungen, 3 *b* und 4 zum Teil nach Nat. Pflanzenfam. III. 7.) — Vgl. den Text.

saftige Fleisch der reifen Avokatobirne ist gelblichgrün bis weiß, zart schmelzend, aber ohne einen ausgeprägten Geschmack, daher ziemlich fade; es erinnert im Geschmack etwas an Walnüsse. Im Innern liegt ein sehr großer, mehr oder weniger kugeliger oder oben etwas zugespitzter Steinkern. Die Früchte können ein Gewicht von 1—1^1/$_2$ Pfund erreichen. Das Fruchtfleisch ist ölreich; es enthält etwa 12 vH eines feinen, wohlschmeckenden grünlichen oder braunen Öls. Die großen Samen verlieren sehr schnell ihre Keimkraft und keimen bereits in

2 Wochen nach der Aussaat, die bald nach der Ernte der reifen Samen erfolgen muß. Ursprünglich im tropischen Amerika (Mexiko, Zentralamerika, Westindien) heimisch, ist der Baum wegen seiner wohlschmeckenden und sehr nahrhaften Früchte über alle Tropenländer verbreitet worden und wird in zahllosen Sorten kultiviert.

Recht ähnlich ist die Mangga oder Mangopflaume, die Frucht der Anacardiazee *Mangifera indica*, des Mangobaumes (vgl. Abb. 16, Fig. 2), dessen eigentliche Heimat das tropische Asien, insbesondere Indien ist, wo mehrere Arten dieser Gattung *Mangifera* wild vorkommen. Durch Kultur ist auch dieser wichtige tropische Obstbaum über alle Tropenländer durch den Menschen verbreitet worden. Die Frucht erinnert an eine riesengroße Pflaume; sie ist 7 cm breit und 10—20, meist 15 cm lang. Sie wiegt gewöhnlich etwa ein halbes Kilo; doch gibt es auch einige Sorten, die das stattliche Gewicht von 2 kg erreichen. Die Schale der Frucht ist grün- bis orangegelb und riecht stark nach Terpentin. Auch das Fruchtfleisch, das orangegelb gefärbt, sehr süß, aber durch Gehalt an Zitronensäure erfrischend ist, riecht und schmeckt ein wenig nach Terpentin. Dieser Terpentingehalt ist bei Tropenfrüchten überhaupt ziemlich häufig und hängt sicher wohl mit der Biologie der Verbreitung derartiger Fruchtformen zusammen. Viele Fruchtfresser, namentlich Affen, Halbaffen und Fliegende Hunde gehen des Nachts ihrer Nahrung nach; sie sind daher „Nasentiere" mit sehr feiner Witterung. Der Terpentingeruch und andere oft sehr aufdringliche Gerüche (vgl. unten den „Durio") wird daher leicht wahrgenommen. Es ist ferner kein Zufall, daß gerade die kleineren Baumformen des tropischen Regenwaldes vielfach solche „Duftfrüchte" besitzen. Die meist scheuen Fruchtfresser halten sich über Tag versteckt oder hoch in den Kronen der großen Waldbäume auf und kommen nur nachts, wenn sie sich sicher fühlen, aus ihren Verstecken bis zum Erdboden herunter. Die Mangopflaume zeigt diesen Geruch besonders ausgeprägt und kann daher als ein ausgeprägter Typus einer solchen Duftfrucht angesehen werden. Der hohe Terpentingehalt der Mangopflaumen, an den sich der Europäer bald gewöhnt, läßt sich auch nach dem Genuß dieser Früchte leicht nachweisen: der Urin hat einige Stunden nach dem Verzehren der Frucht einen deutlichen Veilchengeruch. Im Altertum wurde diese Wirkung des Terpentins (nach Genuß der Pistazien) zum Parfümieren der Schlafräume von vornehmen Römerinnen benutzt. Das etwas faserige Fruchtfleisch der Mangopflaume umschließt einen glatten Steinkern, von dem aus die Fasern ganz ähnlich wie beim Pfirsichkern entspringen.

Im Grundtypus ähnliche, aber wesentlich kleinere Früchte sind die „Rosenäpfel", die Früchte einiger Rosazeengehölze der Gattung *Jambosa*, die unter dem Namen „Jambusen" bekannt sind. Es handelt sich auch hier um duftende Saftfrüchte mit großen Samen, die von niedrigen bis mittelhohen Bäumen des Regenwaldes des tropischen Asiens stammen. Ihrer Form nach erinnern die Rosenäpfel an unsere Birnen oder Äpfel. Der Malaiische Rosenapfel (von *Jambosa domestica*) ist mehr oder weniger eiförmig, etwa 5—6 cm lang, 4 cm breit. Die dünne Schale ist weinrot oder weinrot gestreift. Das Fruchtfleisch ist ziemlich fest, weißgefärbt und saftig und duftet schwach nach Rosen. Das Innerste der Frucht bildet eine Höhlung, in welcher zur Reifezeit meist 1, selten mehrere (2—3) kugelige, etwa 1,5 cm große, harte Samen liegen. Die Jambusen der anderen Arten sind ganz ähnlich gebaut.

Dem „Pfirsichtypus" gehören auch die als „Cambucá" oder „Jaboticaba" bezeichneten, duftigen Saftfrüchte einiger tropisch-südamerikanischer Myrtazeenbäume der Gattung *Marlierea* und *Myrciaria* an (Abb. 16, Fig. 4). Diese Bäume sind „kauliflor", d. h. die Blüten brechen unmittelbar aus dem Holz des Stammes und der dicken Zweige hervor. Dementsprechend sitzen die Früchte direkt am Stamm, ein eigenartiger Anblick, der uns aus der heimischen Flora unbekannt ist. Bei den tropischen Regenwaldgehölzen finden wir derartige Fruchtbildung jedoch gar nicht selten, z. B. bei einer ganzen Anzahl tropischer Feigenbäume (*Ficus*-Arten), beim Kakao und anderen. Hier bei *Marlierea* sitzen die Früchte ohne jeden Stiel am Holz. Die reifen Früchte sind vollkommen pfirsichähnlich, außen fast glatt, gelbrot. Auch das weiche, saftige Fruchtfleisch ist gelbrot; es schmeckt sehr angenehm süß-säuerlich und wird in Brasilien als erfrischendes Obst viel gegessen. Das Fruchtfleisch umschließt einen großen, nierenförmigen, abgeplatteten Steinkern mit sehr harter Schale.

Im westafrikanischen Regenwalde zeigen z. B. die Anacardiazeen der Gattung *Trichoscypha* einen ähnlichen Fruchtbau, doch sitzen die Früchte nicht einzeln, sondern brechen in dichten rispigen Ständen aus dem Stamme hervor (Abb. 16, Fig. 3a, b). Die Einzelfrucht erinnert an Pflaumen mit etwas dünnem Fruchtfleisch. Die Früchte haben einen angenehmen, süß-säuerlichen Geschmack.

Die stammbürtige Stellung dieser und anderer Tropenfrüchte ist biologisch nicht bedeutungslos. Es ist auffällig, daß unter den kaulifloren Gehölzen die Arten mit endozoischen Früchten überwiegen. J. MILDBRAED gibt 1922[1] eine Aufzählung der von ihm beobachteten kaulifloren Pflanzen Afrikas, die nicht weniger als 278 Arten umfaßt. Die weit überwiegende Mehrzahl dieser Arten sind kleine bis mittelgroße Bäume, Sträucher oder Schlinggehölze. Nach unseren obigen Ausführungen ist es nicht auffällig, wenn diese zum Unterholz im Regenwalde gehörigen Arten vorwiegend fleischige oder jedenfalls an endozoische Verbreitung angepaßte Früchte haben. Eine Durchsicht der von MILDBRAED angeführten Liste zeigt, daß besonders stark vertreten sind die Morazeen mit 39 Arten, bis auf 1 *Treculia*-Art, sämtlich der Gattung *Ficus* (Feigen) angehörig, die Menispermazeen mit 23 Arten aus 6 Gattungen, die Anonazeen mit 22 Arten aus 6 Gattungen, die Euphorbiazeen mit 28 Arten aus 3 Gattungen, die Sapindazeen mit 27 Arten aus 6 Gattungen, die Sterculiazeen mit 24 Arten aus 3 Gattungen, meist *Cola*-Arten, die Sapotazeen mit 15 Arten aus 4 Gattungen, die Ebenazeen mit 13 Arten aus den beiden Gattungen *Diospyros* und *Maba*, die übrigen Familien mit geringerer Artenzahl. Die Freistellung

---

[1] Wissenschaftl. Ergebnisse der 2. Deutschen Zentral-Afrika-Expedition 1910—1911. Leipzig, 2, 121—125.

der Blüten am Stamm und an den größeren Zweigen, um sie dem Insektenbesuch zugänglicher zu machen, als dies in den dichten Kronen oder unter den mächtigen Blattschöpfen möglich wäre, bringt auch die Früchte in die gleiche Lage: sie werden den auf Nahrungssuche umherstreifenden Tieren zugänglicher. Die fleischige Beschaffenheit vieler aus kaulifloren Blüten hervorgegangener Früchte läßt annehmen, daß bei der Ausbildung der Kauliflorie die Zoochorie mitgewirkt hat. Welche Tiere als Verbreiter in Frage kommen, darüber liegen Beobachtungen ebensowenig vor, wie über den Insektenbesuch der einzelnen kaulifloren Arten. Zu vermuten ist, daß Affen, Flughunde und Nager eine Rolle spielen. Für diejenigen kaulifloren Arten, die ihre fleischigen Früchte nur am Grunde des Stammes ausbilden, kommen auch nicht kletternde Frucht- oder Allesfresser in Frage, wie z. B. Wildschweine u. a. Solche Arten sind in Afrika z. B. die Anonazee *Tetrastemma sessiliflorum* MILDBR. et DIELS, deren Früchte Kartoffeln ähnlich sehen, die Sapindazeen *Chytranthus carneus* RADLK. und die Sterculiazee *Cola fibrillosa* ENGL. et KR. Diese „Basiflorie" und „Basikarpie" ist selten.

Auch in anderen Tropenländern ist die Stammfrüchtigkeit der Gehölze der Regenwälder keine Seltenheit. Als Ursachen dieser merkwürdigen biologischen Erscheinung sind mannigfache biologische Beziehungen anzunehmen: die stammbürtigen Blüten sind den bestäubenden Insekten zugänglicher als im dichten Laubwerk der Zweige. Daß ein hoher Prozentsatz dieser Blüten auch an die Verbreitung durch Tiere angepaßte Früchte, Saftfrüchte mannigfachster Ausbildung, bildet, ist sicher kein Zufall. JOHOW[1] nimmt an, daß Stammfrüchtigkeit meist bei Arten mit sehr großen und schweren Früchten vorkomme, wie z. B. bei *Artocarpus integrifolia* L., dem Brotfruchtbaum (Abb. 13, Fig. 5), dessen Früchte bis 60 cm lang und bis über 4 kg schwer werden. Dies trifft aber nur für verhältnismäßig wenige Fälle zu. Die meisten stammbürtigen Früchte sind nicht übermäßig groß. Auch die Ausbildung der Saftfrüchte aus stammbürtigen Blüten dürfte als Anpassung an die Verbreiter aufzufassen sein.

Als letzte Art mit Saftfrüchten vom Pfirsichtypus sei noch die Rosazee *Chrysobalanus icaco* erwähnt, die etwa pflaumengroße eiförmige, gelbe, rote oder schwarze Steinfrüchte bildet. Die im reifen Zustande angenehm süß-säuerlichen Früchte sind vor der Samenreife durch ihre außerordentliche Herbheit gegen Fraß geschützt.

Die Steinfruchtform vom Pfirsichtypus ist, wie diese Darlegungen zeigen, bei den tropischen Früchten weit verbreitet und kommt in mannigfachster Ausbildung bei Gattungen und Arten verschiedenster Familien vor.

Als etwas abweichender Typus ist hier anzuschließen der „Dritteltypus", der die Früchte einiger Palmen umfaßt, insbesondere die der bekannten Dattelpalme, *Phoenix dactylifera*, der Charakterpalme der Mittelmeerländer und des afrikanisch-arabisch-indischen Wüstengebietes. Die Abweichung vom vorigen, eigentlichen Steinobsttypus be-

---

[1] Jahrb. des K. Botan. Gartens. Berlin 1884.

steht darin, daß der in ein wenig saftiges Fruchtfleisch eingebettete Same ein steinhartes Nährgewebe besitzt, das gleichzeitig auch dem Schutz des Samens gegen Verletzung dient, nämlich die bekannten, steinharten, zylindrischen „Dattelkerne".

Wir können damit den Steinfruchttypus verlassen und wenden uns einigen anderen tropischen Saftfrüchten zu, die auf endozoische Verbreitung eingestellt sind. Eine Anzahl von Früchten zeigt eine Ausbildung, die man als Steinbeerentypus bezeichnen könnte. Es handelt sich um beerenartige Früchte, die sehr große Samen enthalten und zu groß sind, um unzerkleinert von Vögeln gefressen zu werden.

Hierher gehören z. B. die als Dökö bezeichneten Früchte der Meliazee *Lansium domesticum* Jack, eines kleinen Baumes, der in Hinterindien und im Indischen Archipel heimisch ist und seiner schmackhaften Früchte wegen vielfach kultiviert wird. Die Früchte sitzen in den Achseln der großen 7—9fach gefiederten Blätter, namentlich an den unteren Ästen der dichten Laubkrone. Es sind Trauben, die aus zahlreichen 2,5 bis 4 cm langen, tiefgelben Beeren bestehen, die mit einer lederartigen Schale versehen sind. Sie enthalten wenige 2,5 cm lange Samen mit weichen, saftigen Samenmänteln, die sehr angenehm süß-säuerlich schmecken. Die Samen sind mit ziemlich harter Schale versehen und sehr bitter. Die Bitterkeit schützt sie wohl vor Verzehr durch wählerischere Fruchtfresser, zu denen auch die Affen gehören. Werden sie mit dem saftigen Fleisch der Samenmäntel verschluckt, so schützt sie die starke Samenschale gegen Beschädigung. Welche Tiere als Verzehrer dieser Früchte in Frage kommen, darüber liegen Beobachtungen noch nicht vor. Da die zu hängenden Trauben vereinigten Früchte nicht ganz leicht zugänglich sind, kommen vielleicht Fliegende Hunde als Verzehrer in Frage.

Dem gleichen Steinbeerentypus gehören die Früchte einiger Sapotazeen des tropischen Amerika an, z. B. die Früchte des Sapotill- oder Sapodillbaumes, *Achras sapota* L., eines mittelhohen, schönen Baumes der Antillen und des tropischen Mittelamerika. Bei den Deutschen ist die Frucht auch unter dem Namen „Breiapfel" oder „Sapotillpflaume" bekannt; die Zentralamerikaner nennen sie Sapodilla, die Brasilianer Sapoti. Die Frucht ist eine eiförmige Beere von etwa 7 cm Länge und rund 5 cm Breite, die von einer dünnen, etwas rauhen, gelbbraunen Schale bedeckt ist und ein saftiges, gelbrötliches oder grünliches, außerordentlich süßes und wohlschmeckendes Fruchtfleisch enthält. In das Fruchtfleisch eingebettet sitzen um die Mittelachse der Frucht die etwa 3 cm langen, 1,3 cm breiten, sehr bitteren, platten Samen. Zur Reifezeit stellen fruchtfressende Fledermäuse den Früchten so stark nach, daß man besondere Schutzvorkehrungen anbringen muß, um reife Früchte zu erhalten. Dies weist auf die natürlichen Verbreiter der Samen hin: es sind „Fledermausfrüchte". Die verhältnismäßig dünne Fruchtschale kann leicht zerbissen werden; das außerordentlich zarte Fruchtfleisch ist schmelzend weich und dient als Anlockungsmittel und Nahrung; die ziemlich großen Samen sind durch ihre Bitterkeit gegen Fraß geschützt.

Eine andere, ähnlich gebaute Sapotazeenfrucht ist der „Sternapfel", die Frucht von *Chrysophyllum Cainito* L., eines 10—12 m hohen Baumes Westindiens und anderer Gegenden des tropischen Amerika. Die Sternäpfel sind kugelig, etwa so groß wie ein Apfel, grün, rot oder violett gefärbt, dünnschalig und mit einem sehr süßen, etwas klebrigen roten bis weißen Fruchtfleisch erfüllt. Ihre Mitte enthält 5—10 sternförmig angeordnet harte, braune Samen.

Dem gleichen Fruchttypus gehören noch an z. B. die Früchte von *Lucuma nervosa* A. Dc., *Pouteria Caimito* RADLK. u. a.

Eine ähnliche Frucht ist der „Mammej-Apfel", die Frucht der in Westindien und im nördlichen Südamerika heimischen *Mammea americana* L., des Mammejbaumes, der wegen seiner wohlschmeckenden Früchte auch als „Aprikose von Sto. Domingo" bezeichnet wird. Allerdings besitzen die Mammejäpfel eine dickere, lederige, harzreiche Schale, wie dies für viele Guttiferenfrüchte charakteristisch ist. Das butterweiche, goldgelbe Fruchtfleisch duftet angenehm und schmeckt süß und würzig. Die ziemlich großen, etwas platten, eiförmigen Samen sind harzreich und sehr bitter und hierdurch gegen Vertilgung geschützt.

Diese Beispiele mögen genügen, um den Typus der an die Verbreitung durch Fledermäuse (Fliegende Hunde) und ähnliche Fruchtfresser angepaßten saftigen Steinbeerenfrüchte zu kennzeichnen. Wichtige Merkmale dieser Früchte sind: meist dünne Oberhaut von meist unscheinbarer Färbung, saftiges, weiches Fruchtfleisch, das leicht zugänglich ist und häufig durch mehr oder weniger starken Duft ausgezeichnet ist, und große, meist durch Bitterkeit, Harzgehalt oder andere Abwehrstoffe gegen Fraß geschützte Samen. Hinzu kommt vielfach noch schwere Zugänglichkeit der Früchte für nicht fliegende Tiere dadurch, daß die Früchte in Trauben oder an mehr oder weniger langen Stielen hängen.

Einen besonderen Weinbeerentypus stellen die Früchte der Kaffeebäume dar und einiger anderer *Rubiaceae*. Die Früchte der *Coffea*-Arten sind etwa kirschgroße, lebhaft gelb oder rot gefärbte Beeren mit dünner, etwas lederiger Oberhaut, dicker, fleischiger Fruchtschicht (Mesokarp) und derbhäutiger Innenhaut (Endokarp), die als „Pergamenthaut" die Samen umschließt. Den saftigen Früchten, die leicht abfallen, stellt eine Marderart, der Loewak, *Paradoxurus musang*, eifrig nach: er verschlingt die saftigen Beeren; die durch die Pergamenthaut gut geschützten Samen werden völlig unbeschädigt wieder ausgeschieden. Von den Eingeborenen Niederländisch-Indiens wird dieser Kaffee ganz besonders geschätzt und aus der Losung der Loewaks sorgfältig herausgelesen. Er liefert eine vortrefflich schmeckende Kaffeesorte, die von Kennern allen anderen vorgezogen und mit Vorliebe zum Geschenk unter Freunden ausgewählt wird. Dies ist erklärlich, da die Loewaks als Feinschmecker nur besonders gute und große Kaffeefrüchte fressen, und die Samen bei ihrer eigenartigen, aber ganz natürlichen Wanderung nicht angegriffen werden. Dieser Fall ist bemerkenswert, weil einmal sicher festgestellt ist, welche Tierart die Früchte verzehrt, dann aber auch, daß die Samen unverändert und unverletzt die Wanderung durch Maul, Magen und Darm überstehen, obwohl es sich um ein sonst fleischfressendes Raubtier mit kräftigen und scharfen Zähnen und gesegneter Verdauung handelt.

An die „Saftfrüchte mit großen Samen" müssen wir biologisch anschließen eine Anzahl sehr merkwürdiger Scheinfrüchte tropischer Gehölze, von denen wir die als „Kaschu" bekannte Frucht der Anacardiazee *Anacardium occidentale* L. und die „Süßen Hovenien", die Scheinfrüchte der Rhamnacee *Hovenia dulcis* THBG., betrachten wollen. Beide werden als Obst sehr geschätzt; beiden ist gemeinsam, daß die der endozoischen Verbreitung dienenden Teile ganz außerhalb der eigentlichen Frucht liegen.

Die Kaschus, die Scheinfrüchte des Kaschubaumes des tropischen Amerika, haben folgenden Bau: Die Frucht ist eine nierenförmige Nuß von etwa 3 cm Länge und 2 cm Breite; sie sitzt auf einem mächtig angeschwollenen, fast birnenförmigen Stiele, dem sogenannten „Kaschuapfel". Der Stiel der Frucht ist also zu einer saftigen Scheinfrucht umgebildet, der in Gestalt und Färbung vollkommen eine Frucht vortäuscht und als endozoisches Verbreitungsorgan dient. Die Frucht selbst ist gegen Tierfraß geschützt durch ein flaches, blasenziehendes Öl, das ihre harte Schale reichlich enthält. Der Kaschuapfel ist lebhaft rot oder gelb gefärbt, etwa 7 cm lang, $5^{1}/_{2}$ cm breit, sehr saftreich, erfrischend süßsauer. Unreife Früchte sind gegen Fraß durch grüne Färbung (Unauffälligkeit) und außerordentlich herben und saueren Geschmack des Fleisches geschützt. Die Früchte von *Anacardium occidentale* sind unter der Bezeichnung „Westindische Elefantenläuse" als Droge bekannt; die ölreichen Samen werden geröstet gegessen und schmecken wie Haselnüsse.

Noch eigenartiger sind „die süßen Hovenien", die Scheinfrüchte eines kleinen, lichtkronigen Baumes, der in Japan, Korea, Nordchina und dem Himalaya heimisch ist und in seinen Blättern an Linden erinnert. Die honigreichen, kleinen und unscheinbaren Blüten sitzen in kleinen Trugdolden in den Achseln der Blätter. Nach der Befruchtung schwellen die Fruchtstandsachsen zu höchst eigenartigen, wurmförmigen, fleischigen Gebilden an, während die Frucht selbst klein bleibt und zu einer etwa erbsengroßen schwärzlichen, dreifächerigen Schließfrucht wird, die auf dünnem Stielchen der fleischigen Fruchtstandsachse aufsitzen; sie enthalten je 1—3 abgeplattete Samen mit glänzender, derber, dunkelbrauner Schale. Das saftige Fleisch der wurmförmig gekrümmten Fruchtstandsachsen ist sehr süß und schmeckt etwas widerlich, duftet aber sehr angenehm. Da die Zweige der *Hovenia*-Bäumchen dünn und zerbrechlich sind, die Früchte aber gerade an den dünnsten Stellen der Zweige sitzen, sind die Scheinfrüchte nur kleineren oder fliegenden Tieren leichter zugänglich. Beobachtungen darüber, welche Tiere als Verzehrer der Scheinfrucht und Verbreiter der Samen in Frage kommen könnten, fehlen.

War bei den bisher besprochenen Saftfrüchten mit kleinen oder großen Samen das Saftgewebe, das als Verbreitungsgewebe dient, den Nahrung suchenden Tieren leicht dargeboten, weil es nicht durch harte oder sehr derbe, schwer zu zerstörende Schalen geborgen ist, so gibt es gerade unter den Früchten der tropischen und subtropischen Gehölze viele Arten mit Saftfrüchten, deren saftiges Gewebe aber durch feste Hüllen zunächst unzugänglich gemacht ist. Erst nach Zertrümmerung des umhüllenden Panzers wird das saftige Fruchtfleisch den Tieren erreichbar. Wir wollen diesen Typus als „gepanzerte Saftfrüchte" bezeichnen und im folgenden einige Formen dieser Früchte kennen lernen.

Gepanzerte Saftfrüchte. Das Saftgewebe der gepanzerten Saftfrüchte gehört wie auch bei den allermeisten Saftfrüchten der gemäßigten Zonen entweder Teilen der Fruchtwandung an (ohne oder mit Ausbildung einer Pulpa) oder es ist auf Teile am Samen, auf die sogenannten „Samenmäntel" beschränkt. Daraus ergeben sich zwei Gruppen von gepanzerten Saftfrüchten, von denen die zweite in unserer heimischen Flora so gut wie vollständig fehlt. Bei beiden Gruppen kann der schützende Panzer der Frucht lederig oder holzig sein; sehr häufig ist er durch den Gehalt an aromatischen Ölen oder an Harzen ausgezeichnet. In allen Fällen ist er so kräftig entwickelt, daß man ihn mit mehr oder weniger großer Gewalt entfernen muß, um zum Fruchtfleisch und zu den Samen zu gelangen. Die Samen sind in allen Fällen ziemlich groß, meist mit schlüpfriger Oberfläche versehen und mehr oder weniger hart. Bisweilen enthalten sie Bitterstoffe, die sie vor dem Verzehren schützen.

a) **Saftgewebe der Fruchtwandung angehörig.** Als ersten und bekanntesten Typus gepanzerter Saftfrüchte wollen wir die dem Kürbis ähnlichen Früchte betrachten („Kürbistypus"). Hierher gehören die Früchte vieler *Cucurbitaceae* mit derblederiger bis holziger, fester Außenschicht und fleischiger bis faserig-saftiger Mittel- und Innenschicht der Fruchtwandung. Das Innerste der Frucht ist als „Fruchtmus" entwickelt, in das die ziemlich großen schlüpfrigen Samen eingebettet sind. Die Früchte sind also riesige Beeren mit mehr oder weniger holziger Außenschicht, zu groß, um im ganzen verspeist, zu hart, um von schwächeren Tieren zerkleinert zu werden. Hierher gehören die Arten der Gattung *Cucurbita* (Kürbis, Melonen), viele *Cucumis* (Gurken), wobei die hochgezüchteten, weichschaligen Kulturrassen als nicht ursprüngliche Naturformen außer acht bleiben müssen, ferner die Wassermelonen *Citrullus* und andere. Welche Tierarten in der Natur die Samen dieser Früchte verbreiten, darüber liegen sichere Beobachtungen nicht vor. Manche Kürbisgewächse mit derartigen Früchten sind Steppenbewohner; es mögen hier vielleicht die größeren Steppentiere (Ein- und Vielhufer) als Verzehrer der Frucht in Frage kommen. Viele andere sind Waldpflanzen, für die vielleicht Wildschweine als Verzehrer und Verbreiter der Samen anzunehmen sind.

Dem gleichen Typus müssen wir zuzählen die Früchte einiger Loganiazeen, besonders der Gattung *Strychnos*, von der einige Arten als gefährliche Giftpflanzen bekannt sind. Ferner sind wohl hierher zu rechnen die Früchte einiger Apocynazeen, z. B. aus der Gattung *Landolphia* u. a.

Eine zweite Gruppe umfaßt Früchte mit sehr dicker, lederiger Fruchtschale, die noch durch reichen Gehalt an aromatischen Ölen ausgezeichnet

sind. Nach der bekanntesten Gattung können wir diesen Typus als
„*Citrus*-Typus" bezeichnen (Abb. 17, Fig. 1). Er umfaßt sehr viele
Arten aus der Verwandtschaft der Zitronen, Apfelsinen usw. Die Außenhaut und Mittelschicht der Frucht ist dick und ungenießbar. Die in
saftiges Fruchtfleisch eingebetteten Samen sind ziemlich groß, sehr hart
und haben eine schlüpfrige Oberfläche. Hauptverzehrer dieser Früchte

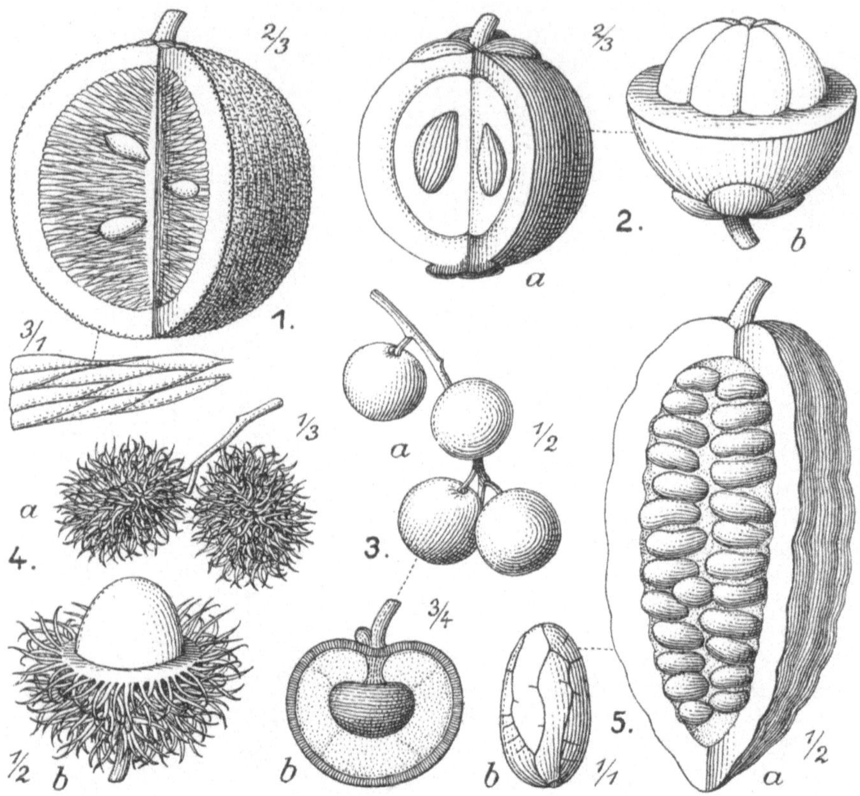

Abb. 17. „Gepanzerte Saftfrüchte".
Das saftige Fruchtfleisch, das meist den „Samenmänteln" angehört („Arillusfrüchte"), ist durch
dicke, lederige, korkige oder fast holzige Fruchtwandungen geborgen. — Vgl. den Text.
Fig. 1. *Citrus aurantium* L., darunter einige „Saftschläuche" des Endokarps. — Fig. 2. *Garcinia
mangostana* L., *a* angeschnitten, *b* die obere Hälfte der Fruchtschale entfernt, um die großen Samenmäntel zu zeigen. Als Mangostane geschätztes Obst. — Fig. 3. *Euphoria longana*, *a* unterer Teil einer
Fruchttraube, *b* Einzelfrucht im Längsschnitt. — Fig. 4. *Nephelium lappaceum* L., *a* zwei Früchte,
b Einzelfrucht, obere Hälfte der Fruchtwandung entfernt. — Fig. 5. *Theobroma cacao* L., *a* Fruchtkapsel geöffnet, Samen in Fruchtmus eingebettet, *b* einzelner Same. — (Originalzeichnungen.)

sind wohl Affen, Halbaffen und ähnliche Fruchtfresser, doch berichten
MORRIS und AMADEO[1], daß die Apfelsinenbäume (*Citrus aurantium* L.)
auf Jamaika hauptsächlich durch Vögel ausgesät würden.

b) Saftgewebe den Samen angehörig. Besonders häufig und
eigentümlich sind jene tropischen Saftfrüchte, bei denen das Saftgewebe

---

[1] „Nature" *37*, 467 u. 535.

gar nicht der Frucht, sondern den Samen angehört und aus den mächtig
vergrößerten saftigen Samenmänteln besteht, die das Innere der Frucht-
höhlung erfüllen. Eine ganze Anzahl wegen ihres Wohlgeschmackes als
Obst geschätzter Früchte gehört hierher, wenn sie auch wegen ihrer
Vergänglichkeit nicht zu uns auf den Markt gelangen. Nach dem Haupt-
merkmal dieser Früchte, der Ausbildung eines großen, fleischigen „Arillus" oder Samenmantels, wollen wir diesen Typus als „Arillustypus"
bezeichnen, wenn auch bei den Fruchtformen der verschiedenen Gattungen große Unterschiede bestehen.

Als wichtigste Fruchtform gehört hierher die Mangostane, die
Frucht der im Malaiischen Archipel heimischen Guttifere *Garcinia
mangostana* L., eines prächtigen 20—25 m hohen Baumes mit pyramiden-
förmiger Krone und großen, ungeteilten, glänzenden, harten Lederblät-
tern. Die Frucht, die wegen ihres köstlichen Wohlgeschmackes von
vielen als „die Königin der Früchte" gepriesen wird, ist eine
Schließfrucht („Beere") mit harter, derblederiger Schale, die durch hohen
Gehalt an Gerbstoffen und Harzen ausgezeichnet ist (Abb. 17, Fig. 2 *a, b*);
sie hat etwa die Gestalt einer Apfelsine, oben etwas abgeplattet, 5—7 cm
breit, 4—5 cm hoch. Die Oberhaut ist außen rot bis dunkelbraun. Unterhalb der etwa 7 mm dicken Schale liegen in 5—10 Fächern die platten
bräunlichen, etwa 2 cm langen, 1,2 cm breiten Samen vollkommen eingebettet in das schneeweiße oder rosafarbige Fleisch der mächtig entwickelten Samenmäntel. Das Fleisch der Samenmäntel duftet herrlich
und ähnelt im Geschmack einer Mischung aus Ananas und Pfirsichen;
es ist außerordentlich vergänglich. Schon nach 2—3 Tagen sind reife
Früchte verdorben; daher eignen sie sich nicht zum Versand. Unreif
geerntete Früchte erlangen nicht entfernt den Wohlgeschmack am Baum
gereifter. Als Verzehrer und Verbreiter der Samen kommen wohl in
erster Linie Affen in Frage, die mit ihren scharfen Zähnen die dicke
Lederhaut zerbeißen und mit ihren Händen die Früchte öffnen können,
um dann die Samen zu verzehren oder auch nur den Samenmantel
abzulutschen.

Dem gleichen Typus gehören die Früchte einiger Sapindazeen aus
den Gattungen *Nephelium* und *Litchi* an, kleiner bis mittelhoher Bäume
des tropischen und subtropischen Asien mit dichter, breiter Krone, gefiederten Blättern und kleinen in Trauben stehenden Blüten. Die Früchte
der drei wichtigsten Arten sind: die Litchis von *Litchi chinensis* SONN.,
Longanen von *Euphoria (Nephelium) longana* LAM. und Rambutan
von *Nephelium lappaceum* L. (Abb. 17, Fig. 3, 4). Alle drei Bäume werden
wegen ihrer sehr süßen, aromatischen Früchte als „Bonbonbäume"
bezeichnet. Die Früchte aller drei Arten besitzen eine feste, lederige
Schale, die bei den *Nephelium*-Arten noch mit Kletthaaren oder Warzen
besetzt ist. Sie enthalten die großen, sehr saftigen, ziemlich zäh-galler-
tigen Samenmäntel, welche die schwarzen Samen ganz einhüllen. Das
Fruchtfleisch der Samenmäntel ist bei den Litchi außerordentlich süß,
duftet und schmeckt sehr angenehm. Das des Rambutan ist mehr
weinsäuerlich und erinnert im Geschmack an Muskatellertrauben, das
der Longanen erinnert an Rettigbonbons. Die Litchi ist Lieblingsfrucht

der Chinesen und wird von ihnen zum Würzen und Süßen des Tees verwendet. Welche Tiere als natürliche Verzehrer und Verbreiter der Früchte und Samen in Frage kommen, darüber fehlen noch Beobachtungen.

Als bekanntere Frucht, die ihrem Bau nach hierher zu rechnen ist, sei die Kakaofrucht genannt; *Theobroma cacao* L. ist ein kleiner bis mittelhoher Baum oder Baumstrauch des Regenwaldes der Tropen der Neuen Welt (Abb. 17, Fig. 5*a*, *b*). Die Früchte sind Schließfrüchte von der Gestalt einer kurzen, dicken, unten spitzen Gurke, 12—14 cm lang, 6—8 cm dick, unreif grün, reif gelb, orangegelb oder rot gefärbt. Die Fruchtwandung ist anfangs fleischig-lederig, später fast holzig; sie öffnet sich nicht. Im Innern liegen die großen bohnen- oder mandelförmigen Samen in ein fast farbloses, süßsäuerliches Fruchtfleisch eingebettet. Merkwürdigerweise fehlen sichere Beobachtungen über die Verbreitung der Früchte dieser Weltkulturpflanze aller Tropenländer. Da die Fruchtschale der reifen Kakaokapseln sehr derb ist, können nur Tiere mit kräftigerem Gebiß als Verzehrer in Frage kommen.

Die sonderbarste Frucht dieses Arillustypus ist der Durian oder die Durione, die von einem mittelhohen Baume aus der Familie der Bombacazeen stammt. Dieser Baum erreicht eine Höhe bis zu etwa 25 m und wächst wild in den Regenwäldern des tropischen Asien, insbesondere auf den Inseln des Indischen Ozean, die als seine Heimat anzusehen sind. Seine oberseits glänzenden, dunkelgrünen, etwa 15 cm langen, 5—8 cm breiten, mit „Träufelspitze“ versehenen Blätter sind unterseits bläulichgrün und mit rotbraunen Haaren bedeckt. Aus den verhältnismäßig kleinen, gebüschelt sitzenden Blüten gehen bis 30 cm lange und 20 cm breite, stachelig bewehrte Kapselfrüchte hervor, die in ihrer äußeren Gestalt an die Früchte des Brotbaumes, *Artocarpus incisa*, erinnern (Abb. 13, Fig. 7). Die Fruchtschale ist derblederig, sehr dick und fest, graubraun gefärbt und außen mit festen, kegelförmigen, scharfen Stacheln dicht besetzt, die einen sicheren Schutz der Samen gegen vorzeitigen Verzehr darstellen. Bei ihrem großen Gewicht vermag eine vom Baum herabfallende Frucht schwere Verletzungen hervorzurufen, wenn sie auf einen Menschen oder ein Tier fällt. Es ist nicht leicht, eine solche Frucht vom Boden aufzunehmen, wenn der Stiel abgebrochen ist. Nur an den fünf Längsnähten, die den Rändern der Kapselfächer entsprechen, stehen die Stacheln weniger dicht. Der Durian ist also eine typische „Igelfrucht“. Bei der Reife springt die Frucht mit 5 Klappen auf, und ihr Inhalt wird zugänglich; er besteht aus je 2—5 taubeneigroßen harten Samen in jeder der fünf Abteilungen. Die Samen sind in große saftige Samenmäntel vollkommen eingehüllt, die gelblichweiß, etwa wie Sahne gefärbt, weich und eßbar sind. Das Saftgewebe der Samenmäntel verbreitet aber einen äußerst aufdringlichen Geruch nach Knoblauch, faulen Zwiebeln und faulem Fleisch; zur Zeit der Fruchtreife findet man in Indien überall die Reste dieser „Stinkfrucht“, die einen an Abortgruben erinnernden Gestank verbreiten. Diesen Früchten stellen viele Tiere, besonders Zibethkatzen, so eifrig nach, daß man die Frucht als Köder zum Einfangen dieser Tiere benutzen kann. Die Eingeborenen nehmen die Durionen daher schon vor der Vollreife vom Baume ab, um sie den Nachstellungen der Tiere zu entziehen. Auf den Märkten werden die Durionen zur Erntezeit überall zum Preise von 50 Pf. bis 1 Mark, in der übrigen Zeit des Jahres bis zu 15 Mark für das Stück feilgeboten und finden reißend Absatz. Doch ist das Mitbringen von Durionen in die Hotels und das Mitführen in der Eisenbahn mit Rücksicht auf die Geruchsnerven der Gäste und Mitreisenden verboten. Bei den Eingeborenen wird die Durione als die „Königin aller Früchte" gepriesen und leidenschaftlich gern gegessen. Die meisten Europäer haben jedoch davor einen solchen Ekel, daß sie die Frucht gar nicht anrühren. Doch preisen auch Europäer, die sich durch den Geruch nicht abhalten lassen, den „Wohlgeschmack" dieser Frucht, der ein höchst eigenartiges Gemisch von Pfirsichen, Haselnüssen, Ananas, Wein, Mehl und faulem Käse darstellt.

CHARLES MAYER, der längere Zeit zu Tierbeobachtungen und Tierfängen für den New Yorker Zoologischen Garten im Malayischen Archipel reiste und den Durionen besondere Aufmerksamkeit schenkte, schildert den Geschmack mit folgenden Worten: „Wenn man das Fleisch einer Banane zerdrückt, mit dem gleichen Quantum Vollrahm, etwas Schokolade und genügend Knoblauch mischt, um das ganze stark zu würzen, so wäre man dem Geschmack und der Beschaffenheit der Durian am nächsten gekommen"[1].

Auch die Samen sind eßbar. Die Durione ist der ausgeprägteste Vertreter einer „Duftfrucht", die in ihrer Verbreitung an Tiere angepaßt ist.

Zur Reifezeit stellen alle Tiere der Durianfrucht mit wilder Gier nach, angeblich nicht nur ihres Geschmackes wegen, sondern auch weil ihr Genuß einen starken erotischen Reiz ausübt. „Anscheinend kann keine Tierart dieser Frucht widerstehen. Der Elefant rollt sie unter seinen Füßen hin und her, bis die scharfen Stacheln stumpf werden, öffnet sie, indem er leicht auf sie tritt, und frißt erst die Fruchtmasse und dann die Schale. Das Rhinozeros, der Tapir, das Wildschwein, der Büffel und der Hirsch stampfen darauf herum, bis sie sich öffnet. Der Bär, der Leopard und die kleineren Katzen reißen sie mit ihren scharfen Krallen auf" (CHARLES MAYER). Affen stellen der Frucht schon auf dem Baume nach, wenn sie noch nicht abgefallen ist; der kleinste Riß in der Fruchtschale genügt ihnen zum Öffnen. Noch nicht genügend geöffnete Früchte drehen und beißen sie ab und lassen sie zu Boden fallen; ein wütendes Kreischen erheben sie, wenn ein anderes Bodentier ihnen die herabgefallene Frucht fortschleppt, bevor sie trotz ihrer sprichwörtlichen Geschwindigkeit dahin gelangen konnten. Mit Hilfe abgerichteter Affen ernten die Eingeborenen mitunter die Durionen, deren Beliebtheit so groß ist, daß sich um den Besitz wilder Duriobäume zuweilen blutige Kämpfe abspielen, bei denen es ohne Tote und Verwundete nicht abgeht.

Das Fruchtmus der Durionen ist der wesentliche Bestandteil eines unter dem Namen „Lukutate" neuerdings in den Handel gebrachten „Verjüngungsmittels".

---

[1] Der Kampf um die Durianfrucht; Übertragung von E. B. SCHIFFER-WILLIAMS, Berlin, 18. Januar 1927.

B. Trockenfrüchte.

Während die Saftfrüchte wegen der Vergänglichkeit ihres Fruchtfleisches oder der Samenmäntel zum sofortigen Verzehren bestimmt sind und sich zur Einsammlung als Wintervorrat nicht eignen, können die Trockenfrüchte und die in ihnen enthaltenen trockenen Samen jahrelang aufbewahrt werden. Die Keimfähigkeit der meisten Samen von echten Trockenfrüchten vergeht erst nach längerer Zeit; sie halten sich mitunter jahrzehntelang, wenn sie nicht reich an Eiweiß oder Fetten und Ölen sind, die sich schon nach kürzerer Zeit zersetzen. Auf diese Vorratsfrüchte und -Samen, die mit bestimmter Absicht einen Wintervorrat zu schaffen von Tieren gesammelt werden, wollen wir später im Zusammenhang mit den synzoischen Pflanzenorganen näher eingehen. Hier wollen wir nur solche Früchte und Samen besprechen, die nicht als Vorrat dienen, sondern sofort verzehrt werden und trotzdem noch für die Verbreitung der Pflanze in Frage kommen.

1. Von Vögeln verbreitete Trockenfrüchte und Samen. Die Körnerfresser unter den Vögeln pflegen die Nahrung so zu zerkleinern, daß sie für die Verbreitung der Pflanze ausfallen. Die mechanische Zertrümmerung der schützenden harten Hüllen der Früchte und Samen legt die inneren Teile so weit frei, daß sie zumeist vollkommen verdaut werden. Zur Erhöhung der mechanischen Wirkung der Zerkleinerung verschlucken viele Körnerfresser noch kleine Steinchen, die dann im Magen zermahlend wirken, so daß die chemische Einwirkung der Verdauungssäfte den Zerstörungsprozeß vollendet. Die Verhältnisse liegen hier insofern ganz anders als bei den Saftfrüchten, als die Einbettung in mitverschluckte weiche Fruchtteile fortfällt. Für die Verbreitung solcher Früchte und Samen spielen die Vögel nur insofern eine Rolle, als sie beim Absuchen oder Zerkleinern von Fruchtständen oder mehrsamigen Früchten einige verlieren, die dann fern vom Platz der Aufsammlung ihrem Schnabel entgehen und somit ihren eigentlichen Zweck, der Erhaltung der Pflanzenart zu dienen, noch erfüllen können.

Es gibt aber auch eine Anzahl von Trockenfrüchten, die von den Vögeln verzehrt werden und trotzdem noch der Verbreitung und Erhaltung der Art dienen können. Hierher gehören z. B. einige Pflanzen mit kopfigen Fruchtständen, die aus sehr kleinen trockenen Schließfrüchten zusammengesetzt sind, z. B. die Fruchtstände von *Ranunculus aquatilis* und anderen Wasserhahnenfußarten, von *Ranunculus sceleratus* und anderen. Wie die Untersuchung des Kropfinhaltes erlegter Wildenten gezeigt hat, werden diese Früchte oft in großen Mengen verschlungen. Es ist wohl anzunehmen, daß die in den kleinen, trockenen Schließfrüchten geborgenen Samen wenigstens zum Teil unbeschädigt den Weg durch Magen und Darm nehmen werden und dann, mit der Losung abgesetzt, noch keimen können. Da die Wasservögel ihre Nahrung nicht oder nur wenig zerkleinert verschlingen, können sie auch auf diesem Wege bei der Verbreitung von Pflanzen eine Rolle spielen. In ähnlicher Weise werden gelegentlich vielleicht auch noch andere Wasser- und Sumpfpflanzen durch Wasservögel verbreitet werden, z. B. Laichkräuter, Froschlöffel, Froschbiß, Pfeilkraut u. a.

Zur endozoischen Verbreitung durch Vögel eignen sich auch die Früchte und Samen vieler Gräser, z. B. der Schwaden- (*Glyceria-*) Arten, die vermutlich auch von Wasservögeln gefressen werden. Daß viele harte, mehlreiche Samen, z. B. von Leguminosen von Vögeln gefressen, wenigstens hin und wieder unbeschädigt den Tierkörper wieder verlassen können, ist wohl anzunehmen.

Daß Fruchtstände (Zapfen) von Nadelhölzern durch Vögel bei der Nahrungssuche verschleppt werden, ist eine bekannte Tatsache. Spechte, Häher, Kreuzschnäbel, Gimpel (Hakengimpel) nähren sich namentlich im Winter mit Vorliebe von den Früchten und Samen von Kiefern, Fichten und anderen Koniferen. Namentlich der Nußhäher spielt bei der Verbreitung mancher Nadelhölzer, besonders der Arve (*Pinus cembra*), eine erwiesenermaßen große Rolle. Werden diese Vögel bei ihrer Mahlzeit gestört, so lassen sie die Zapfen fallen und fliegen davon. Die ihren Schnäbeln entgangenen Samen können dann am Platze des Niederfallens zur Keimung gelangen. Für die Zirbelkiefer, deren schwere und große Samen ja im Gegensatz zu denen anderer *Pinus*-Arten nicht an die Verbreitung durch den Wind angepaßt sind, ist die Verbreitung durch Vögel von größter Bedeutung.

2. Von Säugetieren verbreitete endozoische Trockenfrüchte und Samen. Endozoische Verbreitung von Trockenfrüchten und deren Samen durch Säugetiere ist augenscheinlich sehr selten, im Gegensatz zu der häufigen synzoischen Verbreitung (vgl. unten!), die wir hier nicht ins Auge fassen wollen. In Frage kommen hier nur die Früchte einiger Leguminosenbäume der wärmeren Länder, wie *Tamarindus indica, Cassia*-Arten, *Ceratonia siliqua*, des Johannisbrotbaumes, und vielleicht die Gleditschien (*Gleditschia*-Arten). Die beiden erstgenannten Bäume besitzen trockene, mehr oder weniger lederige Hülsen, die im Innern ein süßes oder süßsäuerliches Fruchtmus enthalten, das Tieren, insbesondere wohl Affen, Nagern und anderen Fruchtfressern und guten Kletterern mit kräftigem Gebiß zur Nahrung oder Näscherei dient. Die Samen selbst sind steinhart und entgehen vermutlich, auch wenn sie den Verdauungstrakt der Tiere passieren, der Zerstörung. Bei dem Johannisbrotbaum, *Ceratonia siliqua* L., einem kleinen bis mittelgroßen Baum des Mittelmeergebietes, enthalten die harten, braunen Hülsen im reifen Zustande bis zu 50 vH Rohrzucker, 1,8 vH Gerbsäure neben anderen Bestandteilen, darunter auch 1,3 vH freie Buttersäure, die den Früchten einen unangenehmen Geruch verleiht. Seinen Namen hat der Baum, der in den Steppen und Wüsten des östlichen Mittelmeergebietes häufig ist, davon, daß Johannes der Täufer in der Wüste von diesen Früchten gelebt haben soll. Die zusammengedrückt-eiförmigen Samen sind sehr hart und mit sehr dicker, ganz platter Samenschale versehen und hierdurch gegen Beschädigungen beim Verzehren der Früchte geschützt. Da sie auf sehr dünnen Stielchen sitzen, lösen sie sich in der reifen Frucht los und liegen dann meist lose in den kleinen Höhlungen, welche die Frucht für jeden einzelnen Samen enthält. Beim Verzehren der Früchte werden die Samen daher meist herausfallen und so der Gefahr der Zähne entgehen oder, wenn sie mit verschluckt werden, doch

unbeschädigt bleiben. Der eigenartige, durch den Gehalt an Buttersäure verursachte Geruch der Früchte läßt darauf schließen, daß Nasentiere als Verbreiter in erster Linie in Frage kommen. LANGKAVEL[1] berichtet, daß der ägyptische Flughund *Cynonycteris Geoffroyi* TEMM. den
Früchten besonders eifrig nachstellt. Vermutlich werden die Früchte
auch von Nagetieren gefressen, die ja in der Heimat des Johannisbrotbaumes zahlreich vertreten sind. Beobachtungen hierüber fehlen. Daß
die Früchte von Tieren gefressen werden, geht schon daraus hervor, daß
sie in manchen Gegenden als Viefutter dienen.

3. Von Fischen verbreitete Früchte und Samen. Daß auch die
Fische an der endozoischen Verbreitung von Früchten und Samen teilnehmen, ist durch die Untersuchungen von HOCHREUTINER[2] erwiesen.
Durch Fütterungsversuche stellte er fest, daß Samen von Wasserpflanzen
den Verdauungskanal der Fische unbeschädigt und keimfähig verlassen,
wenn sie nur gegen mechanische Zerstörung und gegen die Einwirkung
der Verdauungssäfte, besonders Salzsäure geschützt sind. Eine allzu
große Bedeutung kommt dieser Form der endozoischen Verbreitung
wohl nicht zu, weil die meisten Früchte und Samen der Wasserpflanzen
durch ihre Schwimmfähigkeit oder Verschleppung durch Wasservögel
oder in und am Wasser lebende Säugetiere bessere und wirksamere Verbreitungsmöglichkeiten besitzen. Immerhin kann durch Fische in fließenden Gewässern eine stromaufwärts gerichtete Verbreitung erfolgen,
wogegen die Schwimmfähigkeit in erster Linie eine Verbreitung strom-
abwärts bewirken wird.

Wenn wir die in diesem Abschnitt über endozoische Verbreitung erwähnten Frucht- und Samenformen überblicken, so zeigt sich, daß auch
hier eine ganz überraschende Mannigfaltigkeit herrscht. Doch sind wir
über die als Verbreiter der Früchte in Frage kommenden Tiere meist
noch recht schlecht unterrichtet. Namentlich liegen aus den Tropen nur
wenige sichere Beobachtungen vor. Wir sind daher vielfach auf Ver-
mutungen angewiesen, für die uns der Bau der Früchte und Samen
Hinweise gibt. Es wird wohl noch lange dauern, bis wir bei vielen der
vorstehend besprochenen Fruchtformen Klarheit über die verbreitenden
Tiere haben werden. Wird schon in unserer heimischen Pflanzenwelt die
Fruchtbiologie oft recht stiefmütterlich behandelt, so gilt dies für die
Tropenfrüchte in viel höherem Maße. Es bleibt hier der biologischen
Forschung noch ein reiches und anziehendes, aber schwieriges Arbeits-
gebiet. Den als Sammler hinausziehenden Reisenden und Forschern
fehlt es ja meist an Zeit zu genauen Beobachtungen. Zudem erfordert
die Fruchtbiologie in den Tropen sehr umfangreiche botanische und
zoologische Vorkenntnisse. Besonders erschwert werden die Beobachtungen dadurch, daß die Fruchtfresser, die in erster Linie für die Verbreitung der tropischen Früchte und Samen in Frage kommen, zumeist

---

[1] Nach HUTH, E.: Die Verbreitung der Pflanzen durch die Exkremente der
Tiere 1889.

[2] Dissémination des graines par les poissons, in Bulletin de Laboratoire de
Botan. générale *3*. 1899.

scheue Tiere und großenteils Nachttiere sind. Die bisher vorliegenden Beobachtungen beschränken sich daher auf tropische Obstfrüchte, die auch dem Menschen als Nahrung dienen, und gelegentliche Beobachtungen an einigen Kulturpflanzen. Über deren Schädlinge sind wir meist besser unterrichtet, als über ihre Nützlinge, die natürlichen Verbreiter ihrer Früchte und Samen.

b) Synzoische Früchte und Samen.

Eine ganze Reihe von Tieren sammelt Früchte und Samen nicht nur zum sofortigen Verzehren, sondern um sich einen Lebensmittelvorrat für ungünstige Zeiten oder zur Ernährung ihrer Nachkommenschaft zusammenzutragen. Das treffendste Beispiel hierfür ist der Hamster, dessen Sammeleifer ganz außerordentlich groß ist und der oft genug mehr zusammenschleppt, als er verzehren kann. Seine Tätigkeit ist so allgemein bekannt, daß sie sprichwörtlich geworden ist. Aber auch viele andere Nagetiere, besonders Eichhörnchen und Mäuse, sammeln Wintervorräte und wirken dadurch für die Verbreitung der Pflanzen.

Von Vögeln sind Sammler besonders die Häher (Eichel-, Nußhäher), Spechtvögel, Rabenvögel u. a. Sie schleppen wie die Nager Früchte und Samen zu Lagern zusammen, die oft genug vergessen werden. Für die natürliche Verjüngung unserer Wälder ist diese Sammeltätigkeit von Bedeutung. In nördlicheren Breiten spielt der Nußhäher und Unglückshäher eine bedeutende Rolle bei der Verbreitung der Zapfen der Arven (*Pinus cembra* L.) und anderer Nußfrüchtler.

Eine ganz besonders wichtige Rolle spielen jedoch die Ameisen, deren Tätigkeit schon in unseren Breiten recht ins Gewicht fällt. In den Tropen, wo es zahllose Arten und gewaltige Scharen dieser nützlichen, mitunter aber auch recht schädlichen Kerfe gibt, ist ihre Tätigkeit von so großer Bedeutung für die Verbreitung der Pflanzen, daß die Entstehung besonderer Pflanzengemeinschaften ihrem emsigen, bewußten und klugen Sammeleifer zu danken sind (vgl. „Ameisengärten").

A. Säugetiere und Vögel als Sammler und Verbreiter von Früchten und Samen.

Früchte und Samen, die, ohne zu verderben, als Lebensmittelvorrat dienen sollen, müssen wasserarm und gegen das Eindringen von Feuchtigkeit in ihr inneres Gewebe geschützt sein. Die inneren Gewebe, Nährgewebe der Samen, dürfen keine leicht der Selbstzersetzung oder Fäulnis unterliegenden Stoffe enthalten. Daher ist häufigster Reservestoff Stärke in verschiedenen Ausbildungsformen; außerdem sind Fette und Öle und auch gewisse beständigere Eiweißverbindungen als Reservestoffe nicht selten. Je wasserärmer und reicher an reiner Reservestärke die Früchte und Samen sind, um so besser halten sie sich unverändert und bewahren selbst nach jahrzehntelanger trockener Lagerung ihre Keimfähigkeit.

War schon bei den endozoischen Früchten ein besonderer Schutz der Samen gegen die Einwirkung des Tierfraßes notwendig, so gilt dies für die synzoischen Früchte und Samen in erhöhtem Maße. Daher finden wir bei allen derartigen Formen Schutzhüllen aus meist steinharten verholzten Geweben als schützende Hülle für den Kern mit den Nährgeweben. Es gehören demnach kräftige Schnäbel oder scharfe Zähne dazu, um derartige Früchte und Samen zu öffnen, wie alle Nußarten, Eicheln, Bucheckern, echte Kastanien u. a. Als Schutz gegen vorzeitiges Verzehrtwerden sind mannigfache Schutzvorrichtungen vorhanden, welche die heranreifenden Früchte unsichtbar oder durch ungenießbare Gewebe unzugänglich machen. Einige Haupttypen sollen kurz besprochen werden.

Der „Walnußtypus", vertreten durch die Fruchtformen der *Juglans-* und *Carya-*Arten aus der Familie der Walnußgewächse, zeigt folgenden Bau: Die Frucht ist eine große Steinfrucht mit fleischiger Außenschicht, an deren Bildung auch die angewachsene Blütenhülle beteiligt ist, und steinharter, runzeliger, unvollkommen zwei- oder vierfächeriger Innenschicht. Der eingeschlossene Samen ist groß, mit ölreichem Nährgewebe versehen. Die fleischige Außenschicht ist sehr reich an Harz und Gerbstoffen und im unreifen Zustande ungenießbar, klebrig und bitter. Bei der reifen Frucht trocknet sie ein und platzt; hierdurch wird der Steinkern, die „Nuß" zugänglich. Als Verbreiter kommen in Frage Häher, besonders der Nußhäher, Eichkätzchen u. a.

Als zweiten Typus wollen wir den „Haselnußtypus" bezeichnen, repräsentiert durch die Haselnuß (*Corylus avellana* L.) und deren Verwandte, wie Lambertsnuß (*C. tubulosa* WILLD.), Baumhasel (*C. colurna* L.) u. a. Die Frucht ist hier eine einsamige Schließfrucht mit harter, holziger Schale, gekrönt von den Resten der Blütenhülle, umgeben von den sich laubig vergrößernden, zu einer besonderen Hülle verwachsenden Vorblättern. Diese Hülle ist bei manchen Haseln, z. B. *Corylus ferox*, sehr stark drüsig-klebrig, bei unserer gewöhnlichen Hasel nur schwächer mit klebrigen Drüsenhaaren besetzt. Sie dient den noch unreifen Samen als Schutz gegen vorzeitigen Verzehr. Später wird sie trocken und klebt nicht mehr. Die reifen Samen enthalten in den Keimblättern reichlich fettes Öl, aber keine Stärke.

Der dritte Typus umfaßt die Eicheln von *Quercus* und *Pasania*; wir wollen ihn als „Eicheltypus" bezeichnen. Die eigentliche Frucht ist eine einsamige Schließfrucht wie bei *Corylus*, mit harter, hornig-holziger Schale bei *Quercus* und den meisten *Pasania*-Arten, oder mit einer Steinschale, die an Walnüsse erinnert, bei den *Pasania*-Arten der Sektion *Lithocarpus* MIQ. Schutzgebilde der jungen Frucht ist der „Becher", das Eichelnäpfchen (Cupula), das die junge Eichel eng umschließt, stets durch sehr hohen Gerbstoffgehalt ausgezeichnet ist, und dessen Außenseite mit starren, holzigen Schuppen besetzt ist, die bei den Eichen einzeln abstehen (z. B. *Quercus vallonea*) oder anliegen (*Quercus pedunculata, Q. sessiliflora* u. a.), bei den Pasanien oft zu starren Ringen verwachsen sind. Erst zur Reifezeit wird die Schließfrucht frei, so daß sie größtenteils oder fast ganz aus dem Näpfchen herausragt und schließlich leicht herausfällt. Die Keimblätter der Samen enthalten fast nur Stärke. Sammler und Verbreiter der Eicheln sind vorherrschend Vögel, besonders Häher und Spechte, die sich an versteckten Plätzen, z. B. in

Baumhöhlen, ganz erhebliche Mengen von Eicheln zusammenschleppen. Die verhältnismäßig dünnen Fruchtwandungen sind durch Schnabelhiebe ziemlich leicht zu öffnen. Aber auch die Nager, besonders Eichhörnchen, schleppen die Eicheln haufenweise zusammen.

Als vierten Typus wollen wir den „Bucheltypus" bezeichnen, der sich dem „Eicheltypus" eng anschließt, aber dadurch von ihm unterscheidet, daß die Schutzhülle der Früchte mehrklappig aufspringt, gleichzeitig mehrere Früchte umschließt und daß die Samen als Reservestoff auch reichlich fettes Öl enthalten. Hierher gehören die Früchte der Buchen (*Fagus*-Arten), von *Nothofagus* (der antarktischen Buche), der echten Kastanien (*Castanea*) und verschiedener *Pasania*-Arten. Allen hierhergehörigen Früchten gemeinsam ist, daß der Fruchtbecher, der die Früchte bis zur Reife ganz umschließt, gerbstoffreich und außen mit mehr oder weniger langen und starren Stacheln besetzt ist. Namentlich bei den echten Kastanien ist die stachelige Bewehrung sehr kräftig entwickelt. Die Früchte sind demnach „Igelfrüchte" mit stacheligem Wehrgewebe gegen vorzeitigen Fraß.

Als „Mandeltypus" wollen wir einen Fruchttypus bezeichnen, der allerdings morphologisch recht verschiedenartige Gebilde umfaßt: die Mandeln und Erdnüsse (vgl. oben S. 33). Gemeinsam ist aber beiden Fruchtformen eine zwar derbe, jedoch nur schwach holzige Hülle, die sich verhältnismäßig leicht zertrümmern läßt, und locker liegende ölreiche Samen. Bei den Mandeln stellt die Hülle den „Steinkern", das holzig-korkige Endokarp einer Steinfrucht dar, deren Fleisch nur schwach entwickelt ist und bei der Reife der Früchte platzt; bei den Erdnüssen ist die Fruchthülle die holzig-korkige Fruchtwandung der Hülse einer Leguminose. Biologisch sind beide Fruchtformen dadurch verschieden, daß die Mandeln wie alle anderen Früchte, in der Krone der Bäumchen entstehen, die Erdnüsse dagegen in der Erde gebildet werden. Als Verbreiter der Mandeln kommen in erster Linie Vögel, Häher, Spechte u. a. in Frage, daneben wohl auch Nagetiere; die Erdnüsse werden vermutlich wohl durch erdbewohnende Nager, wie Mäuse, Ratten, Erdhörnchen gesammelt und verbreitet. Ob sie auch durch Vögel verbreitet werden, ist nicht bekannt; als Papageifutter sind sie beliebt.

Wir wollen hier noch einige Fruchtformen anschließen, die nußartig gebaut und an die Verbreitung durch Vögel und Säugetiere angepaßt sind: die Früchte einiger Kompositen, insbesondere der Sonnenblumen, *Helianthus annuus* L,. und die Zirbelnüsse, die Samen der Zirbelkiefer, *Pinus cembra*. Beide sind, wie die Beobachtung lehrt, von Vögeln und kleineren Nagern sehr begehrt. Beiden gemeinsam ist eine harte, glatte Frucht- bzw. Samenschale und ein großer ölreicher Same. Die Früchte der Sonnenblumen, die aus einem unterständigen Fruchtknoten hervorgehen, sind im Gegensatz zu den meisten anderen Kompositenfrüchten mit einem so kleinen „Pappus" versehen, daß dieser für die Verbreitung durch den Wind nicht in Frage kommt. Andere Verbreitungseinrichtungen fehlen. Der dichte Stand der Früchte, die von den vertrocknenden Resten der Blumenkrone bedeckt sind, schützt sie vor vorzeitigem Verzehrtwerden. Zur Reifezeit senkt sich der ganze Fruchtstand, so daß die dann ganz locker auf dem fleischigen Fruchtboden sitzenden Früchte bei Bewegung der ganzen Pflanze herausgeschleudert werden, wenn sie nicht vorher von Vögeln oder Nagern fortgeschleppt wurden. Als besonders eifrige Gäste beim Besuch der Sonnenblumen kann man zur Reifezeit der Früchte Scharen von Meisen und Finken beobachten. Kleine Nager können bei dem Überhängen des ganzen Fruchtstandes nur schwer zu den Früchten gelangen. Vielleicht dient der fleischig-schwammige Fruchtboden als Ablenkung ungebetener Gäste von den Früchten; an ihn gelangen aufkletternde Nager, bevor sie an die Früchte heran können.

Es würde zu weit führen, hier auf die zahllosen verschiedenen Formen nußartiger Früchte näher einzugehen; die erwähnten Typen müssen uns hier genügen.

Einer Frucht- und Samenform müssen wir hier jedoch noch besonders gedenken, nämlich von *Aesculus*, der Roßkastanie, die ja als Zierbaum allbekannt wird. Am häufigsten angepflanzt wird bei uns die gemeine Roßkastanie, *Aesculus hippocastanum* L., ein prächtiger Baum, der in der Tertiärzeit auch in unseren Wäldern verbreitet und heimisch war, durch die Eiszeit über die Alpen und Karpathen nach Südosten verdrängt, sich nur in Griechenland als wilder Waldbaum bis in die Gegenwart erhalten hat. Während die meisten anderen Waldbäume nach der Eiszeit wieder nach Mittel- und Nordeuropa zurückwanderten, blieb die Roßkastanie dort; sie fand den Weg zu uns nicht zurück. Erst der Mensch brachte diesen schönen Baum im 16. und 17. Jahrhundert wieder in sein altes Heimatgebiet. Wegen ihrer mehlreichen Samen wird sie gern in wildreichen Forsten angepflanzt zur Äsung des Dam- und Rotwildes während des Winters. Mutatis mutandis gleicht der Fruchtbau dem oben beschriebenen „Bucheltypus", insbesondere den Formen der Edelkastanie *Castanea sativa*. Wir haben es auch hier mit einer „Igelfrucht" zu tun, nur daß die Rolle des Fruchtbechers von *Castanea* hier bei *Aesculus* die Fruchtwandung selbst übernommen hat und der Frucht von *Castanea* hier die sehr großen Samen entsprechen.

Als Typen anderer Früchte und Samen, die auch auf synzoische Verbreitung abgestimmt, vorzügliche Speisefrüchte darstellen und dementsprechend von Tier und Mensch genutzt werden, sei hier nur auf die Früchte der Gräser und die Samen der Leguminosen hingewiesen. Welch gewaltige Mengen von Getreide die Hamster und Feldmäuse in ihre Winterquartiere schleppen, ist bekannt. Auch mit Hülsenfrüchten decken sie sich gern für den Winter ein, wenn sie dieser habhaft werden können. Es ist wohl nicht nötig, auf diese bekannten Frucht- und Samenformen hier näher einzugehen; soweit sie auch als Gebilde, die von den Ameisen verschleppt werden, wichtig sind, werden wir ihrer im folgenden Abschnitt gedenken.

Wie die vorstehenden Ausführungen zeigen, sind die synzoischen Nußfrüchte fast ausschließlich auf Pflanzen der Wälder und Gebüschformationen beschränkt. Es sind also vorherrschend Waldpflanzen und in den gemäßigten Zonen besonders Gehölze, Gebüsche und kleinere bis große Waldbäume. Sie gehören demnach der Gebüschschicht, unteren und oberen Waldschicht unserer Wälder an, während sie bei uns in den Feldschichten und in der Bodenschicht fast ganz fehlen. Die Verhältnisse liegen demnach etwas anders als bei den auf endozoische Verbreitung eingestellten Saftfrüchten, die in unseren Wäldern vornehmlich in den Feldschichten, der Gebüschschicht und unteren Waldschicht verbreitet sind. Dies erklärt sich aus den biologischen Beziehungen: in den Vegetationsschichten, in welchen die synzoischen Nußfrüchte bei uns vorherrschen, halten sich ihre Verbreiter besonders auf. Es sind dies größere Vögel mit stärkeren Schnäbeln, die ohne allzugroße Mühe die harten Schalen der Nußfrüchte zertrümmern können und welche diese Früchte als Wintervorrat einsammeln: Eichelhäher, Nußhäher, Unglückshäher, Spechte, Kleiber. Sie sind daher als die wichtigsten Verbreiter der Nußfrüchte anzusehen. Ihre Tätigkeit kommt dem Walde zugute, da durch sie eine Entfernung der schweren Früchte von den Mutterbäumen auf oft recht beträchtliche Strecken bewirkt wird. Wir sehen daher ähnlich wie bei den endozoischen Saftfrüchten Gehölze mit synzoischen Nußfrüchten oft genug an Standorten auftreten, an die sie nur mit Hilfe der Vögel gelangt sein können, z. B. Eichen, Haseln und Arven an unzugänglichen schroffen Felsen. Die nußfressenden Vögel sind demnach für die natürliche Verjüngung der Wälder und die Verbreitung der Gehölze auf weitere Entfernungen hin von größter Bedeutung. Für Verbreitung auf geringere Entfernung wirken dagegen die nußsammelnden Nager, bei uns in erster Linie die Eichhörnchen und die nußfressenden höheren Säugetiere, Wildschweine, Hirsche und Rehe. Die Bedeutung des Wildes für die Verbreitung dieser Früchte kann nur sehr gering sein und sich auf gelegentliche Verschleppung auf kleinere Entfernung beschränken, da das Wild ja nicht zu den Nußsammlern gehört und die verzehrten Früchte für die Verbreitung verloren gehen.

Die kleineren nußartigen Früchte, wie die der Gräser, Riedgräser, Kompositen und anderer Pflanzen sind hauptsächlich in den Feldschichten der Wälder und Gebüschformationen verbreitet. Wenn wir die hierher gehörigen Kulturpflanzen des Menschen (Getreide, Leguminosen u. a.) und die an die Verbreitung durch Ameisen angepaßten Formen (Myrmekochoren) hier ausschalten, bleiben nur wenige Arten übrig, wie *Elymus europaeus*, *Triticum repens*, *Brachypodium* und einige andere Waldgräser, die Samen mancher Schmetterlingsblütler, wie manche *Lathyrus-*, *Vicia*-Arten u. a. Als deren Einsammler und Verbreiter kommen körnerfressende Vögel und kleinere Nager, wie Mäuse u. a. in Frage.

B. *Ameisen als Sammler und Verbreiter synzoischer Früchte und Samen (Myrmekochorie).*

Daß die Ameisen als emsige Sammler auch den Früchten und Samen vieler Pflanzen nachstellen, ist seit langer Zeit bekannt. MOGGRIDGE (1873) und Mc.COOK (1879) wiesen zuerst auf die Tätigkeit der körnersammelnden Ameisen des Mittelmeergebietes hin. Aus den Tropen lagen schon viel früher dahingehende Beobachtungen vor: bereits 1835 veröffentlichten SYKES und 1851 JERDON Beobachtungen hierüber aus Indien, 1861 BUCKLEY und 1862 LINCECUM aus Nordamerika. Aber erst viel später wurde die große Bedeutung dieser Tätigkeit der Ameisen für die Verbreitung der Pflanzen erkannt. KERNER (1895) und F. LUDWIG (1899) wiesen zuerst darauf hin, daß auch in Mitteleuropa eine ganze Anzahl von Pflanzen vorkommt, für welche die Sammeltätigkeit der Ameisen von großem Nutzen ist, weil andere Verbreitungsmöglichkeiten ihnen fehlen. Die erste große Arbeit, welche die biologische und pflanzengeographische Bedeutung der Ameisen Europas zusammenfassend darstellt, war SERNANDERs Monographie der europäischen Myrmekochoren, die 1906 erschien. Angeregt durch diese Arbeit hat der Verfasser dieses Buches die Myrmekochoren der Flora Deutschlands untersucht und seine Beobachtungen 1919 veröffentlicht[1]. Aus den Tropen liegen zahlreiche Beobachtungen einzelner Forscher vor, die der nordamerikanische Ameisenforscher WM. M. WHEELER in gemeinsamer Arbeit mit J. BEQUART, J. W. BAILEY und anderen Forschern 1921/22 in einer sehr umfangreichen Arbeit: Ants of the American Museum Congo Expedition. A Contribution to the Myrmecology of Africa zusammengefaßt hat. Bei der Allgegenwärtigkeit der Ameisen in den Tropen ist anzunehmen, daß auch hier mannigfache Anpassungen der Pflanzen an die Ameisen als Bestäuber der Blüten, Verbreiter der Früchte und Samen bestehen werden, vermutlich in größerem Umfange als in den gemäßigten Zonen, in denen ja die Arten- und Individuenzahl der Ameisen erheblich geringer ist. Abgesehen von einzelnen Forschern, wie J. MILDBRAED, E. ULE u. a., welche die Sammeltätigkeit der tropischen Ameisen auch vom Standpunkte des Botanikers aus betrachteten, fehlt es noch an einer Darstellung der Beziehungen der Myrmekochorie zum Frucht- und Samenbau der tropischen Gewächse. Es bleibt hier der biologischen Forschung noch ein weites Feld, das der Beackerung harrt.

Wir wollen uns zunächst den Myrmekochoren der Pflanzenwelt Europas, insbesondere Deutschlands zuwenden.

Als Myrmekochoren bezeichnen wir Pflanzen, deren Früchte, Samen oder sonstige der Vermehrung und Fortpflanzung dienende Organe durch Ameisen verbreitet werden. Das Wort wurde von SERNANDER geprägt; es entstammt dem Griechischen μύρμηξ (myrmex) = Ameise und χορέω (choreo) = ich gehe, zu deutsch also Ameisenwanderer. Der Ausdruck Myrmekochoren ist in den Wortschatz der Biologie allgemein aufgenommen, auch in anderen Ländern, so daß er Gemeingut geworden ist. Wir werden ihm daher auch den Vorzug geben vor der Verdeutschung. Die Eigenschaft, Früchte oder Samen zu besitzen, die durch Ameisen verbreitet werden, nennen wir dementsprechend „Myrmekochorie", die Pflanze selbst ist „myrmekochor".

Bei vielen Pflanzen kennen wir keine anderen Verbreitungseinrichtungen als die Myrmekochorie; solche Pflanzen nennen wir eigent-

---

[1] ULBRICH, E.: Deutsche Myrmekochoren, Beobachtungen über die Verbreitung heimischer Pflanzen durch Ameisen. Leipzig u. Berlin, Verlag von Theodor Fisher.

liche oder obligatorische Myrmekochoren. Sie sind meist schon auf den ersten Blick an ihrem ganzen Bau, ihrer Haltung vor und nach der Blütezeit zu erkennen. Daneben gibt es aber auch zahlreiche Pflanzen, deren Früchte und Samen von Ameisen gesammelt und verschleppt werden, die aber außerdem noch andere Verbreitungsmittel besitzen; derartige Pflanzen nennen wir fakultative Myrmekochoren. Die Ameisen stellen nun bekanntlich zuckerhaltigen Stoffen und auch Fetten und Ölen gern nach. Es ist daher kein Wunder, daß sie auch Beerenfrüchte und Ölfrüchte, die auf die Verbreitung durch größere Tiere eingestellt sind, gern annagen und zuweilen mit vereinten Kräften in ihren Bau zu schleppen suchen, wie Erdbeeren, Himbeeren, Brombeeren,

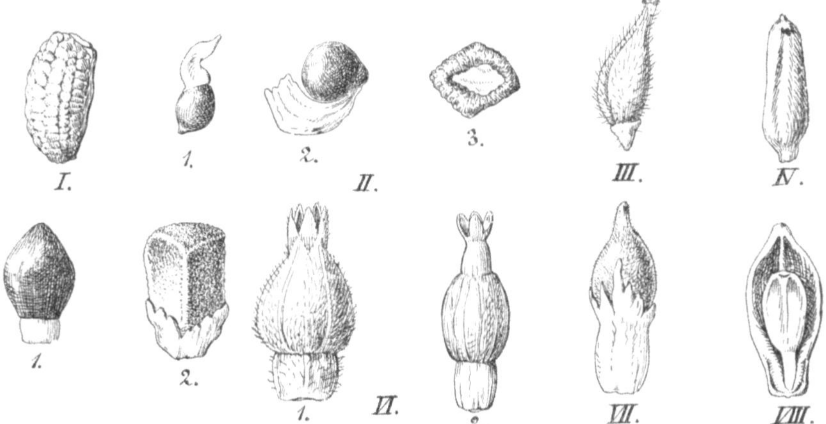

Abb. 18. Samen und Früchte von eigentlichen (obligatorischen) Myrmekochoren. I. *Ornithogalum*-Typus: Samen von *Puschkinia scilloides*. — II. *Viola odorata*-Typus: 1. Samen von *Luzula pilosa*; 2. Samen von *Corydalis cava*; 3. Samen von *Primula acaulis*. — III. *Hepatica*-Typus: Frucht von *Anemone hepatica*. — IV. *Parietaria*-Typus: Scheinfrucht von *Polygonum capitatum*. — V. *Ajuga*-Typus: 1. Frucht von *Myosotis sparsiflora*; 2. Teilfrucht von *Lamium maculatum*. — VI. *Thesium*-Typus: 1. Scheinfrucht von *Aremonia agrimonioides*; 2. Scheinfrucht von *Thesium alpinum*. — VII. *Carex digitata*-Typus. Verbreitungseinheit von *Carex montana*. — VIII. *Melica nutans*-Typus: Verbreitungseinheit von *Melica nutans*. (Aus E. ULBRICH, zum Teil nach SERNANDER.) Vgl. den Text.

Blaubeeren und ähnliche Früchte. Derartige Pflanzen fallen nicht unter den Begriff der Myrmekochoren.

Für alle Myrmekochoren gilt, daß ihre Früchte, Samen oder sonstigen mit diesen Vermehrungsorganen im Zusammenhang stehende Bildungen besondere Eigenschaften besitzen, die sie den Ameisen begehrenswert machen, so daß sie sie einsammeln. In den weitaus meisten Fällen treten an den Früchten und Samen besondere Anhängsel auf, die irgendwelche Stoffe enthalten, denen die Ameisen gern nachstellen. Da es in sehr vielen Fällen fettes Öl ist, nennen wir diese Gebilde „Ölkörper" oder „Elaiosome". Die morphologische Natur dieser Gebilde ist sehr verschieden, worauf bei den im folgenden zu schildernden Hauptformen näher einzugehen sein wird. Für die biologische Seite ist die morphologische Natur nebensächlich, da es ja hier nur auf den Erfolg der Organe für die Verbreitung durch Ameisen ankommt (vgl. Abb. 18).

1. Die eigentlichen (obligatorischen) Myrmekochoren. Die eigentlichen Myrmekochoren sind auf die Verbreitung durch Ameisen vollkommen angewiesen, da sie keine anderen Anpassungen an die Verbreitung durch Wind, Wasser oder andere Tiere besitzen und auch keine Vorrichtungen zur Selbstverbreitung ihrer Früchte und Samen haben. Sie sind leicht kenntlich an folgenden Eigenschaften: sie blühen frühzeitig im Jahre und reifen ihre Früchte und Samen sehr schnell. Da in den nördlichen gemäßigten Zonen die Hauptsammeltätigkeit der Ameisen in den Spätfrühling und Frühsommer fällt, reifen die Früchte und Samen so schnell, daß sie um diese Zeit reif den Ameisen dargeboten werden. Um die Früchte und Samen den Ameisen leicht zugänglich zu machen, werden die Fruchtstiele schlaff oder krümmen und neigen sich zum Boden, oder es wird die ganze Pflanze nach der Blütezeit unter starker Verlängerung ihrer nicht verholzenden Stengel so schlaff, daß sie umsinkt und sich dem Boden auflegt. Die am Boden umherkriechenden Ameisen können dann leicht an die Früchte und Samen heran.

Um den Reifungsprozeß der Früchte und Samen zu erleichtern und beschleunigen, bilden sich sehr häufig in allernächster Nähe dieser Organe assimilierende, grüne Blätter oder Blattorgane aus. Hierdurch wird die zur Reifung der Früchte und Samen nötige Menge von Kohlehydraten in allernächster Nähe der wachsenden und heranreifenden Früchte und Samen erzeugt. Weite Stoffwanderungen sind daher nicht erforderlich. In sehr vielen Fällen wird der Kelch nach der Blütezeit erheblich vergrößert und grün, so daß er bei der Stoffproduktion stark mitwirkt. Fehlt ein Kelch, wie z. B. bei den *Anemone*-Arten, dann vergrößern sich die unterhalb der Blüte am Stengel sitzenden Hüllblätter stark, so daß sie gleich den Laubblättern assimilieren können.

Am schärfsten treten die Merkmale der eigentlichen Myrmekochoren hervor, wenn wir nahe verwandte Arten der gleichen Gattung, von denen die eine myrmekochor, die andere nicht myrmekochor ist, miteinander vergleichen (vgl. Abb. 19). Um aus unserer heimischen Flora bekannte Beispiele zu wählen, seien folgende Arten gegenübergestellt:

nur myrmekochor:	anemochor, nicht myrmekochor:
Anemone nemorosa L.	*Anemone silvestris* L.
Buschwindröschen.	Waldwindröschen.
Früchte mit kurzem, dicken Stielchen, der als Ölkörper dient.	Früchte ohne Ölkörper, dafür mit langen Wollhaaren.
Blütenstiele zur Fruchtzeit nickend, schwach verholzt, nicht verlängert.	Blütenstiele zur Fruchtzeit aufrecht, stark verholzt, sehr verlängert.
Laub-(Hüll)blätter unterhalb der Blüte nach der Blütezeit sich stark vergrößernd.	Laubblätter unterhalb der Blüte sich nicht vergrößernd.
Fruchtreife April—Mai.	Fruchtreife Juli—August.

Bei einer kleinen Anzahl von Pflanzen werden keine äußerlich als Wülste oder Anhängsel an den Verbreitungsorganen erkennbaren Ölkörper gebildet. Die Früchte oder Samen werden aber trotzdem von Ameisen eifrig gesammelt, weil sie im Innern der Frucht- oder Samenschale Stoffe enthalten, die den Ameisen begehrenswert erscheinen. Überdies zeigen diese Pflanzen morphologisch alle den eigentlichen Myrmekochoren eigenen Merkmale.

Abb. 19. Vergleich einer **m y r m e k o c h o r e n** mit einer **n i c h t m y r m e k o c h o r e n**, nahe verwandten Art gleicher Gattung.

A Primula acaulis L., Frühlingsprimel, myrmekochor, mit schnell reifenden Samen, die in Fruchtkapseln auf dünnen, schlaff umfallenden Stielen. umgeben vom laubig vergrößerten Kelche gebildet werden.

B Primula elatior L.., Himmelsschlüssel, **n i c h t myrmekochor**, mit spät reifenden Samen, die in Fruchtkapseln auf stark verlängertem, aufrechtem, kräftig verholzendem Fruchtständer gebildet werden; der Fruchtkelch vergrößert sich nicht. — (Nach E. ULBRICH *8*, S. 9, Abb. 1.)

Hierher gehört der Typus von *Tozzia alpina*, eines eigenartigen Rachenblütlers (*Scrophulariaceae*) aus der Verwandtschaft des Wachtelweizens (*Melampyrum*), der in Deutschland nur in den Bayerischen Alpen in der höheren Voralpenregion bis in die alpine Stufe, zwischen 950 und 2080 m ü. M. verbreitet ist (vgl. Abb. 20). Die Tozzie liebt hier sonnige, lichte Standorte an Alpenbächen, auf kräuterreichen Hängen und findet sich nicht selten in der Nähe der Sennhütten. Unter den saftig-grünen Kräutern ihrer Umgebung fällt sie durch ihre bleichgrüne Färbung auf. Die zur Blütezeit ziemlich kurzen Stengel mit gedrängt stehenden Zweigen und Blättern verlängern sich später sehr stark, und die ganze Pflanze wird schlaff, so daß ihre dünnen Zweige sich mehr und mehr dem Boden zuneigen. Die Früchte sind Kapseln von sehr eigenartigem Bau: Die Fruchtwandung ist sehr dick und zeigt außen eine nur dünne Oberhaut, darunter ein mehrschichtiges, zartwandiges Gewebe, dessen große Zellen mit Stärkekörnern vollgestopft sind. Darunter liegen als innerste Schichten sehr starkwandige, verholzte Zellen, die eine Art Steinkern der sich nur wenig öffnenden Kapsel bilden. Die Ameisen zernagen die zartwandigen, stärkereichen Gewebe der Fruchtwandung; die stark verholzten Zellen der Innenschicht widerstehen aber ihren Kiefern.

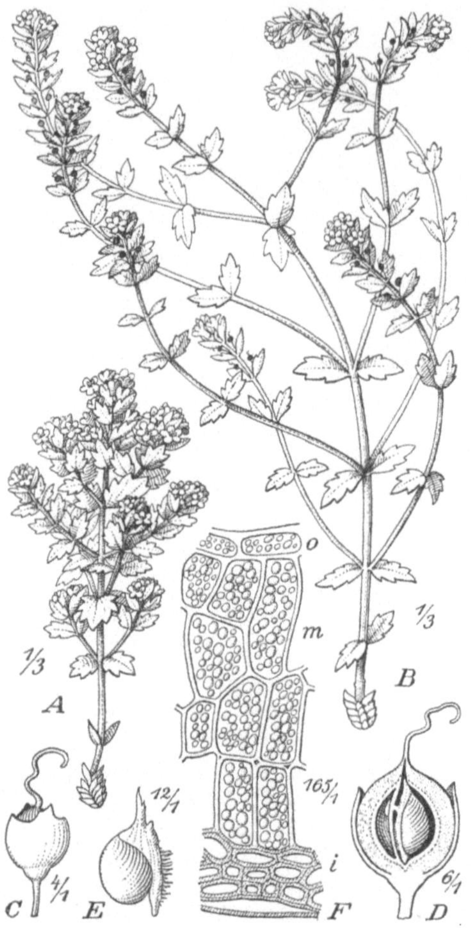

Abb. 20. *Tozzia alpina* L., Alpenrachen. Ausgesprochene Myrmekochore (*Tozzia*-Typus).

A Blühende, *B* fruchtende Pflanze. — *C* Fruchtkapsel umgeben vom vergrößerten Kelche. — *D* Frucht im Längsschnitt. — *E* Samen. — *F* Querschnitt durch die Frucht. Wandung stark vergrößert: *o* Epikarp (Oberhaut). *m* Mesokarp (Mittelschicht); in *o* und *m* alle Zellen dünnwandig und mit Stärkekörnern angefüllt. *i* Endokarp (Innenschicht); Zellen sehr dickwandig, ohne Stärkekörner. — (Aus E. Ulbrich *8*, S. 17, Abb. 3.)

Beim Milchstern, *Ornithogalum*, dem Bärenlauch, *Allium ursinum* und verschiedenen anderen kleinen Liliazeen bildet die ölreiche Oberhaut der Samen den Ölkörper, derentwegen die Ameisen den Samen

begierig nachstellen. Gleich nach der Blüte streckt sich der Stengel
außerordentlich, ohne jedoch zu verholzen; die fruchtenden Pflanzen
fallen daher schlaff um, so daß den Ameisen die Samen leicht zugänglich
werden (vgl. Abb. 21).

Alle übrigen Myrmekochoren zeigen im Gegensatz zu den Arten des
Tozzia- und *Ornithogalum*-Typus deutlich ausgeprägte, leicht wahr-
nehmbare äußerliche Anhängsel an den Früchten, Samen oder auch
an benachbarten Organen, echte Ölkörper, die den Ameisen zur Beute
werden sollen. Die Früchte und Samen sind durch besondere Härte und
oft auch Glätte ihrer Schalen gegen die nagenden Kiefer der Ameisen

Abb. 21. *Ornithogalum umbellatum* L. und *O. nutans* L. Beispiele von Myrmekochoren des
Ornithogalum-Typus.
A—D: Ornithogalum umbellatum L.: *A* blühend, *B* fruchtend, *C* Fruchtkapsel, *D* Samen. —
E, F: O. nutans L.: *E* zwei reife, aufspringende Fruchtkapseln, *F* reifer Samen. Die Samen-
schale ölhaltig; besonderer Ölkörper fehlt. — (Aus E. ULBRICH 8, S. 19, Abb. 4.)

geschützt. Die Ameisen schleppen diese Früchte und Samen in ihre
Bauten, nagen die Ölkörper ab und entfernen sie dann wieder aus ihrem
Bau. Das Abnagen geschieht oft wohl schon unterwegs, die Früchte
und Samen bleiben dann an den Ameisenstraßen liegen, die oft genug
reihenweise mit Myrmekochoren bewachsen sind.

Der bekannteste Myrmekochorentypus ist der, daß die Samen mit
großen Wülsten versehen sind, die als Ölkörper dienen. Wir nennen ihn
den *Viola odorata*-Typus, da beim Wohlriechenden Veilchen die Ausbildung von Samenschwielen als Verbreitungskörper am längsten bekannt ist und schon von A. KERNER beschrieben wurde (vgl. Abb. 1,
S. 2). Dieser Typus ist in unserer Frühlingsflora gar nicht selten; wir
finden Samen mit solchen Schwielen beispielsweise bei den Goldstern-

(*Gagea-*) Arten, bei *Scilla bifolia*, *Luzula pilosa*, beim Schneeglöckchen *Galanthus nivalis*, der Moehringie (*Moehringia trinervia*), beim Schöllkraut (*Chelidonium majus*), den Lerchenspornarten (*Corydalis*), den Veilchen, die keine Schleuderfrüchte besitzen (vgl. oben!), den Frühlingsprimeln (*Primula acaulis*) (vgl. Abb. 18), vielen Ehrenpreis- (*Veronica-*) Arten und vielen anderen. Bei manchen Arten ist die Myrmekochorie so stark, daß Ameisen ihnen vorgelegte Samen binnen wenigen Minuten fortschleppen.

Sehr ähnlich ist der „*Hepatica*-Typus", der darin besteht, daß an der Frucht die Ölkörper auftreten. Derartige Myrmekochoren sind in unserer Flora beispielsweise die Leberblümchen, deren himmelblaue Blütensterne uns als erste Frühlingsboten grüßen (vgl. Abb. 22 *C*), ferner die Windröschen *Anemone nemorosa, A. ranunculoides* und deren Verwandte, ebenso manche Hahnenfußarten, wie das Scharbockskraut *Ranunculus ficaria*, der Goldhahnenfuß *R. auricomus*, die Erdraucharten *Fumaria*, manche Fünffingerkrautarten, wie *Potentilla alba*, das weiße und *P. reptans*, das kriechende Fünffingerkraut u. a.

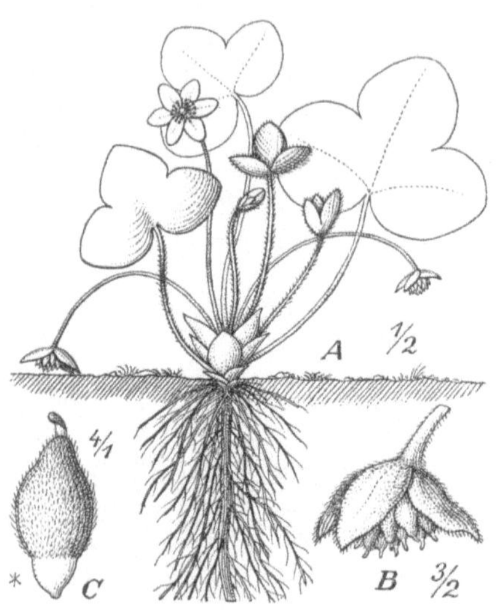

Abb. 22. *Anemone hepatica* L., Leberblümchen. Ausgeprägte Myrmekochore..

A Blühende und fruchtende Pflanze. Die Fruchtstände verlängern sich nach der Blüte, biegen sich bis zum Boden herab, während sich die Hüllblätter der Blüte vergrößern. — *B* Fruchtstand mit den laubig vergrößerten Hüllblättern. — *C* Einzelne, reife Frucht; bei * das zum Ölkörper verdickte Fruchtstielchen. (Aus E. ULBRICH *8*, S. 27, Abb. 10.)

Sehr häufig ist der sogenannte „*Ajuga*-Typus", dem viele heimische Lippenblütler (*Labiatae*) und Borraginazeen angehören, wie z. B. *Ajuga reptans*, der Kriechende Günsel, und seine Verwandten, die wegen ihrer schönen, meist leuchtendblauen Blütenpyramiden auch unter dem Namen „Stolzer Heinrich" bekannt sind, ferner viele Taubnesseln (*Lamium*-Arten), wie *L. album, L. maculatum* und die Goldnessel (*L. galeobdolon*), die Zierde unserer Laubwälder. Unter den Borraginazeen sind bekanntere Vertreter dieses Typus einige Vergißmeinnichtarten, wie *Myosotis sparsiflora* u. a. Vom *Hepatica*-Typus unterscheidet er sich nur durch die morphologische Natur der Früchte.

Abgesehen von einigen selteneren Formen unserer Flora, wie *Parietaria* Glaskraut, *Thesium* Bergflachs oder Vermeinkraut, die eigene Myrmekochorentypen darstellen, sind auch einige Riedgräser (*Carex*-Arten) und echte Gräser, wie die Perlgrasarten, *Melica nutans, M. uniflora*, auf die Verbreitung ihrer Früchte durch Ameisen angewiesen.

Es ist kein Zufall, daß alle bisher genannten Arten, die keine andere

Verbreitungsmöglichkeit als durch Ameisen haben, Vertreter der Frühlingsflora unserer Laubwälder sind. Die gleichmäßige Feuchtigkeit und gleichmäßige Wärme dieser Wälder sagt den Ameisen besonders zu; unsere Laub- und Laubmischwälder sind daher reich an Ameisen, ebenso unsere Fichten- und Tannenwälder, die ganz ähnliche ökologische Verhältnisse aufweisen. Die große Häufigkeit der eigentlichen Myrmekochoren in diesen ameisenreichen Wäldern ist also ein schönes Beispiel für die engen biologischen Beziehungen, die zwischen der Tier- und Pflanzenwelt bestehen. Die Laubwälder der gemäßigten Zonen sind für die Entwicklung der eigentlichen Myrmekochoren sehr günstig: Der den Laubwäldern eigene regelmäßige Wechsel zwischen Belichtung des Bodens zur Zeit der Blattlosigkeit der Waldbäume in Verbindung mit stärkerer Erwärmung nur während des Frühlings und die gleichmäßige Beschattung des Bodens während der wärmeren Jahreszeit bringen es mit sich, daß lichtliebende Arten nur als Frühlingspflanzen auftreten können, während die Sommerflora aus Schattenpflanzen besteht. Daher verwandelt sich der Laubwald im Frühling in einen blühenden Garten: ein Blütenmeer von Windröschen, Goldnessel, Lungenkraut bedeckt den Boden. Unter möglichster Ausnutzung der kurzen Zeit reichlichen Lichtes bringen diese Laubwaldpflanzen ihre Früchte und Samen zur schnellen Reifung, so daß sie bereits im Spätfrühling oder Frühsommer vollreif sind. Um diese Zeit entwickeln die Ameisen ihre emsigste Sammeltätigkeit, weil es gilt, für die heranwachsende Brut Nahrung herbeizuschaffen. Früchte und Samen, die ihnen leicht zugänglich sind und ihnen aus irgendwelchen Gründen begehrenswert erscheinen, werden daher leichter ihre Beute als solche, die an hohen, starren Stengeln schwerer zugänglich sind oder ihnen keine Nahrung bieten. Von der Verschleppung der Früchte und Samen hat die Pflanze den großen Vorteil, daß diese aus dem Bereiche der Mutterpflanze entfernt werden. Eine Beschädigung findet ja nicht statt, weil die Ameisen nur äußere Teile abnagen, die durch besondere harte Gewebe geschützten, wichtigen inneren Teile aber nicht anrühren. Ameisen gibt es bereits seit der Tertiärzeit, ebenso war in dieser Zeit bereits ein großer Teil unserer noch jetzt lebenden Waldpflanzen vorhanden. Die Einwirkung der Ameisen auf die Pflanzen kann sich im Laufe dieser langen Zeit recht wohl bemerkbar gemacht und allmählich zur Ausbildung der Myrmekochoren geführt haben, wie sie in der Gegenwart bestehen.

Wenn auch eine zahlenmäßig genaue Feststellung, wieviel Früchte und Samen die Ameisen verschleppen, unmöglich ist, so können wir uns doch eine ungefähre Vorstellung machen, wenn wir folgende Beobachtungen SERNANDERS in Erwägung ziehen: SERNANDER beobachtete in Schweden einen Staat der auch in unseren Wäldern häufigen Roßameise *Formica rufa.* Stündlich wurden etwa 19 Verbreitungseinheiten (Früchte, Samen und andere Verbreitungsorgane) in den Bau geschleppt. Man darf annehmen, daß nur etwa die Hälfte aller wirklich erfolgten Transporte zur Beobachtung gelangte, da es kaum möglich ist, in dem Gewimmel, das in und bei einem Ameisenhaufen herrscht, alles gleichmäßig zu überblicken. Die Zahl 19 ist daher als sehr niedrig anzusehen. Als Durchschnittszeit eines Arbeitstages der Ameisen kann man 12 Stunden ansetzen, und als durchschnittliche Sammelzeit etwa 80 Tage im Jahre. Auch diese Zahlen sind sehr niedrig, wenn man bedenkt, daß die Ameisen von Sonnenaufgang bis Sonnenuntergang ununterbrochen sammeln und im Mai/Juni diese Zeit ganz erheblich mehr als 12 Stunden dauert; allerdings fallen Regentage aus, weil sich die Ameisen dann in ihrem Bau halten. Dementsprechend ist auch die angenommene Zahl 80 der Sammeltage niedrig bemessen. Legt man diese Zahlen der Berechnung zugrunde, so ergibt sich, daß ein mittelgroßer Ameisenstaat der *Formica rufa* alljährlich

$$19 \times 2 \times 12 \times 80 = 36480 \text{ Verbreitungseinheiten}$$

in seinen Bau verschleppt und beim Reinigen des Baues wieder herausschafft. Dies ist eine recht ansehnliche Menge, die allein ein einziger Ameisenstaat befördert. Zu welchen Zahlen gelangt man, wenn man bedenkt, wieviel Staaten ein ameisenreicher Wald beherbergt! Derartige Massentransporte, die seit undenklichen Zeiten in gleicher Weise alljährlich erfolgen, können in der Natur nicht ganz wirkungslos bleiben.

2. Andere Myrmekochoren. Außer den oben geschilderten eigentlichen Myrmekochoren gibt es nun noch sehr zahlreiche Pflanzen, die außer der myrmekochoren noch andere Verbreitungsmöglichkeiten haben. So sahen wir oben schon, daß manche Pflanzen mit Explosionsfrüchten (vgl. S. 49, 56) Samen mit Wülsten und Schwielen besitzen, die erwiesenermaßen von den Ameisen gesammelt und verschleppt werden.

Derartige autochor-myrmekochore Pflanzen sind beispielsweise manche *Viola*-Arten, wie *V. mirabilis*, *V. tricolor* u. a., einige Wolfsmilcharten, z. B. *Euphorbia dulcis*, *E. lathyris*, *E. segetalis*, *E. peplus*, *E. helioscopia* u. a. Ferner sind hierher unsere Bingelkräuter zu rechnen, *Mercurialis perennis* und *M. annua*. Auch einige Hülsenfrüchtler gehören hierher, wie z. B. der Besenginster *Sarothamnus scoparius*, dessen Samen mit Wülsten versehen sind (vgl. Abb. 10, Fig. 1*b*, S. 49).

Andere Pflanzen sind gleichzeitig an die Verbreitung durch den Wind und durch Ameisen angepaßt, sind anemochor-myrmekochor, wie unsere Kreuzblumen, *Polygala vulgare*, *P. comosum* u. a. Hier werden die mit Flügeln versehenen Fruchtkapseln durch den Wind, die mit Wülsten versehenen Samen durch Ameisen verbreitet. Auch bei einigen Flockenblumen (*Centaurea*-Arten), Disteln (*Carduus*- und *Cirsium*-Arten), ferner bei manchen Baldriangewächsen (siehe unten: *Fedia*) und den Knautien (*Knautia arvensis* u. a.) kommt anemochor-myrmekochore Verbreitung vor. Bemerkenswert ist, daß bei einigen Kompositen mit myrmekochorer Verbreitung der sonst als Flugorgan dienende „Pappus" stark zurückgebildet ist, so daß er seiner eigentlichen Aufgabe gar nicht mehr gerecht werden kann.

Für alle Pflanzen, die außer der myrmekochoren noch andere Möglichkeiten der Verbreitung besitzen, gilt, daß ihre Myrmekochorie ohne Einfluß bleibt auf ihre Wuchsform und Tracht.

Diese Beispiele zeigen, daß die Myrmekochorie in recht großer Mannigfaltigkeit auch in unserer heimischen Pflanzenwelt entwickelt ist.

Aber auch in anderen Ländern dürfte die Myrmekochorie verbreitet und nicht selten sein.

3. Myrmekochoren der wärmeren Länder. Es ist anzunehmen, daß in den wärmeren Ländern die Zahl der Pflanzen mit mehr oder weniger vollkommener Myrmekochorie größer ist als bei uns und überhaupt in den gemäßigten Zonen. Spielen doch in den wärmeren Ländern die Ameisen eine viel größere Rolle; durch ihre Allgegenwärtigkeit machen sie sich lästig. Jeder Tropenreisende weiß von ihren Wanderungen und Raubzügen zu erzählen; was nicht niet- und nagelfest und in dichten Behältnissen verschlossen ist, wird von ihnen untersucht und zernagt. Die in den Tropen reisenden Forscher werden oft genug in ihrer Arbeit von den Ameisen behindert. Auf jedem Baum und Strauch kriechen sie umher und suchen Eindringlinge in ihr Revier durch Bisse oder Stiche abzuwehren. Selbst in den Kronen hoher Urwaldbäume treiben sie ihr Wesen. Wir kennen aus den Tropen eine große Anzahl von Pflanzen, die den Ameisen Wohnstätten bieten oder ihnen in irgendeiner Form Nahrung liefern. Die „Myrmekophilie", die Gastfreundschaft zwischen Pflanzen und Ameisen, ist ein besonders anziehendes Gebiet der Biologie der Tropen. Es liegt daher nahe, anzunehmen, daß auch die Myrmekochorie,

Abb. 23. Großer Ameisengarten von *Camponotus femoratus* (FABR.) bei Manáos in Brasilien.
Der Pflanzenwuchs des Gartens besteht aus folgenden „Ameisen-Epiphyten": Bromeliazee *Streptocalyx angustifolius* MEZ (mit den schmalen, bogigen Blättern), Arazee *Anthurium scolopendrinum* KTH. var. *Poiteauranum* ENGL. (oben auf der Spitze des Gartens), Piperazee *Peperomia nematostachya* LK (weit herunterhängend), Gesneriazee *Codonanthe Uleana* FRITSCH. (Die breitblätterige Pflanze im Garten.)
(Mit Genehmigung der Direktion des Botanischen Museums in Berlin-Dahlem nach einer Originalaufnahme von E. ULE, Sept. 1908.)

die Verbreitung von Früchten und Samen durch Ameisen, in den
Tropen eine größere Rolle spielt.

Schon bei uns macht sich die Myrmekochorie bemerkbar in der
Zusammensetzung mancher Pflanzengemeinschaften, wie in unseren
Laub- und Nadelwäldern, in der Ruderalflora usw. Wenn wir von der
„Ameisenflora" in der nächsten Nähe der Bauten der Ameisen absehen,
in der die Ameisenstraßen mit Myrmekochoren oft geradezu besät sind,
gibt es jedoch bei uns keine Pflanzengemeinschaften, die sich ausschließlich aus Myrmekochoren zusammensetzten. Auch die Flora der
Mauern und die der „Überpflanzen" auf Bäumen, in der sich sehr zahlreiche Myrmekochoren finden, herrschen die Myrmekochoren doch nicht
allein. Daneben treten durch Vögel oder den Wind an ihren Standort
gelangte Pflanzen in meist nicht geringerer Zahl auf.

4. „Ameisengärten". (Die Blumengärten tropischer Ameisen.)
Aus den Tropen der Neuen Welt sind aber höchst eigenartige Pflanzengemeinschaften bekannt geworden, die sich ganz ausschließlich aus Arten
zusammensetzen, die von Ameisen zusammengetragen und regelrecht
zu „hängenden Gärten" gepflanzt werden. ERNST ULE, dem wir viele
wertvolle biologische Beobachtungen aus dem Amazonasgebiete Ostperus
und Brasiliens verdanken, beschrieb „Ameisengärten", die hoch über
dem Erdboden von verschiedenen Ameisen angelegt werden. Daß viele
tropische Ameisen ihre Bauten nicht wie unsere Ameisen auf dem Erdboden, sondern im Stamme, in den Zweigen oder anderen hohlen oder
ausgehöhlten Teilen von Bäumen oder auch auf den Zweigen in den
Kronen der Bäume anlegen, hängt ursprünglich damit zusammen, daß
Überflutung des Bodens durch Hochwasser zur Regenzeit die Anlage
von Bodennestern unmöglich macht. Doch bauen manche großen
Ameisen, wie *Camponotus femoratus* (FABR..) auch außerhalb des Über-
schwemmungsgebietes, auf der „terra firme" der Brasilianer, ihre
Nester hoch oben in den Bäumen. Die Anlage der Nester in Hohlräumen
bietet überdies einen guten Schutz gegen die Angriffe anderer Tiere,
insbesondere der vielen feindlichen Brüder, die beutelüstern den Wald
durchstreifen (vgl. Abb. 15 S. 77, Abb. 23—25).

Die von E. ULE im Amazonasgebiet entdeckten Ameisengärten sind
regelrechte Kulturen ganz bestimmter Epiphyten, deren Früchte und
Samen von den Ameisen gesammelt und kunstgerecht ausgesät werden
(vgl. Abb. 23—25). Die Ameisen gehen dabei folgendermaßen vor. Als
Unterlage für den Garten benutzen sie Astzwiesel, also die Ablaufstellen
dicht zusammenstehender Äste; hier hinein bringen sie Erde, die sie
mit den Früchten und Samen beschicken (vgl. Abb. 25). In dem
Maße, wie diese kleinen und jungen Keimpflanzen heranwachsen, tragen
sie weitere Erdmengen hinzu, so daß sich die Pflanzen wie auf dem
Erdboden entwickeln können. So entstehen kleine Pflanzengemeinschaften aus „Ameisenepiphyten", die je nach den Arten der
Ameisen verschieden groß und auch in der Zusammensetzung der
Gärten verschieden sind. ULE konnte zwei Typen solcher Ameisengärten
in den Überschwemmungswäldern des Amazonas beobachten. Die
Ameise *Camponotus femoratus* (FABR.) baut Gärten, welche die Größe

eines Kürbis erreichen können und aus folgenden Pflanzen bestehen: den Arazeen *Philodendron myrmecophilum* ENGL., *Anthurium scolopendrinum* KTH. var. *Poiteauanum* ENGL., den Bromeliazeen *Streptocalyx*

Abb. 24. Ausgewachsener Ameisengarten von *Camponotus femoratus* (FABR.), beobachtet von E. ULE bei Iquitos in Peru, Juli 1902.
Die Hauptmenge des Pflanzenwuchses bildet die Bromeliazee *Streptocalyx angustifolius* MEZ, daneben die Arazee *Anthurium scolopendrinum* KTH. var. *Poiteauanum* ENGL., die Piperazee *Peperomia nematostachya* LK. und die Gesneriazee *Codonanthe Uleana* FRITSCH.
(Mit Genehmigung der Direktion des Botanischen Museums nach Originalaufnahme von E. ULE.)

angustifolius MEZ und *Aechmea spicata* MART., dem Pfeffergewächs *Peperomia nematostachya* LK., der Gesneriazee *Codonanthe Uleana* FRITSCH und der Kaktee *Phyllocactus phyllanthus* LK. Durch die sehr eigenartigen starren, bogig abwärts gekrümmten, schmalen Blätter von *Strepto-*

calyx sind diese Ameisengärten schon aus großer Entfernung kenntlich (vgl. Abb. 15,23,24). Kleinere, aber eleganter gebaute Gärten stellen die *Azteca*-Arten (*A. traili* EMERY, *A. Ulei* FOREL und *A. olitrix* FOREL) her, die meist auf niederen Bäumen und Sträuchern leben (vgl. Abb. 25). Zur Anlage ihrer Gärten benutzen sie folgende Pflanzen: *Philodendron myrmecophilum* ENGL., die Bromeliazee *Nidularium myrmecophilum* ENGL., die Feige *Ficus paraënsis* LK., die Solanazeen *Marckea formicarum* DAMMER und *Ectozoma Ulei* DAMMER und die Gesnerazee *Codonanthe formicarum* FRITSCH. Die großen, weniger kunstvoll gebauten „Blumengärten" von *Camponotus femoratus* (vgl. Abb. 15, 23—24) werden oft 20—30 m hoch auf den Bäumen angelegt, während die kleineren Gärten der *Azteca*-Arten (vgl. Abb. 25) meist nur wenige Meter über dem Boden stehen.

In diesen Ameisengärten sind 14 Pflanzenarten festgestellt worden, von denen nur zwei, die Kaktazee *Phyllocactus phyllanthus* LK. und die Piperazee *Peperomia nematostachya* LK. wohl auch an anderen Stellen vorkommen, während die übrigen 12 Arten ausschließlich in den Ameisengärten zu finden sind. Das Nichtvorkommen dieser Pflanzen außerhalb der Ameisengärten erinnert an manche Kulturpflanzen des Menschen, die wildwachsend nicht gefunden wurden. Diese Ameisenepiphyten sind echte Epiphyten, die aber in ihrem Bau von diesen abweichen: Da die Ameisen die für das Wachstum ihrer Kulturpflanzen notwendige Erde selbst herbeischaffen und ihre Exkremente und sonstigen Reste zur Düngung des Bodens beitragen, sind die Ameisenepiphyten besonderer Einrichtungen zu möglichster Stoffersparnis überhoben. Sie zeigen daher eine größere Fülle des Laubwerkes als andere Epiphyten, sind aber auch wie diese mehr oder weniger ausgeprägt xerophil gebaut, da der Mangel an Wasser ja auch für sie eine Einschränkung des Wasserhaushaltes erheischt. Die allermeisten Ameisenepiphyten haben beerenartige Früchte, also eine Fruchtform, die sonst zumeist auf die Verbreitung durch Vögel hinweist. Diese „Ameisenbeeren" sind aber sämtlich verhältnismäßig klein, so daß ihre Verschleppung den Ameisen keine besonderen Schwierigkeiten bereitet.

In Südbrasilien beobachtete MANN im Jahre 1912 in Matto Grosso ähnliche Ameisengärten etwa 12—15 m hoch in den Kronen der Urwaldbäume. Sie waren von zwei Ameisenarten (*Odontomachus affinis* GUÉR. subsp. *mayi* MANN und *Dolichoderus debilis* EM. var. *rufescens* MANN) gleichzeitig bewohnt.

In neuester Zeit (1921) fand auch WHEELER ähnliche Ameisengärten in Britisch-Guiana im tropischen Regenwalde. Sie hatten die Größe einer Walnuß bis zu der eines Fußballs und setzten sich aus ähnlichen Pflanzen zusammen: zwei Gesnerazeen (*Codonanthe*), ein *Anthurium*, eine *Peperomia* und verschiedene Bromeliaceae (*Streptocalyx* u. a.). Bewohnt waren diese Blumengärten von den Ameisen *Camponotus femoratus* (FABR.), *Crematogaster lineata* F. SMITH, subsp. *parabiotica* FOREL, *Anochetus* (*Stenomyrmex*) *emarginatus* (FABR.) und einer kleinen, schwarzen *Azteca*-Art, die vielleicht mit der von ULE in Brasilien beobachteten identisch ist. Im Gegensatz zu den brasilianischen Ameisengärten waren die von WHEELER in Britisch-Guiana beobachteten meist von mehreren Ameisenarten gleichzeitig bewohnt, und zwar teilten sich meist *Crematogaster* und *Camponotus* in den Raum in der Weise, daß die erstgenannte

Abb. 25. Junge Ameisengärten von *Azteca*-Arten auf der Melastomatazee *Tococa guianensis* AUBL beobachtet von E. ULE am Pongo de Cainarachi in Peru (Sept. 1902).
Die Gärten enthalten Keimpflanzen von *Ficus* und der Arazee *Philodendron myrmecophilum* ENGL. (Vgl. den Text S. 110.)
(Mit Genehmigung der Direktion des Botanischen Museums in Berlin-Dahlem nach Originalaufnahme von E. ULE.)

Ameise die Außengalerien bewohnte, während *Camponotus femoratus* die Mitte der Gärten besetzt hielt.

Auch im tropischen Mittelamerika beobachtete WHEELER, daß ge-

wisse Epiphyten, so die häufigen *Tillandsia*-Arten und andere Bromeliazeen stets von Ameisen bewohnt waren. So fand er in Mexiko *Pseudomyrma-*, *Crematogaster-*, *Cryptocerus-* und *Camponotus*-Arten in diesen
Bromeliazeen. Hier liegen die Verhältnisse aber anders als bei den
Ameisengärten, weil die Ameisen die Pflanzen nur als Wohnstätten benutzen, ohne für ihr Wachstum und ihre Kultur besonders zu sorgen.
Die starke Erweiterung des Blattgrundes dieser Bromeliazeen, der
sich bei vielen Vertretern dieser Familie mit Regenwasser füllt —
es sind „Zisternenpflanzen" —, bietet den Ameisen einen guten Unterschlupf zum Nestbau. Die Anlage eines eigentlichen „Blumengartens" findet nicht statt. Dieselben Ameisenarten kommen auch an
anderen Stellen vor.

Ähnliches Zusammenleben von Ameisen mit epiphytischen Bromeliazeen beobachteten WASMANN am Rio Grande do Sul in Brasilien und
CALVERT in Costa Rica.

Daß die Ameisen bei der Verbreitung tropischer Früchte und Samen
eine Rolle spielen, geht auch aus gelegentlichen Beobachtungen anderer
Forscher hervor. So erwähnt O. KUNTZE im Jahre 1877, daß er gesehen
habe, daß Ameisen die Samen von *Carica papaya* L. in Südamerika verschleppen. R. H. LOCK gibt 1904 einen kurzen Bericht über die Verbreitung der Samen von *Turnera ulmifolia* L. durch die Ameise *Pheidole
spathifera* FOREL in Ceylon; ganz augenscheinlich waren die Ameisen
durch den Arillus der Samen angelockt worden.

E. ULE beobachtete am sandigen Meeresstrande Brasiliens die Verschleppung von Samen der in allen Tropenländern als Strandpflanze
verbreiteten Winde *Ipomoea pes caprae* L. durch Schleppameisen der
Gattung *Atta*[1].

In neuerer Zeit — im Jahre 1912 — untersuchten W. und J. VAN
LEEUWEN-REYNVAAN die Verbreitung der Samen von *Dischidia Rafflesiana* WALL. und *D. nummularia* R. BR., zweier häufiger Epiphyten
Javas. Die Samen dieser Schwalbenwurzgewächse (*Asclepiadaceae*)
tragen einen großen Pappus aus sehr langen, feinen Flughaaren und
außerdem einen kleinen, weißen Nabelwulst aus dünnwandigen Zellen,
die mit fett- und eiweißhaltigem Inhalt versehen sind. Wenn die Fruchtkapseln reifen, springen sie auf, und der Wind trägt die Samen davon.
Gelangen sie so auf einen Zweig oder Stamm, so keimen sie zwar, können
aber nicht zu einer normal entwickelten Pflanze heranwachsen. Die
Samen finden sich nun häufig in den Bauten einer kleinen Ameise, *Iridomyrmex myrmecodiae* EMERY, die ihre Nester an und in der Rinde von
Bäumen anlegt. W. und J. VAN LEEUWEN-REYNVAAN konnten beobachten, wie diese Ameisen die Samen der *Dischidia*, vermutlich angelockt
durch die Karunkula (Nabelschwiele), sammelten: sie rissen die Pappushaare ab und zogen die Samen an den kurzen, starren Haaren in Ritzen
der Rinde oder zwischen die Wurzeln und Stengel anderer *Dischidia*-
Pflanzen. Bei *Dischidia Rafflesiana* WALL. und einigen verwandten
Arten ist ein Teil der Blätter zu hohlen, krugförmigen Gebilden um-

---

[1] Ber. d. Dtsch. Bot. Ges. *18*, 123. 1900.

gestaltet, in denen die gleiche *Iridomyrmex*-Art wohnt. Wir haben hier demnach ein treffliches Beispiel einer Symbiose zwischen Pflanze und Ameise vor uns, einen Fall der Verbindung von Myrmekochorie mit Myrmekophilie, der in mancher Hinsicht ein Gegenstück zu den Ameisengärten der Hylaea Brasiliens darstellt.

Auch aus den Tropen Afrikas liegen einige Beobachtungen über myrmekochore Samen vor. So beobachtete H. Winkler in Kamerun, daß die fleischigen Arillargebilde an den Samen der *Blightia*-Arten und anderer Sapindazeen stets von Ameisen abgenagt waren. Es kann daher keinem Zweifel unterliegen, daß die bei vielen Samen der Pflanzen des tropischen Regenwaldes vorkommenden Arillar- und Karunkularbildungen auf Myrmekochorie hinweisen.

5. Die Ernte-Ameisen. Viel bekannter als die samensammelnden Ameisen der tropischen Regenwaldgebiete sind die der Wüsten- und Steppengebiete der Mittelmeerländer Afrikas, Arabiens, Vorderasiens und Indiens. Hier leben die „Ernte-Ameisen", die Arten der Gattung *Messor, Pheidole* und deren Verwandte, ferner von *Tetramorium, Euponera* u. a. Sie sammeln besonders die Samen von Gräsern und Cyperazeen, die sie in großen Mengen in ihren Nestern aufspeichern. Einige Arten, wie besonders die im Mittelmeergebiete verbreitete *Messor barbarus* und *M. structor*, legen sich regelrechte Kornspeicher an und können infolge ihres Sammeleifers mitunter nicht unerheblichen Schaden durch Minderung der Ernte anrichten. Der Nutzen für die Pflanzen selbst ist aber nur gering anzusetzen, da die Ernte-Ameisen die eingesammelten Samen vollkommen zerstören. Ihre auf flüssige und schleimige Nahrung eingestellten Mundwerkzeuge sind gar nicht imstande, die harten Samen der Gräser zu zerkleinern. Sie unterwerfen die Samen daher einem Fermentierungsprozesse, der die Umwandlung der Stärke in Malzzucker bezweckt. Die eingebrachten Samen fangen im Neste an zu keimen; sobald dieser Keimungsprozeß beginnt, schleppen die Ernteameisen die Samen heraus und legen sie zum Trocknen an die Sonne. Hierdurch wird die weitere Entwicklung des Keimlings unmöglich gemacht, der Same getötet. Dann schleppen sie die Samen wieder ins Nest zurück, wo sie zu einer Art Teig zerkleinert werden. Dieser Teig wird dann wieder an die Sonne gebracht und dort getrocknet, bis er knusperig hart wird wie Zwieback. Durch Kulturen konnte Fr. W. Neger nachweisen, daß in diesem Teig stets *Aspergillus niger* enthalten ist, ein Schimmelpilz, der die Fähigkeit hat, Stärke in Zucker umzuwandeln, worauf es den Ameisen ankommen muß. Die so verarbeiteten Samen gehen ihrem Zwecke, der Verbreitung der Pflanze zu dienen, verloren. Bei den weiten Wegen, welche die Ameisen auf ihren Sammelreisen bis zum Neste zurücklegen, gehen einzelne Samen unterwegs verloren, die dann weit entfernt von der Mutterpflanze zur Keimung kommen können.

Daß die Myrmekochorie eine sehr wichtige Rolle, namentlich bei der Verbreitung der Waldpflanzen aller Zonen spielt, geht aus den vorstehenden Ausführungen zur Genüge hervor, wenn auch unsere Kenntnisse über die Myrmekochoren der Tropen noch sehr unvollkommen sind. Wir dürfen annehmen, daß besonders bei den Epiphyten viele

Arten zu finden sein werden, bei deren Samenverbreitung auch die Ameisen mitwirken. Daß im tropischen Regenwalde die Myrmekochorie eine nicht unbedeutendere Rolle spielen dürfte als in unseren Wäldern, kann man schon deshalb annehmen, weil hier Ameisen in größerer Arten- und Individuenzahl auftreten als bei, uns und weil die Verbreitungsmöglichkeiten durch Wind und Wasser gering sind.

c) Epizoische Früchte und Samen.

Unter epizoischer Verbreitung verstehen wir die unabsichtliche Verschleppung von Früchten und Samen, die äußerlich an Tieren haften bleiben. Als Verbreiter kommen in erster Linie Säugetiere, dann Vögel und schließlich auch einige niedere Tiere, wie Schnecken, in Frage, die jedoch für die Verbreitung von Blütenpflanzen eine nur ganz untergeordnete Rolle spielen.

Die epizoische Verbreitung hat für die Pflanzen den Vorteil, daß erstens irgendeine Gefährdung der lebenswichtigen Teile, der Samen, durch die Mund- und Verdauungswerkzeuge der Tiere nicht besteht, und daß zweitens der unbemerkte Transport, namentlich durch Vögel, sich über sehr weite Entfernungen erstrecken kann und erfolgreich sein wird, wenn die Früchte und Samen in klimatisch ähnlichen Gebieten zur endgültigen Ablagerung kommen. Pflanzen, die keine besonderen Bedingungen an das Klima stellen, werden daher epizoisch eine sehr weite Verbreitung erlangen können. So verdanken einige Arten, die heute auf der ganzen Welt vorkommen, guten epizoischen Verbreitungseinrichtungen ihr kosmopolitisches Areal, z. B. die bekannte Dornige Spitzklette, *Xanthium spinosum* L., wobei der Weltverkehr des Menschen helfend mitwirkt. Arten mit sehr weiter Verbreitung sind bei den epizoischen Pflanzen nicht selten, während bei den endozoischen und den myrmekochoren synzoischen Pflanzen Arten mit kleineren Verbreitungsgebieten vorherrschen. Doch darf man die Wirkung der epizoischen Verbreitung nicht überschätzen: Die sehr beweglichen Vögel, die als Verbreiter derartiger Früchte und Samen über weitere Strecken hier in erster Linie in Frage kommen, sind sehr sauber. Sie putzen sehr oft ihr Gefieder und ihre unbefiederten Körperteile; sie werden sich daher anhaftender Früchte und Samen bald entledigen. Weite Frucht- und Samentransporte werden in erster Linie die Zugvögel vollführen und unter diesen namentlich die Wasser- und Sumpfvögel. Die Beweglichkeit der Säugetiere bleibt aber in viel engeren Grenzen; sie werden daher nur selten Samen- und Fruchttransporte vollführen, welche die verschleppten Pflanzen in andere Florengebiete bringen. Als wirksamster Verbreiter epizoischer Früchte ist entschieden aber der Mensch zu nennen, der durch seinen Weltverkehr die zur Verschleppung besonders geeigneten epizoischen Früchte von Kontinent zu Kontinent verfrachtet. Daher die große Zahl von Adventivpflanzen mit epizoischen Früchten in der Nähe von Industrieanlagen, die ihre Rohstoffe aus anderen Ländern beziehen, wie z. B. in der Nähe von Woll- und Fellindustrien, von Bahnanlagen, an Häfen usw. (vgl. oben S. 24).

A. Klebfrüchte und Klebsamen.

Nicht immer sind besondere Klettvorrichtungen erforderlich, um eine epizoische Verbreitung zu ermöglichen; kleine Früchte und Samen werden mitunter auch ohne eigentliche Haftvorrichtungen verbreitet werden können.

1. Schlamm und Wasser als Klebemittel. Wasser- und Sumpfvögel können an ihrem Gefieder, am Schnabel, besonders aber an den Füßen haften bleibende kleine Früchte und Samen von Wasser- und Landpflanzen verbreiten. Wie leicht kleine Früchte und Samen haften bleiben, davon kann man sich leicht überzeugen, wenn man im Spätsommer oder Herbst die Hand in ein mit Sumpf- und Wasserpflanzen reich bewachsenes Gewässer taucht; beim Wiederherausziehen haftet dann eine Menge kleiner Früchte und Samen, die auf der Oberfläche des Wassers schwammen. Solche Früchte sind beispielsweise die vom Froschlöffel, *Alisma plantago* und anderen *Alismataceae*, von Laichkräutern (*Potamogeton*-Arten), vom Hornkraut, *Ceratophyllum*, von Riedgräsern, *Carex*, *Scirpus* u. a., Erlen, kleinen Hahnenfußarten, wie die der Wasserhahnenfußarten (*Batrachium*), *Ranunculus sceleratus*, *R. flammula* und manchen anderen. Sobald das Gefieder oder die Füße der Vögel wieder getrocknet sind, fallen die Früchte und Samen ab. Bei der Beweglichkeit der Vögel können inzwischen nicht unerhebliche Wegstrecken zurückgelegt sein.

Noch erheblich wirksamer wird dieser einfache Weg der Verbreitung aber, wenn die Früchte und Samen in Schlamm eingebettet an den Füßen der Wasser- und Sumpfvögel haften bleiben. Selbst beim Trocknen des feinen Schlammes werden sie nicht so leicht abfallen und können in der aufgetrockneten Kruste verborgen unter Umständen weite Reisen antreten. Da manche Wasser- und Sumpfvögel, wie die Wildgänse, Störche, Reiher und Kraniche, sich oft auch von den Gewässern entfernen und auf den benachbarten Äckern und Feldern ihrer Nahrung nachgehen, so können unter Umständen auch Landpflanzen, besonders Unkräuter, gelegentlich auf diesem Wege verbreitet werden. Wasser- und Sumpfpflanzen, die diesem Wege des Transportes ihrer Früchte ihre sehr weite, bei einigen sogar weltweite Verbreitung verdanken, gibt es viele, z. B. *Ranunculus sceleratus*, der bei uns, in Afrika, Asien, ja in Südamerika in ganz gleichen Formen vorkommt, ebenso *Ranunculus flammula*, *R. aquatilis*, manche Binsen, *Juncus*-Arten, *Limosella*, *Lindernia*, *Nasturtium* u. v. a.

Daß die Verschleppung von Früchten und Samen durch Wasservögel für die Pflanzenverbreitung sehr bedeutungsvoll ist, zeigen unsere Ausführungen auf S. 11—17 über die Besiedlung neuen Bodens.

Welche Mengen von Samen und Früchten der Schlamm der Sümpfe enthält, darüber geben DARWINS (*1*, S. 391) Beobachtungen Aufschluß. Es erhielt aus 6³/₄ Unzen (= etwa 209 g) Schlamm, den er im Februar unter Wasser an drei Stellen eines Sumpfes aufgenommen hatte, nicht weniger als 537 Keimpflanzen. DARWIN meint hierzu: „Diesen Tatsachen gegenüber würde es nun geradezu unerklärbar sein, wenn es nicht mitunter vorkäme, daß Wasservögel die Samen von Süßwasserpflanzen in weite Fernen verschleppten und so zur immer weiteren Ausbreitung derselben beiträgen."

KERNER fand denn auch bei Untersuchungen des Schlammes, den er von den Schnäbeln, den Füßen und dem Gefieder von Schwalben, Schnepfen, Bachstelzen und Dohlen ablöste, etwa halbsoviel keimfähige Samen, wie DARWIN im Sumpfschlamm. Besonders häufig fand KERNER die Früchte und Samen folgender Arten: von Gräsern *Glyceria flui-tans*; von Riedgräsern *Cyperus flavescens, C. fuscus, Scirpus (Hele-ocharis) acicularis, S. (Isolepis) setaceus, S. maritimus*; von Juncazeen *Juncus bufonius, J. compressus, J. lamprocarpus*; von Kruziferen *Nastur-tium amphibium, N. palustre, N. silvaticum*; von Primulazeen *Centun-culus minimus, Glaux maritima, Samolus Valerandi*; von Scrophularia-zeen *Lindernia pyxidaria, Veronica anagallis*; aus anderen Familien *Elatine hydropiper* (Elatinazee), *Erythraea pulchella* (Gentianazee), *Limosella aquatica* (Plantaginazee), *Lythrum salicaria* (Lythrazee). Wie diese Liste zeigt, handelt es sich ausschließlich um Pflanzen feuchter Standorte und zwar zumeist um Arten, denen andere auf weite Ent-fernung wirksame Verbreitungsmittel fehlen. Einige der genannten Arten sind wegen der Unbeständigkeit ihres Vorkommens als Selten-heiten unserer Pflanzenwelt bekannt. Sehr viele sind Kosmopoliten.

Aber auch Pflanzen der Steppen Äcker, Wege und anderer trockenerer Standorte können bei Regenwetter eingebettet in Erde durch Tiere epizoisch verbreitet werden. So fand DARWIN in $6^1/_2$ Unzen (etwa 200 g) hart gewordener Erde, die von den Füßen von Rebhühnern ab-gelöst wurden, zahlreiche Samen, von denen 82 keimten.

Es ist daher die Annahme wohl gerechtfertigt, daß die Verbreitung in Schlamm oder Erde eingebetteter Früchte und Samen durch Vögel eine große Rolle spielt und daß viele Sumpf- und Wasserpflanzen dieser Form des Frucht- und Samentransportes ihre weltweite Verbreitung verdanken.

2. Schleim und andere Klebemittel. Bei manchen Früchten liefern klebrige Drüsenhaare am Kelche, Fruchtstiel oder der Außenseite der Fruchtwandung das Klebemittel, welches die Früchte am Fell vor-überstreifender Tiere festleimt. Gelegentlich wird auch wohl ein größerer Teil des Fruchtstandes oder die ganze Pflanze infolge ihrer Klebrigkeit haften bleiben und so verbreitet werden können. Da aber selbst die klebrigsten Drüsenhaare nicht imstande sein können, schwere Früchte und Pflanzenteile an das Fell der Tiere zu leimen, ist diese Form der Verbreitung nur bei kleinen, zum Teil sogar winzigen Fruchtformen zu finden. Die Stellung derartiger Früchte an der Pflanze ist so, daß sie der Berührung leicht ausgesetzt sind und infolge der Zartheit oder Brüchigkeit ihrer Stiele leicht abbrechen oder, wie die Gliederhülsen einiger unten zu besprechender Schmetterlingsblütler, leicht zerbrechen und gliedweise verbreitet werden können. Sehr häufig finden sich außer den Drüsenhaaren noch andere Verbreitungseinrichtungen, so daß eine scharfe Abgrenzung gegen andere Verbreitungstypen nicht möglich ist. Mit wenigen Ausnahmen findet sich die Einrichtung der Klebfrüchte bei Pflanzen lichter, sonniger Standorte, wie ja die Ausbildung von

Drüsenhaaren eine der zahlreichen Anpassungen der Pflanzen an Trocknis darstellt. Doch kommen Klebfrüchte auch in der unteren Feldschicht der Wälder, bei kleineren Waldpflanzen vor (z. B. bei *Linnaea*). Im allgemeinen sind typisch ausgebildete Klebfrüchte mit Drüsenhaaren selten.

Klebrigkeit der ganzen Pflanze durch starke Bekleidung aller Teile mit Drüsenhaaren findet sich beispielsweise bei einigen Caryophyllazeen und Saxifragazeen: *Cerastium glutinosum* L., das Klebrige Hornkraut, *C. semidecandrum* L., *Saxifraga tridactylites* L., der bekannte Dreifingersteinbrech unserer Äcker (gern auf Maulwurfshaufen) sind über und über mit sehr klebrigen Drüsenhaaren besetzt. Die Früchte sitzen aber an den Pflanzen so fest, daß sie nicht leicht abbrechen. Die Klebrigkeit kann sich hier dahin auswirken, daß vorüberstreifende Tiere eine stärkere Erschütterung der Pflanzen dadurch hervorrufen, daß die klebrigen Stengel beim Vorbeistreifen am Fell nicht glatt abgleiten. Es entstehen hierdurch ruckartige Bewegungen und stärkere Biegungen der meist starren Stengel, durch welche die Schleuderwirkung aus den an den Enden der Stengel stehenden Fruchtkapseln erhöht wird. Hierdurch wird die Wurfweite der Samen aus den Fruchtkapseln erhöht. Daß die ganzen klebrigen Pflanzen durch vorbeistreifende Tiere aus dem Boden gerissen werden, mag gelegentlich vielleicht auch vorkommen, ist aber nicht allzu wahrscheinlich. Als Beispiel einer Drüsenklebfrucht wird von HILDEBRAND und einigen anderen Autoren die in den Tropen als Unkraut weit verbreitete Caryophyllazee *Drymaria cordata* angegeben. Bei dieser Art sind die Kelche mit Drüsenhaaren besetzt, die Stiele der Früchte fadendünn, aber ziemlich zäh; die klebrigen Kelche mögen daher wohl in ähnlicher Weise wirken, wie bei *Cerastium* und *Saxifraga*.

Typisch gebaute Klebfrüchte besitzen *Linnaea borealis* L. und die in den Tropen als Unkraut weit verbreitete Komposite *Siegesbeckia orientalis*. Bei der erstgenannten Art sitzen die Früchte nickend auf gegliederten Stielchen, die leicht abbrechen (vgl. Abb. 26, Fig. 1). Die Drüsenhaare des Kelches erzeugen das Klebemittel, deren Zahl und Größe wohl ausreicht, um die ziemlich leichten Früchte an das Fell vorüberstreifender Tiere zu kleben. Bei *Siegesbeckia* sind die Früchte keulenförmig, sehr klein und dicht mit Drüsenhaaren besetzt (vgl. Abb. 26, Fig. 5*a*, *b*). Da sie sehr leicht abbrechen, haften sie infolge ihrer Klebrigkeit leicht an. Ganz ähnliche Früchte besitzen die Arten der Kompositengattung *Adenocaulon*, von denen *A. bicolor* HOOK. im Himalaya, *A. adhaerescens* MAXIM. in Ostasien, *A. chilense* LESS. von Chile bis zur Magelhaensstraße verbreitet ist. Auch bei diesen Arten sind die Früchte klein, keulenförmig und dicht mit ziemlich großen, gestielten Drüsenhaaren besetzt (vgl. Abb. 26, Fig. 3).

Schöne Klebfrüchte mit Drüsenhaaren besitzen auch die Arten der westaustralischen Gattung *Levenhookia* aus der Familie der *Stylidiaceae* (vgl. Abb. 26, Fig. 6). Auch einige *Plumbaginaceae* besitzen Klebfrüchte mit stark drüsigem Kelche, z. B. *Plumbago* (vgl. Abb. 26, Fig. 4) und *Plumbagella* in der Alten Welt. Schließlich können auch einige Lippenblütler hierher gerechnet werden, z. B. einige Arten der Gattung *Salvia*, wie *S. glutinosa* u. a. (vgl. Abb. 26, Fig. 2).

Bei einigen Schmetterlingsblütlern kommen stark drüsig behaarte Hülsenfrüchte vor, z. B. bei der in Südamerika weit verbreiteten und in anderen Ländern hin und wieder verschleppt auftretenden *Psoralea glandulosa* L. Die Hülsen sind bei dieser Art sehr klein, fast nußartig; sie ragen nur wenig aus dem dicht mit großen braunen Drüsen besetzten Kelche hervor. Der kurze, hakenförmig nach oben gebogene Fruchtstiel ist ziemlich starr. Da die Hülsen sich nicht wie die der meisten anderen Schmetterlingsblütler unter korkzieherartiger Eindrehung plötzlich öffnen, mag die drüsige Beschaffenheit des Kelches bei der Verbreitung der Hülsen eine Rolle spielen. Andere stark drüsige Hülsen, z. B. von *Adenocarpus*-Arten, springen in der bei Schmetterlingsblütlern gewöhn-

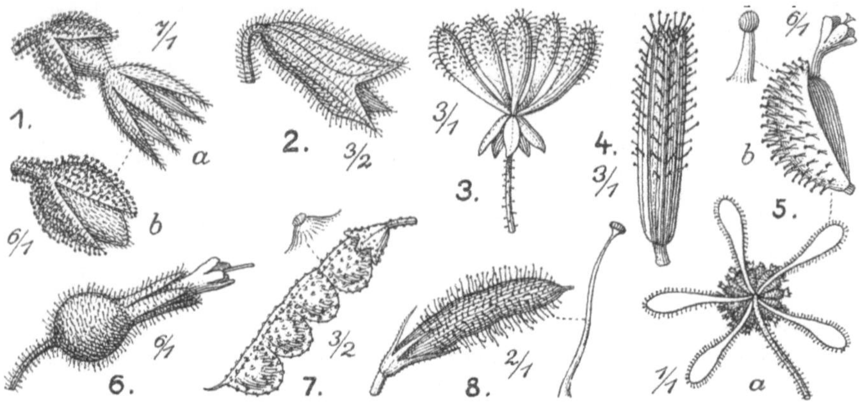

Abb. 26. „Klebfrüchte".
Gestielte oder sitzende, klebrige Drüsenhaare an den Fruchthüllen oder Früchten (3, 7, 8) dienen der Verbreitung.
1. *Linnaea borealis* L. *a* Frucht mit Kelch, *b* Frucht. — 2. *Salvia glutinosa* L. Fruchtkelch. — 3. *Adenocaulon adhaerescens* Maxim., eine Komposite Ostasiens, Fruchtstand mit 5 Früchten. — 4. *Plumbago capensis* L. Fruchtkelch. — 5. *Siegesbeckia orientalis* L., Komposite, *a* Fruchtstand mit den 5 löffelförmigen, drüsigen Außenhüllblättern, *b* Einzelfrüchte umschlossen von dem stark drüsigen inneren Hüllblatt; daneben einzelnes Drüsenhaar. — 6. *Lewenhookia Preissii* (HOOK.) F. v. M. eine australische Stylidiazee mit drüsigem Fruchtkelch. — 7. *Adesmia* (*Patagonium*) *boronioides* (HOOK. f.) REICHE eine Papilionazee der Anden mit drüsigen Gliederhülsen. — 8. *Glycyrrhiza glandulifera* W. K. mit nicht aufspringender Hülse, die mit langen Drüsenhaaren besetzt ist; daneben einzelnes Drüsenhaar. — (Originalzeichnungen nach der Natur.)

lichen Weise auf. Die drüsige Behaarung dient hier wohl nur dem Schutz der sich entwickelnden Samen. Dagegen finden sich bei manchen Arten der andinen Papilionazeengattung *Adesmia* (= *Patagonium*) stark drüsig behaarte Gliederhülsen, z. B. bei *A. balsamica* PHIL., *A. emarginata* CLOS, *A. tristis* VOGEL u. a., die brüchig sind und auf meist ziemlich dünnen Stielen sitzen. Diese Gliederhülsen springen nicht wie andere Hülsen auf, sondern zerbrechen leicht in die einzelnen, je einen Samen enthaltenden Glieder. Hier mag die Drüsenbekleidung zur Verbreitung der Hülsen beitragen (vgl. Abb. 26, Fig. 7). Bei dieser interessanten Gattung finden sich bei anderen Arten neben den Drüsenhaaren auch lange weiße, federige Haare, die als Flugorgane dienen, oder auch Häkchen und steife Borsten, welche die Hülsen zu Klettfrüchten machen. (U.)

Früchte mit besonders auffälligen Drüsenhaaren besitzt die im östlichen Mittelmeergebiete, im Orient und Vorderasien verbreitete Süßholz-
art *Glycyrrhiza glandulifera* W. et K., eine der Stammpflanzen der *Radix
Liquiritae*. Die nicht aufspringenden Hülsen dieser Art, welche von
Fraas und Kosteletzky als die *Glykyrrhiza* des Dioskorides angesehen
wird, sind mehr oder weniger dicht mit langgestielten Drüsenhaaren
besetzt (vgl. Abb. 26, Fig. 8). Die Hülsen sind zu einem dichten, traubi-
gen Fruchtstande vereinigt, brechen aber nur schwer von ihren Fruchtstielen ab. Um ein Losreißen der einzelnen Früchte zu vermitteln, sind
die Drüsenhaare wohl nicht geeignet; sie dienen vielleicht nur dem
Schutze der heranreifenden Samen gegen Tierfraß. Vielleicht können
sie aber ein Abbrechen des ganzen reifen Fruchtstandes oder der ganzen
Pflanze im Herbst durch anstreifende Tiere erleichtern. *Glycyrrhiza
glandulifera* ist eine Steppenpflanze. Abbrechen des ganzen Fruchtstandes oder der ganzen, vertrockneten Pflanze und Verbreitung durch
den Wind als „Steppenläufer" (vgl. unten), ist bei derartigen Pflanzen
eine häufige Verbreitungsweise. (U.)

Besser geeignet zur Verbreitung mit Hilfe von Klebstoffen sind, schon
wegen ihrer geringeren Größe, Samen. Daher sind klebrige Samen häufiger. Beiläufig erwähnt sei, daß die Samen aller Saft- und besonders
der Beerenfrüchte, frisch der Frucht entnommen, schleimig oder klebrig
sind. Infolgedessen können sie gelegentlich auch epizoisch verbreitet
werden, wenn sie beispielsweise an den Mundwerkzeugen oder sonst
irgendwo äußerlich an den Tieren kleben bleiben. So schreibt z. B.
Brehm, daß der Schnabel erlegter Blauraken häufig mit dem Fruchtfleisch der Feigen beklebt war. Bei großsamigen Fleisch- und Beerenfrüchten wird die Verbreitung der Samen überhaupt oft in der Weise
erfolgen, daß die Tiere das saftige Fruchtfleisch verzehren, die Samen
aber fortwerfen, während kleine Samen leicht kleben bleiben.

Schleimig-klebrige Samen besitzen beispielsweise viele Binsen, *Juncus*-
Arten. Die bei den trockenen Samen eng anliegende Samenhaut quillt
bei Feuchtigkeit zu einer ansehnlichen glasigen Hülle auf, welche die
Samen meist zu kleinen Verbänden verklebt und an das Fell oder Gefieder vorüberstreifender Tiere heftet. Derartige Samen besitzen z. B.
die Flatterbinse (*Juncus effusus* L.), die Krötenbinse (*J. bufonius*),
J. tenuis u. a.

Bei einigen mit Explosionsfrüchten versehenen Pflanzen sahen wir
oben (S. 41, 46, 56) bereits, daß die mit schleimig-klebriger Oberfläche
versehenen Samen leicht im Fell vorüberstreifender Tiere festkleben und
so verbreitet werden können, z. B. bei den Samen mancher Sauerklee-
arten, wie *Oxalis acetosella*, *O. stricta* u. a., bei der Spritzgurke *Ecballium
elaterium* u. a.

Sonst dienen verschleimende Oberflächen von Samen wohl meist
der Befestigung der Samen im Keimbett am Boden, so bei den Flachs-
arten, besonders bei *Linum usitatissimum* L. und seinen Verwandten.
Am ausgeprägtesten ist diese Klebvorrichtung bei den Samen der auf
Bäumen parasitisch lebenden Mistelgewächse, für die das Festkleben auf
der Rinde von Gehölzen ja von entscheidender Bedeutung ist. Daher

finden wir bei diesen Früchten („Scheinbeeren") die Ausbildung einer besonderen Klebschicht, der „Viszinschicht" (vgl. S. 75—78).

Eine sehr eigenartige Klebvorrichtung besitzen die Samen der Herbstzeitlose: schon mit unbewaffneten Augen erkennt man an den Samen eine seitlich sitzende Klebwarze, die aus ziemlich großen, etwas länglichen Zellen besteht, die durch reichlichen Gehalt an Stärkekörnern ausgezeichnet sind. Der von den Epidermiszellen abgesonderte Klebstoff, zu dem die Stärkekörner vermutlich das Material liefern, leimt die Samen an vorüberstreifende Tiere (Weidetiere) an. Der ganze Apparat kann aber auch als „Ölkörper" wirken und dementsprechend der Verbreitung durch Ameisen dienen; er entspricht dem oben (S. 105) geschilderten Myrmekochorentypus von *Viola odorata*. Den Schutz des Samens gegen die nagenden Kiefer der Ameisen gewährt ein kräftig entwickeltes mehrschichtiges Plattenepithel (SCHOENICHEN 1923).

B. Klettfrüchte und Klettsamen.

Viel häufiger sind die Klettvorrichtungen der allermannigfachsten Ausbildungsformen, die meist an den Früchten, sehr selten aber auch an einigen Samen und anderen Verbreitungsorganen vorkommen. Sie bestehen in mehr oder weniger hakenförmig gekrümmten, harten Haftorganen, die aus Haaren, Auswüchsen der Fruchtwandung, oder auch aus dem Griffel und anderen Teilen des Fruchtknotens, schließlich aber auch aus äußeren Organen der Frucht oder des Fruchtstandes hervorgegangen sind. Die Haken, Krallen, Stacheln oder sonstigen Gebilde stellen die ausgeprägtesten Formen der Anpassung an epizoische Verbreitung dar. Sie sind daher oft Gegenstand biologischer Betrachtungen gewesen, die Zahl der Arbeiten, die sich eingehender mit der Anatomie dieser Klettvorrichtungen beschäftigen, ist jedoch gering. Der erste Forscher, der anatomische Untersuchungen hierüber veröffentlichte, war HILDEBRAND (1872, 3). Erst sehr viel später folgte KERNER (1898), und in neuerer Zeit waren es besonders WEGENER (1914), SCHOENICHEN (1923) und HABERLANDT (1924), die zusammenhängende Untersuchungen veröffentlichten. In der nachfolgenden Darstellung legen wir die anatomisch-morphologische Gliederung zugrunde, die v. GUTTENBERG (1926) nach WEGENER gibt.

1. Haarbildungen (Trichome) als Klettvorrichtungen. Im einfachsten Falle gehen die Klettvorrichtungen aus Haarbildungen der Oberhaut der Früchte und Samen hervor. Die Haare sind ein- oder mehrzellig, an ihrem Ende hakenförmig gekrümmt und infolge starker Verdickung ihrer Zellwandungen sehr hart. Derartige einfache Hakenhaare finden wir bei verschiedenen Rubiazeenfrüchten, z. B. bei den Labkrautarten (*Galium*), beim Waldmeister (*Asperula odorata* L.) u. a. Betrachten wir eine Frucht von *Galium rotundifolium* L., *G. mollugo* L., *G. boreale* L. oder dem bekannten „Klebkraut", *G. aparine* L., einer häufigen Kletterpflanze unserer Brüche und Bruchwälder, so sehen wir, daß die ganze kugelige Frucht mit langen, hakenförmigen Kletthaaren bedeckt ist (vgl. Abb. 27, Fig. 1, 2). Diese sind einzellig, gehen also aus einer einzelnen Epidermiszelle hervor. Die Basis des Haares ist angeschwollen,

von einem Kranz von Epidermiszellen umgeben, deren Wandungen erheblich zarter sind als die der Hakenzelle. Die Wandung dieser Hakenzelle ist sehr dickwandig und besteht aus geschichteter, derber, kutinisierter Zellulose; die innerste Schicht ist ein zartes Zellulosehäutchen, die äußerste eine Kutikula. Das hakenförmig umgebogene Ende des Kletthaares ist massiv. Ebenso sind die Kletthaare beim Waldmeister und ganz ähnlich bei den Früchten des Glaskrautes, *Parietaria officinalis* L., gebaut (vgl. Abb. 27, Fig. 3). Bei dieser letztgenannten Pflanze sind sie nur etwas länger und vom Grunde mit einer Gelenkzone versehen, die das Abbrechen der spröden Haare verhindern soll. Dem gleichen Typus gehören auch die Früchte der Hexenkräuter, der Arten von *Circaea* an, z. B. *Circaea lutetiana* L., *C. intermedia*, *C. alpina* u. a. (vgl. Abb. 27, Fig. 4). Alle diese

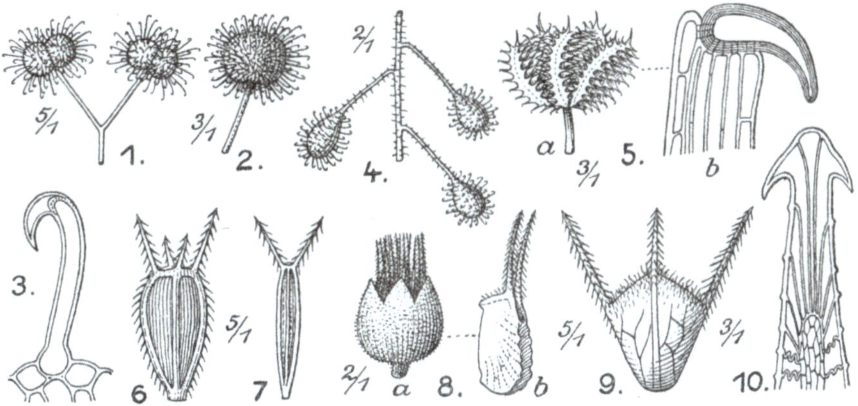

Abb. 27. Früchte mit Haaren und Trichomen als Klettvorrichtungen.
1. *Galium rotundifolium* L. — 2. *Asperula odorata* L. — 3. Ein Kletthaar der Frucht von *Parietaria officinalis* L. — 4. Teil des Fruchtstandes von *Circaea lutetiana* L. mit 3 Früchten. — 5. *Ranunculus arvensis* L., *a* Fruchtstand, *b* Spitze eines Kletthaares. — 6. *Bidens tripartitus* L. — 7. *Bidens cernuus* L. — 8. *Sida cordifolia* L., links Fruchtstand vom Kelche umhüllt, rechts Einzelfrucht. — 9. *Pavonia Schimperiana* HOCHST. — 10. Kletthaar von *Echinospermum lappula*. — (3, 5b nach HILDEBRAND, 6, 7 nach HUTH, 9 nach E. ULBRICH, 10 nach WEGENER. Die übrigen Figuren Originalzeichnungen nach der Natur.)

Arten sind vorwiegend Waldpflanzen der unteren Feldschichten unserer Laub- und Mischwälder. Ihre Verbreiter sind demnach die kleineren Tiere des Waldes, Niederwild, Nager usw., in deren weichhaarigem Fell diese kleinen und verhältnismäßig zarten Klettfrüchte leicht haften. Von der Wirksamkeit dieser Klettfrüchte kann man sich bei jeder Waldwanderung im Spätsommer und Herbst leicht überzeugen. Ganz ähnlich gebaute Früchte finden sich in den Tropen bei vielen Arten der Tiliazeengattung *Triumfetta*. Auch bei einigen Doldengewächsen kommen ähnlich gebaute Früchte vor, z. B. bei *Chaerophyllum nodosum* (L.) CRNTZ., *Scandix* u. a.

Mehrzellige Kletthaare gleichen Typus finden sich z. B. an den Hülsen einiger Leguminosen, z. B. bei *Desmodium canadense* DC. u. a.

Sehr viel seltener sind Samen mit derartigen Kletthaaren. Sie kommen z. B. bei den Seekannen, *Limnanthemum nymphaeoides* L. vor:

hier heften die Endverzweigungen der langen Samenborsten die Samen dem Gefieder von Wasservögeln an (vgl. S. 140, Abb. 32, Fig. 6*a—d*). Borstig behaarte Samen besitzen ferner einige *Tillandsia*- und viele *Hibiscus*-Arten (vgl. unten). Auch mit weicheren und längeren Haaren besetzte Samen, die in erster Linie an die Verbreitung durch den Wind angepaßt sind, können wie Kletten wirken.

2. **Auswüchse (Emergenzen) als Klettvorrichtungen.** Viel häufiger sind die Klettvorrichtungen nicht nur Haarbildungen der Oberhaut, sondern an ihrer Bildung nehmen auch tiefere Gewebeschichten teil. Wir können hier drei Gruppen von Ausbildungsformen unterscheiden: a) Gewebesockel mit an- oder aufsitzenden Haken, b) Gewebesockel, die als Ganzes Kletthaken bilden und c) zu Haken umgebildete Griffel. Von jedem dieser drei Typen wollen wir einige Formen betrachten.

a) **Gewebesockel mit an- oder aufsitzenden Kletthaken.** Als bekannteres Beispiel hierfür mag uns die Frucht von *Ranunculus arvensis* L., des Acker-Hahnenfußes, dienen (vgl. Abb. 27, Fig. 5*a*, *b*). Die etwas zusammengedrückten Früchtchen sind mit verhältnismäßig großen Auswüchsen besetzt, die an ihrem Ende mit einem großen, krallenförmigen Haken versehen sind. Die Auswüchse stellen vielzellige Gewebesockel dar, auf deren Spitze ein einzelliger Kletthaken sitzt, dessen Wandung außerordentlich verdickt, geschichtet und verholzt ist (vgl. Abb. 27, Fig. 5*b*). Bei der nahe verwandten Art *Ranunculus tuberculatus* L. unterbleibt die Ausbildung der großen Hakenzellen mehr oder weniger vollständig, so daß die sonst ganz ähnlich gebauten Früchte nur mit den Gewebesockeln („Tuberkeln") besetzt sind, die dieser Pflanze ihren Artnamen verschafft haben. Dem *Ranunculus arvensis* sehr ähnliche Früchte besitzen noch einige andere Arten dieser Gattung, z. B. *R. muricatus*, *R. chius* u. a. Dem gleichen Typus zuzurechnen sind die Früchte einiger Umbelliferen, z. B. von dem Klettkerbel, *Caucalis daucoides* (vgl. Abb. 28, Fig. 6), von *Orlaya*-Arten, *Tordylium maximum* u. a.

Bei anderen Früchten treten auf der Spitze des großen Gewebesockels mehrere große, einzellige Hakenhaare auf, z. B. bei den Früchten der Rosazeengattung *Acaena*, deren Arten besonders in Südamerika verbreitet sind. In unserer Flora ist dieser Typus vertreten durch die aus Amerika eingeschleppten, aber bei uns völlig eingebürgerten, an unseren Gewässern häufigen Zweizahnarten, z. B. *Bidens tripartitus* L., *B. melanocarpus*, *B. connatus* u. a. (vgl. Abb. 27, Fig. 6, 7). Die Schließfrüchtchen dieser Kompositen tragen an ihrem Oberende je zwei lange, sehr starre, große, vielzellige Auswüchse, die im oberen Teile mit einzelligen, sehr dickwandigen, klauenförmigen Hakenhaaren besetzt sind. Von der Wirksamkeit dieser Klettfrüchte kann man sich zur Genüge bei Herbstwanderungen an unseren Gewässern überzeugen. Die Früchte bohren sich so fest in die Kleidung ein, daß man sie durch Abbürsten nicht entfernen kann.

Gleichfalls recht wirksame Klettvorrichtungen dieses Typus besitzen viele Borraginazeen, z. B. die Hundszunge *Cynoglossum officinale* L., *Echinospermum lappula*, der „Igelsame", *Asperugo procumbens* L. u. a.

Bei einigen Malvengewächsen der Tropen finden wir ganz ähnlich gebaute Klettfrüchte, z. B. bei *Pavonia sepium*, *P. spinifex* und anderen Arten der tropisch-amerikanischen Gruppe *Typhalaea* und einer in Afrika vertretenen, verwandten Gruppe dieser Gattung, bei *Afrotyphalaea*, z. B. bei *Pavonia Schimperiana*, *P. urens* u. a. (vgl. Abb. 27, Fig. 9). Auch unter den Arten der als Tropenunkraut bekannten Gattung *Sida* aus der gleichen Familie kommen ähnliche Früchte vor, z. B. bei *Sida acuta* L., *S. cordifolia* L. u. a. (Abb. 24, Fig. 8*a*, *b*) (Ulbrich 1920, *11*).

b) Hakenförmige Auswüchse. Bei sehr vielen Früchten werden die Enden der Hüllblätter des Kelches der Frucht oder der Fruchtstände zu harten, starren, hakenförmigen Klettvorrichtungen. Hierher gehören die bekanntesten Fruchtformen, die „Kletten“, z. B. die Arten der Gattung *Arctium* (= *Lappa*), wie *A. majus*, *A. tomentosum*, *A. nemorosum*. Diese bekannten Kletten nehmen eine Sonderstellung ein insofern, als sie nicht leicht von der Pflanze abbrechen, sondern durch Festhaken im Fell vorüberstreifender Tiere und plötzliches Loßschnellen eine Erschütterung der Pflanzen bewirken, durch welche die reifen Früchte herausgeschleudert werden (vgl. oben S. 61). Bei den übrigen, echten „Verbreitungskletten“ brechen die Früchte von der Pflanze ab und werden weithin verschleppt; so z. B. bei den „Spitzkletten“, den Früchten der *Xanthium*-Arten, wie *X. strumarium*, *X. italicum* und der fast über die ganze Erde verbreiteten dornigen Spitzklette *X. spinosum*. Ihre weite Verbreitung verdanken diese und andere als „Wollkletten“ mit Schafwolle viel verschleppten Früchte ihrer so wirksamen Klettvorrichtung (vgl. Abb. 28, Fig. 1).

Daß der Fruchtkelch die Klettorgane bildet, kommt bei den Arten der Gattung *Agrimonia*, Odermennig, vor. Diese bekannten Rosazeen unserer Wälder besitzen Hüllblätter am Kelch, die zu hakenförmig gebogenen, recht wirksamen Klettorganen verholzen. Am häufigsten ist bei uns *Agrimonia eupatoria* L., der gewöhnliche Odermennig, viel seltener die duftende Schwesterart *Agr. odorata* L. (vgl. Abb. 28, Fig. 2).

In allen diesen Fällen treten die Klettvorrichtungen außerhalb der eigentlichen Frucht auf. Viel häufiger sind aber Klettfrüchte, bei denen die Fruchtwandung selbst die Klettorgane trägt.

Hierher gehören beispielsweise die Kletthülsen mancher Schmetterlingsblütler. Am bekanntesten sind die oft weit verschleppten Früchte einiger Schneckenkleearten der Gattung *Medicago*. Als Leitpflanze unserer trockenen, „pontischen“ Hügel ist bei uns nicht allzu selten *Medicogo minima* L., die wie ihre südlichere Verwandte *M. echinata* L. diesen Klettentypus besonders schön zeigt (vgl. Abb. 28, Fig. 3, 4). Ähnliche Früchte besitzen ferner *M. hispida* Gaertn., *M. arabica* All., *M. Aschersoniana*, *M. denticulata* u. a., die als „Wollkletten“ bekannt und gefürchtet, vielfach mit Schafwolle verschleppt werden. Ihre Entfernung aus der Wolle bereitet wegen der großen Wirksamkeit ihrer Kletthaken große Schwierigkeiten.

Ähnliche Früchte mit Kletteinrichtungen besitzen die Esparsette, *Onobrychis sativa* Lam., und noch schöner entwickelt, *O. cristagalli* L.

(vgl. Abb. 28, Fig. 5), ferner manche *Hedysarum-, Desmodium-, Adesmia*-Arten, z. B. *A. latifolia* Vog., *A. propinqua* Clos u. a.

Auch bei einigen Doldengewächsen, Umbelliferen, finden wir Klettfrüchte dieses Typus, z. B. bei *Sanicula europaea* L., *Torilis anthriscus* u. a. (Über Bulbillen mit Klettvorrichtungen siehe unter „Viviparie".)

c) Griffelhaken. Bei vielen Schließfrüchten von Ranunculazeen und Rosazeen wird der verholzende Griffel der Frucht zum Klettorgan.

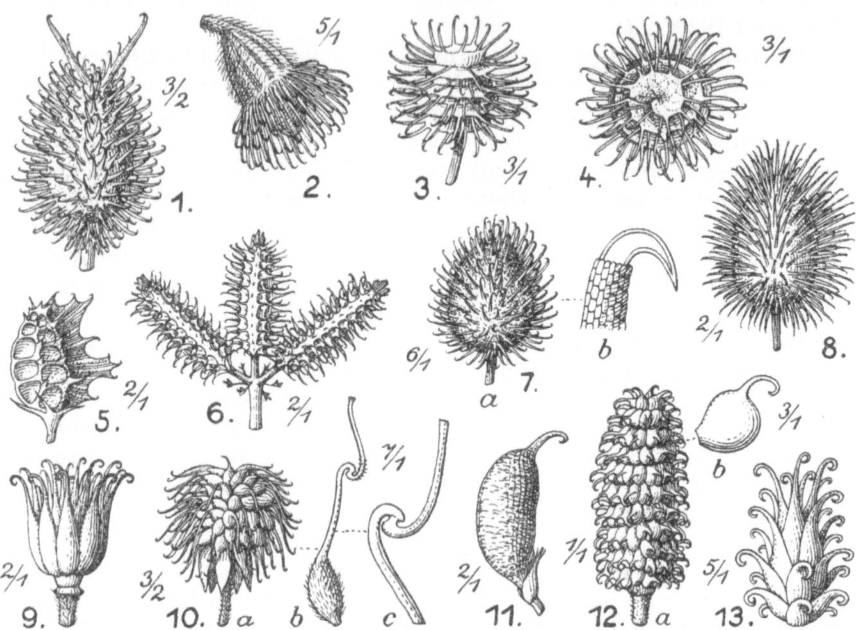

Abb. 28. „Hakenkletten". Hakenförmige Auswüchse (1—8, 13) oder Griffelhaken (9—12) bilden die Klettvorrichtungen.

1—12 Früchte: 1. Spitzklette, *Xanthium strumarium* L. — 2. Odermennig *Agrimonia eupatoria* L. — 3. Schneckenklee, *Medicago minima* L., von der Seite. — 4. *Medicago denticulata* L., von oben gesehen. — 5. *Onobrychis crista galli* L. — 6. *Caucalis daucoides* L., Klettkerbel; Fruchtstand mit 3 Fr. — 7. *Triumfetta rhomboidea* L., a Frucht, b Spitze einer Klettvorrichtung. — 8. *Sparmannia abyssinica* Hochst. — 9—12 Früchte mit Griffelhaken: 9. Fruchtstand von *Anemone rivularis* L. — 10. *Geum urbanum* L., a Fruchtstand reif, b einzelnes Früchtchen unreif, c Knie des Griffes; der untere Teil wird zum Kletthaken, der obere fällt ab. — 11. *Astragalus curvirostris* Boiss. — 12. *Ranunculus spicatus* L a Fruchtstand, b einzelne Frucht. — 13. Bulbille von *Remusatia vivipara* (Lodd.) Schott., einer epiphytischen Arazee der Tropen. — (7 b, 10 c nach Hildebrand, 13 nach Engler, Pflanzenreich, alles übrige Originalzeichnungen nach der Natur.)

Bei einigen Arten der Gattung *Anemone* verholzt der ganze, hakenförmig gebogene Griffel und wird zum Klettorgan. So verhalten sich z. B. die Früchte von *Anemone rivularis* Ham., einer Art, die im temperierten Südasien, in den Gebirgswäldern des Himalaja verbreitet ist (vgl. Abb. 28, Fig. 9), ferner *A. crassifolia* auf Tasmanien und einige mittel- und südamerikanische Arten der gleichen Verwandtschaft, wie *A. hepaticifolia, A. antucensis* u. a. (Ulbrich 1905, *1*). Ähnlich verhalten sich die Früchte mancher *Ranunculus-* (vgl. Abb. 28, Fig. 12a, b) und *Thalictrum*-Arten. Alle Arten sind dadurch ausgezeichnet, daß sich die

Früchte sehr leicht vom Fruchtboden ablösen, demnach von vorüberstreifenden Tieren leicht abgerissen werden können.

Bei den Rosazeenfrüchten der Gattung *Geum* liegen die Verhältnisse etwas komplizierter: Da in unserer Flora mehrere Arten, wie *Geum urbanum* L., *G. rivale* L. nicht selten sind, können wir den Fruchtbau leicht verfolgen. Jedes Früchtchen ist von einem S-förmig gekrümmten langen Griffel gekrönt. Nur die untere Hälfte dieses Griffels verholzt stark, die obere wird zu einem schwächer verholzten „Fähnchen". An der Ursprungsstelle des Fähnchens ist der Griffel stark eingeschnürt, und an dieser Stelle findet sich ein zartes, unverholzt bleibendes Trennungsgewebe. Der Teil oberhalb dieses „Knies" bricht ab, und der hakenförmig nach unten gebogene Teil der Basis des Griffels bleibt als Klettorgan erhalten; der Stumpf bildet nun einen scharfen Haken, der leicht haften bleibt. Da die Früchte sich sehr leicht vom Fruchtboden ablösen, können sie durch vorüberstreifende Tiere leicht verbreitet werden (vgl. Abb. 28, Fig. 10*a—c*).

Auch bei den Leguminosen kommen Arten vor, deren Früchte zu Kletthaken verhärtende Griffel besitzen, besonders bei der artenreichen Gattung *Astragalus*. Zahlreiche Arten der Steppen- und Wüstengebiete der Mittelmeerländer, Vorder- und Mittelasiens haben sehr harte Hülsen, deren Griffel zu einem rückwärts gerichteten, sehr festen und scharf zugespitzten Haken wird, z. B. bei *Astragalus curvirostris* Boiss. im Orient und anderen (vgl. Abb. 28, Fig. 11). Viele sind als typische „Trampelkletten" entwickelt (siehe unten).

Diese wenigen Beispiele aus der Fülle der Klettfrüchte von gewöhnlichem Bau müssen uns hier genügen. Sie zeigen, welche Mannigfaltigkeit hier herrscht. Sie alle sind angepaßt an die Verbreitung durch das Fell oder Gefieder von Tieren, es sind „Fellkletten".

d) Trampelkletten. Während die bisher geschilderten Fellkletten im Haar- oder Federkleid der Tiere mehr oder weniger fest haften bleiben, ohne den Tieren sonderliche Beschwerden oder gar Verwundungen zu verursachen, gibt es eine kleine Anzahl von Klettfrüchten, die weniger harmloser Natur sind. Die Gestalt und sonstige Beschaffenheit ihrer Klettorgane spricht dafür, daß sie in erster Linie an die Verbreitung durch die Füße darauftretender Tiere angepaßt sind. Ascherson schlug für derartige Früchte die sehr treffende Bezeichnung „Trampelkletten" vor. Da diese Früchte namentlich bei Steppen- und Wüstenpflanzen mit dem Boden aufliegenden Stengeln vorkommen, ist diese Verbreitungsform, so absonderlich sie sonst auch erscheinen mag, leicht verständlich und bei der eigenartigen Beschaffenheit der Klettvorrichtungen recht wirksam. Die als Dornen, Hörner oder Krallen ausgebildeten Klettvorrichtungen sind sehr spitz und dabei sehr hart, so daß sie sehr fest haften und nicht leicht zerbrechen. Auch die Früchte selbst, Schließfrüchte oder schwer aufspringende Kapseln, sind durch außerordentlich feste Wandungen gegen Beschädigungen durch die Füße der Tiere gut geschützt. Es ist daher nicht verwunderlich, daß die Trampelkletten in der Verbreitungsbiologie der Früchte und Samen der Wüsten- und Steppenpflanzen aller Länder der Erde eine wichtige Rolle spielen. Die Ausbildung der Trampelkletten ist recht mannigfach; sie kommen bei den verschiedensten Familien vor, in größter Mannigfaltigkeit namentlich bei den Pedaliazeen und Zygophyllazeen.

Wir können folgende Typen der Ausbildung der Trampelkletten unterscheiden:

1. Der „Dorntypus" umfaßt verhältnismäßig kleine Früchte mit ziemlich starken, holzigen Wandungen, die außen mit geraden oder nur schwach gebogenen, sehr harten, dicken und scharf zugespitzten Dornen besetzt sind. Die Früchte sitzen auf kurzen, holzig werdenden, sehr leicht abbrechenden Stielen, fallen daher leicht ab und liegen dann auf dem Boden. Ihre Dornen können sich dann leicht in die Füße darauftretender Tiere einbohren und so verbreitet werden. Hierher gehören z. B. die *Zygophyllum*-Arten der Wüsten und Steppen der östlichen Mittelmeerländer, Asiens und Afrikas. Bei *Zygophyllum cornutum* Coss. sind die Oberenden der scheidewandspaltigen Kapseln mit je einem kurzen, sehr scharfen, nur schwach gebogenen Dorn versehen, so daß die ganze Frucht vier solcher Dornen trägt. Bei der in den Pampas Argentiniens verbreiteten *Plectrocarpa tetracantha* Gill. tragen die wollig behaarten Fruchtkapseln in der Mitte des Rückens jeder Teilfrucht einen scharfen, abstehenden Dorn. Am eigenartigsten und kompliziertesten sind die Früchte der *Tribulus*-Arten des afrikanisch-arabisch-indischen Wüstengebietes gebaut. Bei *T. terrestris* L. tragen die 5 Teilfrüchtchen je 2 größere, gerade, nadelspitze Dornen außer zahlreichen kleinen Höckern (vgl. Abb. 29, Fig. 1a, b) Bei *T. alatus* Del. sind die Teilfrüchtchen mit breiten, aber sehr harten und dornig-spitzgelappten Flügeln versehen. Bei allen Arten sind die Fruchtwandungen sehr hart und dick, demnach druckfest gebaut. Wenn ein Tier auf solche Frucht tritt, zerbricht sie in ihre Teilfrüchtchen, diese bohren sich mit ihren spitzen Dornen ein, sind aber durch die Härte und Dicke ihrer Fruchtwandungen gegen Zertreten geschützt.

Während bei den eigentlichen Fellkletten der Haken in mannigfachster Ausbildung das eigentliche Klettorgan darstellt, ist es bei den Trampelkletten vom *Zygophyllazeen*-Typus der gerade, ziemlich kurze, aber nadelscharfe Dorn. Sehr viele Zygophyllazeen mit Trampelkletten sind Kräuter und Stauden, deren Stengel dem Boden aufliegen. Diese Wuchsform schließt die Verbreitung der Früchte durch Anheften am Fell von Tieren aus, ist aber für die Verbreitung der dem Boden aufliegenden Trampelkletten günstig.

In mancher Hinsicht ähnlich gebaut sind die Früchte und Teilfrüchte einiger tropisch-afrikanischer Malvazeen der Gattung *Pavonia*, z. B. von *P. propinqua* Garcke, *P. elegans* Garcke, *P. cristata* (Schinz) Gürke, *P. leptoclada* Ulbrich u. a., die man dem Dorntypus zurechnen muß. Die Früchtchen besitzen an den Seiten je einen starken kegelförmigen Dorn, der sich in die Füße von Tieren einbohren kann. Bei *P. cristata* sitzen überdies noch mehrere Reihen kleiner Dornen auf dem Rücken der Früchtchen, so daß die Früchte auch äußerlich denen von *Tribulus terrestris* sehr ähnlich sind (vgl. Abb. 29, Fig. 2. 3). Wie bei dieser Art sind die Fruchtwandungen sehr dick und holzig, somit gegen Druck gut geschützt (ULBRICH *11*).

Typische Trampelkletten, die dem *Tribulus*-Typus zuzuzählen sind, besitzt auch *Astragalus epiglottis* L., ein einjähriges Kraut mit niederliegenden Stengeln, das im ganzen Mittelmeergebiet verbreitet ist. Die einzelnen Hülsen sind kurz, dreikantig mit etwas eingesunkenen Seitenflächen und sehr harter Wandung; sie laufen an ihrer Spitze in einen harten, sehr scharfen Dorn aus (vgl. Abb. 29, Fig. 4). Aus den in den Achseln der Laubblätter sitzenden, kleinen Blütenköpfchen gehen vier und mehr Früchte hervor, die sternförmig angeordnet sind, so daß der ganze Fruchtstand an eine *Tribulus*-Frucht lebhaft erinnert. (U.)

In ganz ähnlicher Ausbildung kehrt der Dorntypus der Trampelkletten auch noch bei den Pedaliazeen wieder, einer kleinen, mit den Scrophulariazeen verwandten Familie des tropischen Afrika, des Kaplandes, Madagaskars und Vorder- und Hinterindiens. Die Früchte sind schwer aufspringende Kapseln oder Schließfrüchte mit sehr harten Wandungen, die am Oberende oder in der Mitte des Rückens starke gerade oder nur schwach gekrümmte Dornen tragen. Derartige Früchte besitzen beispielsweise *Pedalium murex* L. (vgl. Abb. 29, Fig. 5), *Rogeria adenophylla* J. GAY, *Pretrea ganguebarica* J. GAY, *Ceratotheca* u. a. Die kleinen, kugeligen Früchte von *Josephinia grandiflora* R. BR., einer Art des tropischen Australien, sind rings so dicht mit spitzen geraden Dornen besetzt, daß sie einem Igel gleichen (vgl. Abb. 29, Fig. 11). (ASCHERSON, ENGLER und PRANTL).

Wie bei den Fellkletten die Klettorgane häufig von Bildungen außerhalb der eigentlichen Frucht gestellt wurden, so finden wir auch bei den Trampelkletten nicht selten, daß die Dornbildungen nicht an der Frucht selbst sitzen; so bei den Chenopodiazeen *Bassia, Spinacia, Ceratocarpus* und *Eurotia* und bei der Calycerazee *Acicarpha*. Bei *Bassia muricata* L., die im ägyptisch-arabischen Wüstengebiet heimisch ist, entspringen die 5 geraden Dornen auf dem Rücken der Blütenblätter, bei *B. quinquecuspis* F. v. M., und den verwandten australischen Arten am verholzenden Grunde der Blütenhülle. Bei einer Abart des Spinats *Spinacia oleracea* L. var. *spinosa* MNCH. sitzen an der verhärtenden Fruchthülle gewöhnlich 2, häufig aber auch 3—4 spreizende, harte Dornen. Bei *Eurotia* und *Ceratocarpus* ist die kleine, häutige Frucht in eine gehörnte, harte Kapsel eingeschlossen, die von den Vorblättern der Blüte gebildet wird. Bei den Calycerazeen *Calycera* und *Acicarpha* verhärtet der Kelch und umschließt die versenkte Frucht. Die dornig verhärtenden Kelchzipfel machen die Früchte zu Trampelkletten. Auch die mit den Kompositen verwandten Calycerazeen sind wie die meisten Chenopodiazeen Steppen- und Wüstenpflanzen; sie bewohnen die andinen Trockengebiete von Südamerika, besonders Chile.

Auch bei einigen Steppengräsern Nordamerikas finden sich typische Trampelkletten vom Dorntypus, die denen von *Tribulus terrestris* so ähnlich sind, daß die betreffende Grasart danach ihren Namen erhalten hat: *Cenchrus tribuloides* L., ursprünglich ein Dünengras der Meeresküsten, durch seine leicht anhaftenden Fruchtstände aber weit ver-

schleppt. Die nadelspitzen, sehr harten Dornen gehen hier aus dem Involukrum hervor, das aus unfruchtbar bleibenden Zweigchen des Blütenstandes gebildet wird (vgl. Abb. 29, Fig. 6). Landeinwärts kommt
C. pauciflorus BENTH. auf sandiger Steppe häufig vor. In alle Tropenländer verschleppt ist eine dritte Art vom gleichen Typus *Cenchrus
echinatus* L., deren Dornen etwas weniger hart sind, aber als Fellkletten sehr leicht haften bleiben (HITCHCOCK).

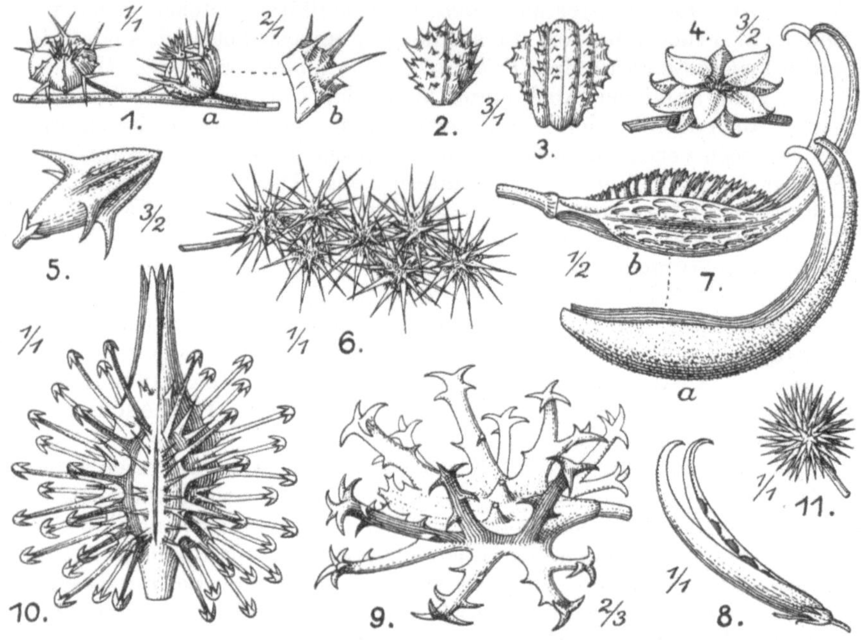

Abb. 29. Trampelkletten.

1—6 und 11 Dorntypus: gerade oder schwach gekrümmte Dornen als Klettvorrichtung: 1. *Tribulus
terrestris* L. *a* Stengel mit 2 Früchten, *b* Teilfrucht. — 2. *Pavonia glechomifolia* HOCHST. — 3. *Pavonia
elegans* GARCKE. — 4. *Astragalus epiglottis* L. Fruchtstand. — 5. *Pedalium murex* L. — 6. *Cenchrus
tribuloides* L. — 11. *Josephinia grandiflora* R. BR. — 7/8 Horntypus: gebogene Hörner als Klettvorrichtung: 7. *Proboscidea lutea* LINDL. *a* Frucht noch umhüllt vom fleischigen Perikarp, *b* ohne dasselbe. — 8. *Astragalus campylorrhynchus*; die falsche Scheidewand der Hülse hält die Samen fest. —
9/10 Krallentypus: 9. *Harpagophytum procumbens* DC. — 10. *Uncarina Didieri* STAPF. — (1, 4, 6,
7, 8 Originalzeichnungen nach der Natur, 2, 3 nach ULBRICH, 5, 9—10 nach Natürliche Pflanzenfamilien.)

2. Die Trampelkletten des Dorntypus können den Tieren ernste Verletzungen zufügen. Schon KERNER hebt hervor, daß die Früchte von
Tribulus terrestris (= *T. orientalis*) in der ungarischen Niederung der
Schafzucht mancherlei Schwierigkeiten bereiten, weil die Schafe infolge
der Verletzung ihrer Füße oder der Haut schmerzhafte, eiternde Wunden
davontragen, die sie am Laufen verhindern. Viel bösartiger sind nun
aber die Trampelkletten des zweiten, hier zu erörternden Typus, den
wir als „Horntypus" bezeichnen wollen. Er ist vertreten durch die
Früchte einiger *Martyniaceae*, einer kleinen, mit den Gesneriazeen verwandten Familie des tropischen und suptropischen Amerika. Am be-

kanntesten ist *Proboscidea Jussieui* STEUD. (= *Martynia proboscidea*
GLOX.), eine Art, die wahrscheinlich in Texas und Arizona heimisch,
gegenwärtig bis Illinois verbreitet ist. Die große Fruchtkapsel läuft an
ihrem Oberende in zwei mächtige, gemshornartig gekrümmte, nadelscharf
zugespitzte Hörner aus, die sich in die Füße oder Haut von Tieren einbohren und nicht leicht wieder zu entfernen sind (vgl. Abb. 29, Fig. 7 *a, b*).
Diese Hörner bestehen so gut wie ausschließlich aus Hartzellen und
gehen aus dem Griffel und dem Endokarp hervor. Außer den beiden
Hörnern tragen die *Proboscidea-* und *Martynia*-Früchte auf ihrem Rücken
lange und große Kämme über den Fruchtblättern, die bei ihrer zer-
schlissenen Beschaffenheit das Festhaften noch erhöhen. Die Früchte
von *Proboscidea* nehmen insofern eine Sonderstellung ein, als die Klettvorrichtungen erst voll wirksam werden nach Ablösung des fleischigen
Fruchtfleisches; es sind Steinfrüchte, deren Endokarp die Klettvorrichtungen bildet.

Auch bei einigen *Astragalus*-Arten des nordafrikanisch-arabischen
Wüstengebietes, der Mittelmeerländer und Vorderasiens kommen eigenartige Hülsen vor, deren Wandungen sehr hart sind und deren Griffel
zu einem scharf zugespitzten, hakenförmig zurückgebogenen, harten
Horn wird. Namentlich Arten der Gruppen *Harpilobus* BGE. (z. B.
Astragalus campylorrhynchus FR. et MEY. in Persien (vgl. Abb. 29, Fig. 8),
A. corrugatus BERT. in der ägyptisch-arabischen Wüste), *Ankylotes* BGE.
(z. B. *A. ankylotes* FISCH. et MEY., *A. commixtus* BGE. in den vorder- und
zentralasiatischen Wüsten), *Cyamodes* BGE. (z. B. *A. baeticus* L. im
ganzen Mittelmeergebiete) besitzen derartige Trampelkletten mit spitzem
Horn. (U.)

3. Der letzte und zugleich grausamste Fruchttypus von Trampelkletten
wird durch die Pedaliazeengattung *Harpagophytum* verkörpert: Wir
wollen ihn als „Krallentypus" bezeichnen. Die Früchte dieser in
den Wüsten und Steppen Südafrikas heimischen Pflanze sind sehr harte,
von der Seite zusammengedrückte, im Umriß etwa eiförmige, holzige
Kapseln, die sich sehr spät öffnen. Ihre Kanten sind mit einer Doppel-
reihe sehr kräftiger, verzweigter krallenartiger, scharfer Widerhaken besetzt. Am bekanntesten ist die Frucht von *Harpagophytum procumbens* DC., einem ausdauernden, niederliegenden Kraut. Diese Früchte
werden gelegentlich mit Rohwolle als sogenannte „Wollspinnen" nach
Europa verschleppt. Bei der Schärfe, Härte und Größe ihrer Widerhaken haften diese Früchte an den Füßen und im Fleisch sehr fest und
rufen bösartige Entzündungen hervor. Der niederliegende Wuchs dieser
und anderer mit Trampelkletten versehenen Pflanzen kommt der Verbreitung zugute (vgl. Abb. 29, Fig. 9, 10).

Im Gegensatz zu den bisher besprochenen Fällen der Ausbildung von
Früchten zu Trampelkletten sei hier noch kurz darauf hingewiesen, daß
auch Samen als Trampelkletten ausgebildet sein können. Dies scheint
der Fall zu sein bei der Gattung *Rafflesia*, deren riesenhafte, bis über 1 m
im Durchmesser haltende Blüten zwar sehr bekannt sind, über deren
Frucht- und Samenbau jedoch unsere Kenntnisse noch sehr unvollkommen sind. Bekanntlich schmarotzen die *Rafflesia*-Arten auf den

Wurzeln und Stämmen kletternder *Cissus*-Arten Javas, Sumatras und der Philippinen. Die Samen der *Rafflesia*-Arten sind dadurch sehr abweichend vom normalen Typus derartiger Parasiten, daß sie in der Nabelgegend eine kugelige Anschwellung zeigen, deren Zellen sich zur Reifezeit vollständig in Steinzellen verwandeln. Dieses steinharte Gewebe der Samenschale ist weiter dadurch merkwürdig, daß die Außenwandungen der Hartzellen dünn und zart sind und leicht vergehen. Es bleiben dann die harten Seitenwände stehen, so daß sie wie Kletten wirken könnten. Bei der eigenartigen Wachstumsweise ist Verbreitung der Samen durch die Füße großer Tiere anzunehmen. Die entsprechend der Blütengröße sehr großen Früchte sind, wie es scheint, fleischig und nicht zur Verbreitung geeignet. Es kann hier also nur eine Verschleppung der Samen die Verbreitung der Pflanzen sichern. Nähere Untersuchungen und Beobachtungen fehlen.

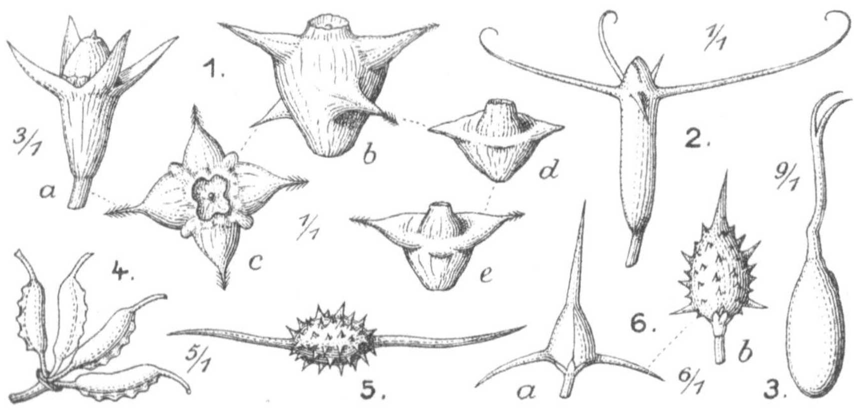

Abb. 30. Wasserkletten.
Klettvorrichtungen an Früchten von Wasserpflanzen.
1. *Trapa natans* L., Wassernuß, *a* junge, *b* reife Frucht, *c* von oben gesehen, *d, e* zweihörnige Früchte. — 2. *Trapella sinensis* (Pedaliazee Ostasiens). — 3. Seegras, *Zostera marina* L. — 4. *Zannichellia palustris* L. Fruchtstand. — 5. *Blyxa echinosperma*. — 6. *Ceratophyllum demersum* L. (links), *C. submersum* L. (rechts). — (Nach Natürlichen Pflanzenfam., HEGI und KERNER.)

e) „Wasserkletten". Während Klettfrüchte aller möglichen Ausbildungsformen bei Landpflanzen sehr häufig sind, treten ähnliche Fruchtbildungen bei Wasserpflanzen nur außerordentlich selten auf. Dies ist leicht verständlich: Das Fell der im Wasser lebenden Säugetiere ist dicht und glatt, und im Wasser legen sich die Haare so fest an, daß an ihnen nichts haften bleibt. Noch weniger haften auf der glatten, meist schleimig-schlüpferigen Haut andere Wassertiere, der Lurche, Fische u. a., Früchte oder Samen fest. Verlassen die Tiere das Wasser, so können Früchte und Samen leicht vermöge der Adhäsion des Wassers haften bleiben (vgl. S. 117), besondere Haftvorrichtungen sind daher nicht erforderlich. Hydatochorie ist die vorherrschende Verbreitungsform (vgl. S. 136). Treten nun bei Wasserpflanzen Früchte mit Klettvorrichtungen auf, so dienen diese wohl mehr der Verankerung der Früchte im schlammigen Boden. Derartige „Ankerkletten" besitzt beispielsweise die bekannte Wassernuß, Trapa natans L., deren Früchte überdies viel zu schwer wären, um epizoisch verbreitet zu werden. Die Früchte der *Trapa*-Arten sind sehr wenig verbreitungsfähig, ein Umstand, der zu dem ständigen Rückgang dieser eigenartigen Wasserpflanze viel beiträgt (vgl. Abb. 30, Fig. 1*a*—*d*).

Früchte mit Klettvorrichtungen, die auch der epizoischen Verbreitung durch Wassertiere dienen können, finden sich bei einigen Potamogetonazeen, z. B. beim Seegras der Meere der nördlichen Halbkugel *Zostera marina* L., bei *Zannichellia palustris* L., die fast über die ganze Erde verbreitet ist, und bei *Ruppia maritima* L. subsp. *rostrata* M. et K. (= *Ruppia rostellata* KOCH), die in Salz- und Brackwasser der Küsten, seltener auch des Binnenlandes der gemäßigten und warmen Zonen vorkommen. Der erhärtende Griffel des Fruchtknotens wird bei diesen Arten zu einem Kletthaken (vgl. Abb. 30, Fig. 3, 4).

Höchst merkwürdige Klettfrüchte besitzt die Pedaliazee *Trapella sinensis* OLIV., eine Wasserpflanze seichter Teiche Chinas: die einsamige Schließfrucht ist mit fünf schlanken, geraden, an ihrer Spitze krummstabartig eingebogenen, ungleich langen Stacheln versehen. Die Früchte reifen unter Wasser, brechen aber leicht von ihren spröden, zurückgekrümmten Stielen ab und können durch Fische und andere Wassertiere epizoisch verbreitet werden (vgl. Abb. 30, Fig. 2).

Samen mit Klettvorrichtungen sind bei Wasserpflanzen äußerst selten. Man könnte hierher die Samen der Seekanne, *Limnanthemum nymphaeoides* rechnen (vgl. S. 140, 141). Sehr eigenartige Samen besitzt die im tropischen Asien (Bengalen) vorkommende Hydrocharitazee *Blyxa echinosperma* (CLARKE) MAXIM., eine Verwandte der als Aquarienpflanze beliebten *Vallisneria spiralis* L.; die Samen sind mit spitzen Höckern und zwei langen, stachelartigen Fortsätzen versehen, die als Klettvorrichtung dienen können (vgl. Abb. 30, Fig. 5).

f) „Bohrfrüchte". Eigentlich könnte man schon einige der oben erwähnten Trampelkletten vom Dorntypus als Bohrfrüchte bezeichnen, da sie sich in das Fleisch von Tieren einbohren; ihre Eigenart zwingt uns aber, sie von den hier zu besprechenden, meist kleineren Früchten zu trennen, bei denen die Klettennatur nicht oder nur kaum zum Ausdruck kommt. Als eigentliche Bohrfrüchte wollen wir nur solche Formen bezeichnen, die nadelartig zugespitzt und an der Pflanze so gestellt sind, daß sie sich in die Haut vorüberstreifender Tiere leicht einbohren können. Hierher gehören die Früchte einiger Riedgräser (*Cyperaceae*), z. B. von der Flohsegge, *Carex pulicaris*, und ähnlichen Arten, wie *Carex pauciflora*, *C. microglochin*, die sämtlich durch nadelscharf zugespitzte Früchte ausgezeichnet sind. Außer diesen kleinen Arten besitzt aber auch eine Anzahl höher werdender *Carex*-Arten ähnliche Früchte, z. B. *C. muricata*, *C. echinata* (= *C. stellulata*), ferner *C. pseudocyperus*, *C. rostrata* u. a., die zugleich hydatochor sind (Abb. 32, Fig. 5, 9). Bohrfrüchte mit ganz zugespitztem, scharfem Schnabel besitzen auch viele *Rhynchospora*-Arten („Schnabelbinsen"), z. B. *Rh. alba* unserer Hochmoore, ferner auch einige *Scirpus*-Arten (vgl. Abb. 31, Fig. 1).

Recht eigenartige Bohrfrüchte haben einige *Scheuchzeriaceae* in unserer Flora, z. B. der Sumpfdreizack *Triglochin palustris* L., der bei uns auf sumpfigen Wiesen, an See- und Teichrändern nicht selten ist. Nach ihren eigentümlichen, an einen Dreizack erinnernden Früchten hat diese Gattung ihren Namen: die drei Früchtchen spreizen zur Reifezeit so, daß ihre nadelspitzen Enden nach rückwärts gerichtet sind. Vorbeistreifende Tiere bohren sich die Früchte leicht in das Fell und die Haut (vgl. Abb. 31, Fig. 2).

Gegenüber den Trampelkletten vom Dorntypus sind die kleinen Bohrfrüchte der genannten Arten verhältnismäßig harmlos. Weniger harmlos können aber die Früchte einiger Steppengräser der Gattung *Stipa* werden, die eigentlich zwar auf die Verbreitung durch den Wind eingestellt sind, da ihre lange Granne als Flugfahne wirkt, die sich aber mit ihren nadelscharfen und sehr harten Spitzen leicht in das Fell und die Haut von Tieren einbohren. Sie sind dann wesentlich schwerer zu entfernen, weil die scharfen Spitzen mit rückwärts gerichteten Borsten versehen sind, deren eigentliche Aufgabe die Verankerung der Frucht im Boden ist (vgl. Abb. 31, Fig. 3, 4). Weidendes Steppenvieh hat unter diesen Früchten mitunter sehr zu leiden, und Wolle, die mit derartigen Früchten durchsetzt ist, läßt sich nur schwer reinigen, da die spröden Früchte leicht zerbrechen.

Einige *Stipa*-Arten Australiens, wie z. B. *St. setacea*, haben, wie MAIDEN berichtet, die Schafzucht aufs schwerste geschädigt, ja stellenweise geradezu unmöglich gemacht: die scharfen und spitzen Bohrfrüchte dringen in solcher

Abb. 31. Bohrfrüchte.
Die sich leicht ablösenden Früchte bohren sich in das Fell (3 u. 4 auch in das Fleisch) der Tiere ein. 1. *Carex pulicaris* L. — 2. *Triglochin palustris* L. — 3. *Stipa setacea* F. v. MÜLL. — 4. *Andropogon contortus* L. — (Originalzeichnungen nach der Natur.)

Menge durch das Fell ins Fleisch der Schafe ein, daß diese unter furchtbaren Qualen zugrunde gehen, da eine Entfernung aus der Haut wegen der rückwärts gerichteten Borsten unmöglich ist. Durch die Muskelbewegungen der gepeinigten Tiere dringen die Früchte immer tiefer in den Körper ein. Sind doch sogar in den Herzmuskeln verendeter Schafe Früchte von *Stipa setacea* gefunden worden (vgl. Abb. 31, Fig. 3).

Bohrfrüchte ähnlichen Baues kommen auch bei einigen *Andropogon*-Arten vor, z. B. bei *A. contortus*, einem Grase, das über alle Tropenländer verbreitet ist (vgl. Abb. 31, Fig. 4).

Anhangsweise sei erwähnt, daß überhaupt sehr viele eigentlich anemochoren Früchte und Samen auch leicht durch Tiere epizoisch verbreitet werden können, weil die federigen oder wolligen Flugvorrichtungen auch leicht im Fell und Gefieder haften.

Diese Übersicht epizoischer Frucht- und Samenformen zeigt, daß eine außerordentlich große Mannigfaltigkeit in der Anpassung an die Verbreitung durch Anhaften am Tierkörper herrscht. Über die Wirksamkeit der epizoischen Verbreitung feste Zahlen der Entfernung zu gewinnen, bis zu welcher derartige Fruchtformen verschleppt werden, ist natürlich sehr schwierig. Überschätzen darf man diese Verbreitungsweise jedenfalls nicht. Namentlich die Vögel, aber auch die Nager, säubern ihr Gefieder und Fell sehr oft. Anhaftende Früchte und Samen werden daher bald entfernt, wenn sie nicht gerade zufällig an schwer zugängliche Körperstellen gelangt sind. Immerhin werden doch mitunter recht beträchtliche Entfernungen erreicht werden können. Der wichtigste Verfrachter auf sehr weite Entfernungen ist jedoch der Mensch, der durch seinen Weltverkehr manche Klettfrüchte Weltreisen machen läßt. Bekannte Beispiele sind ja hierfür die verschiedenen Formen der „Wollkletten", die mit Fellen und Rohwolle von Kontinent zu Kontinent reisen. Als plötzlich auftretende „Adventivpflanzen" erscheinen dann die als Früchte eingeschleppten Arten in der Nähe menschlicher Siedelungen, Handels- und Industriestätten. Der Weltverkehr des Menschen wird daher bis zu einem gewissen Grade auch zum Weltverkehr der Pflanzen (vgl. oben S. 16, 24—26).

In ähnlicher Weise wirken auch die Weltreisenden der befiederten Welt, die Zugvögel: selbst solcher Arten, die sonst auf peinlichste Sauberkeit ihres Gefieders halten, bemächtigt sich zur Reisezeit einer großen Unruhe und Aufregung, unter deren Wirkung die Säuberung des Gefieders vernachlässigt wird. Anhaftende Früchte und Samen werden in dieser Zeit daher leichter übersehen und bei der großen Schnelligkeit, mit der sich der Flug vollzieht, über weite Strecken verbreitet werden können. Da der Wanderzug der Vögel Plätze mit Süßwasser, die als Raststätten benutzt werden, berührt und gerade die Sumpf- und Wasservögel einen wichtigen Teil der Zugvögel stellen, wird die Möglichkeit der Verschleppung von Früchten und Samen von Wasser- und Sumpfpflanzen besonders groß sein. So haben diese denn auch eine sehr weite Verbreitung, z. B. *Ranunculus sceleratus* und andere Arten dieser Gattung, besonders die eigentlichen Wasserranunkeln der Untergattung *Batrachium* u. v. a. Andererseits gelangen auf dem Rückflug der Zugvögel gelegentlich Früchte und Samen aus dem Süden zu uns. Diese Arten treten dann plötzlich auf, um bald wieder zu verschwinden. Hierfür ist ein treffendes Beispiel das kleine Gras *Coleanthus subtilis* u. a. In mancher Hinsicht ähnlich liegen die Verhältnisse bei der seltenen Droserazee *Aldrovandia vesiculosa*; daß diese zarte Wasserpflanze bei uns nicht mehr fruchtet, deutet darauf hin, daß sie aus wärmeren Ländern stammt. Sie hält sich trotzdem bei uns dank ihrer Fähigkeit, wie andere Wasserpflanzen Winterknospen zu bilden. Daß sie auch im vegetativen Zustande von See zu See durch Wasservögel verschleppt wird, konnte ich in märkischen Gewässern feststellen (ULBRICH, *3*).

„Täuschfrüchte".

Es gibt eine Anzahl von Früchten oder Samen, die dem menschlichen Auge Tierformen vortäuschen, z. B. *Calendula*-Früchte Würmer,

Corispermum-Samen Wanzen u. dgl. Selbst wenn insektenfressende Vögel — diese kommen doch in erster Linie in Frage — derartige Früchte oder Samen für Tiere halten sollten, was wenig wahrscheinlich ist, so würden sie diese doch nicht anrühren, da sie keine toten Insekten verzehren. Stellen sich doch sehr viele Insekten, namentlich Käfer und Schmetterlinge und auch viele Gliederfüßler tot, sobald sie Gefahr wittern. Die tierähnlichen Früchte und Samen sind aber unbeweglich, können daher nur wie tote Tiere wirken; mithin werden sie den Vögeln gleichgültig bleiben. Andere Insektenfresser, wie beispielsweise Spitzmäuse u. a., die keine „Augentiere" wie die Vögel sind, folgen beim Aufsuchen der Nahrung ihrer Nase. Sie werden daher dem Menschen noch so tierähnlich erscheinende Früchte und Samen niemals für Tiere halten.

Daher spielen die „Täuschfrüchte" für die Biologie der Verbreitung keine Rolle.

2. Verbreitung durch Wasser („Hydatochorie").

Wasser als Verbreitungsmittel von Früchten und Samen wird naturgemäß in erster Linie für Pflanzen von Bedeutung sein, die im oder am Wasser wachsen. Wasser ist belebendes Element für die Keimung der Samen; nach Wasseraufnahme beginnt die Keimung und Entwicklung der jungen Pflanze. Wenn das Wasser nun aber als Transportmittel für Früchte und Samen dienen soll, muß diese belebende Wirkung des Wassers wenigstens verzögert werden. Dies gilt in gleicher Weise für Süßwasser des Landes und Salzwasser des Meeres und anderer Salzstellen. Kochsalz ist für die meisten Pflanzen ein tödliches Gift. Wenn also Landpflanzen durch Meeresströmungen verbreitet werden sollen, ohne auf einer langen Seereise ihre Keimfähigkeit einzubüßen, so sind besonders wirksame Schutzeinrichtungen gegen das Eindringen von Seewasser erforderlich. Diesen Schutz gewährt Unbenetzbarkeit. Bedingt wird diese Unbenetzbarkeit in ganz ähnlicher Weise wie bei den Schwimmblättern der Wasserpflanzen durch Wachsüberzüge, welche die Oberfläche der Früchte bedecken oder durch Ausbildung eines sehr kräftigen Oberflächenhäutchens, einer starken Kutikula, die das Wasser nicht eindringen läßt. Diese Einrichtungen finden wir in ganz ähnlicher Weise sowohl bei Früchten und Samen, die auf Süßwasser-, wie bei denen, die auf Meerwassertransporte eingestellt sind. Bei den letztgenannten Früchten, die ja mit längeren Seereisen und mancherlei Gefährdung (Brandung) zu rechnen haben, sind die äußeren, bisweilen auch die inneren Hüllen der Früchte besonders verstärkt: sie werden mehr oder weniger gepanzert durch sklerenchymatische Gewebe („Panzerfrüchte"), die der Durchdringung mit Salzwasser lange widerstehen und gegen mechanische Einflüsse weitgehend geschützt sind. Bei kleineren Früchten und Samen, die nur auf Verbreitung durch Süßwasser eingestellt sind, kann auch durch Einsinken der Außenwände der Epidermiszellen oder durch Papillen- und Haarbildungen die Unbenetzbarkeit erzielt werden. Die kleinen Vertiefungen oder die Zwischenräume zwischen den Papillen und Haaren sind mit Luft gefüllt, die das Wasser nicht bis zur Oberhaut der Früchte und Samen vordringen lassen. Bei sehr kleinen Samen reicht diese anhängende Luft aus, um auch die für hydatochore Verbreitung erforderliche Schwimmfähigkeit zu sichern. Sonst treten noch mannigfache Einrichtungen auf, um diese Schwimmfähigkeit zu erreichen. Sie wird durch besondere Schwimmgewebe gesichert, die entweder nach Art des Korkes besonders leicht sind oder große luftführende Zellen oder Zellschichten oder große luftführende Zwischenzellräume (Interzellularen) enthalten oder schließlich nach Art von Schwimmblasen gebaut sind. Nur verhältnismäßig selten wird die Schwimmfähigkeit durch nur eine dieser Einrichtungen erzielt; meist treten mannigfache Kombinationen und auch Abwandlungen auf, die eine große Mannigfaltigkeit bei den verschiedenen hydatochoren Früchten und Samen bedingen. Wir müssen daher der nachfolgenden Darstellung eine Anzahl besonders ausgewählter Beispiele zugrunde legen, welche die verschiedenen Einrichtungen gut zeigen.

A. Anpassungen an die Verbreitung durch Wasserläufe, See- und Meerwasser.

Wir wollen zunächst die Anpassungen der Pflanzen an die Verbreitung durch fließendes oder strömendes Süß- und Meereswasser betrachten, denen gegenüberstehen die Anpassungen an die Verbreitung durch Regen. Die strömende Wasserbewegung kann ersetzt werden durch Windwirkung, die Wellenschlag auf stillstehenden Gewässern erzeugt. Wie die Beobachtung lehrt, genügen schon ganz schwache Luftbewegungen, um ein Forttreiben auf der Oberfläche des Wassers schwimmender Gegenstände zu bewirken. Segelvorrichtungen verschiedenster Ausbildungsformen nützen die Luftbewegungen aus, um eine Fortbewegung von Früchten auf dem Wasser zu erreichen (vgl. unten). Es ist daher leicht verständlich, wenn manche Anpassungen von Früchten und Samen an die Verbreitung durch den Wind auch geeignet sind, der Verbreitung durch das Wasser zu dienen. Dies gilt besonders von vielen Früchten und Samen mit dichtem Haarkleid, das infolge seines Luftgehaltes zwischen den Haaren der Durchnässung längere Zeit widersteht. Derartige Früchte und Samen werden nicht hier, sondern im Abschnitt über Anemochorie besprochen werden. Das gleiche gilt von Früchten mit korkartigen Geweben. Wir werden sehen, daß die Anpassungen an hydatochore und anemochore Verbreitung manche Parallelen aufweisen.

a) Schwimmgewebe ohne Zwischenzellräume.

Wenn Zwischenzellräume fehlen, müssen die Zellen der Gewebe selbst die Schwimmfähigkeit der Früchte und Samen bewirken. SCHIMPER rechnet hierher eine ganze Anzahl tropischer Früchte, besonders von Palmen, Rhizophorazeen, Combretazeen, Borraginazeen, Verbenazeen, Goodeniazeen, Kompositen, meist tropischer Meeresstrand- und Lagunenpflanzen, deren Schwimmgewebe er folgendermaßen beschreibt:

„Die Zellen sind dünnwandig oder doch nur sehr mäßig verdickt, schließen dicht oder mit winzigen Interzellularen; die Zellwand ist stets deutlich, meist sehr dicht getüpfelt, immer resistenter gegen Schwefelsäure als reine Zellulose, verdankt in vielen Fällen diese Resistenz wohl der Anwesenheit von Lignin, bei *Clerodendron* derjenigen von Suberin, in einigen Fällen nicht bestimmbaren Stoffen. Stets ist das Gewebe für Wasser schwer, für Luft sehr leicht durchdringlich" (SCHIMPER).

Die tropischen Schwimmfrüchte sind zum Teil Steinfrüchte, deren fleischiges Exokarp vergeht; es bleibt dann eine feste äußere Schale und eine ebensolche innere, welche den Samen umschließt, übrig, und zwischen diesen Schichten liegt oft ein mächtig entwickeltes, korkartiges Schwimmgewebe. Sehr feste Faserstränge durchziehen dieses Schwimmgewebe in großer Anzahl, und häufig kommen noch Harz- und Gerbstoffbehälter vor. So sind z. B. die Früchte von *Terminalia catappa, Conocarpus* und *Lumnitzera*, Gehölzen aus der Familie der *Combretaceae*, gebaut, die in der Mangrove der tropischen Meeresküsten und Lagunen vorkommen. Die großen vierkantigen Früchte der Lecythidazee *Barringtonia speciosa* (L.) BL., eines Baumes der Südseeküsten, bezeichnet SCHIMPER als „saftlose Beeren". Meist liegt das Schwimmgewebe in den äußeren Schichten der Fruchtwandung, z. B. auch bei der Kokosnuß und anderen Palmenfrüchten. Es kann aber auch innerhalb des Steinkernes oder der Samenschale auftreten. Stets bilden Zellverbände mit luftführenden Zellen das Schwimmgewebe.

Nicht nur in den wärmeren Ländern ist dieser Typus von hydatochoren Früchten und Samen vertreten; auch in unserer Pflanzenwelt besitzen eine ganze Reihe von Wasser- und Sumpfpflanzen einen gleichen Bau der Früchte, z. B. der Fieberklee *Menyanthes trifoliata*, eine Anzahl von Umbelliferen, wie *Sium angustifolium* L. (= *Berula angustifolia* [L.] KOCH), der Wasserschierling *Cicuta virosa* L., der Wasserfenchel *Oenanthe aquatica* (L.) LAM. u. a., ferner manche Cyperazeen wie *Scirpus maritimus* L., *Cladium mariscus* (L.) R. BR., ferner Froschlöffel *Alisma plantago* L., Pfeilkraut *Sagittaria sagittifolia* L., *Scheuchzeria palustris* L., Schwertlilie *Iris pseudacorus* L., Igelkolben *Sparganium*-Arten, Schweineohr *Calla palustris* u. v. a. Von der Schwimmfähigkeit dieser Früchte und Samen kann man sich leicht überzeugen, wenn man im Spätsommer und Herbst unsere Gewässer besucht, an denen die genannten Arten ja meist leicht zu finden sind. Nur auf einige Formen können wir hier kurz eingehen (v. GUTTENBERG; KOLPIN RAVN; OHLENDORF; RODE).

Schwimmfrüchte mit einem Schwimmgewebe ohne Interzellularen besitzen z. B. *Alisma plantago, Sagittaria sagittifolia, Ranunculus sceleratus* und andere *Ranunculus*-Arten, *Potentilla (Comarum) palustris* u. a., die Spaltfrüchte der Umbelliferen *Sium, Cicuta, Oenanthe*. In der Frucht von *Scirpus maritimus* bildet die Epidermis das Schwimmgewebe (vgl. Abb. 32, Fig. 4). Die äußere Epidermis der Fruchtwandung besteht hier aus großen, luftführenden, sehr hohen Zellen mit ziemlich dicker Wandung; darunter liegen längs orientierte Bastzellen und auch die innere Epidermis besteht aus bastartigen, aber quergestreckten Zellen. Bei *Alisma plantago* besitzt die einsamige Schließfrucht gleichfalls ein kräftig entwickeltes äußeres Schwimmgewebe, das die im Querschnitt zusammengedrückt-dreikantigen Früchte umgibt und an den drei Kanten wulstartig verdickt ist. Die Früchte sind gleichsam von einem Schwimmgürtel umgeben. Das Schwimmgewebe besteht aus großen, lufthaltigen, verkorkten Zellen, die unter der vergehenden Epidermis in zahlreichen Schichten liegen. Von der Epidermis der Fruchtwandung vergehen die ziemlich dünnen Außenwände, die Querwände bleiben jedoch erhalten. Hierdurch entstehen flache Gruben — die Lumina der Epidermiszellen —, die sich mit Luft füllen und zur Schwimmfähigkeit und Unbenetzbarkeit der Früchte beitragen. Unter dem Schwimmgewebe liegt ein vielschichtiges Endokarp, das aus sehr dickwandigen Hartzellen besteht.

Einen, ganz ähnlichen Bau zeigen die Früchte der Schwarzerlen (*Alnus glutinosa* L.), der Hahnenfußarten (*Ranunculus aquatilis* L., *R. sceleratus* L.), des Pfeilkrautes (*Sagittaria sagittifolia*) u. a.

Bei den Spaltfrüchten der Umbelliferen, z. B. *Peucedanum palustre, Angelica silvestris, Sium latifolium, Cicuta virosa, Oenanthe aquatica* u. a. ist das mächtig entwickelte Schwimmgewebe entsprechend dem Bau der Umbelliferenfrucht in mehrere (4—5) Gruppen geteilt, welche die vorspringenden Wülstchen der Früchte erfüllen, oder es umgibt die ganze Spaltfrucht und ist in den Wülstchen besonders verstärkt (vgl. Abb. 32, Fig. 1—3).

Einen etwas anderen Typus stellen die Früchte von *Cladium mariscus*, *Sparganium ramosum* u. a. dar, es sind „Nüßchen" (*drupae*) mit steinharter Außenschicht, unter der das eigentliche Schwimmgewebe liegt. Bei *Cladium* wird diese Steinschicht von der Epidermis gebildet, welche aus Zellen besteht, deren Wandungen außerordentlich verdickt sind, so daß die Früchtchen mit einer sehr harten, glänzenden Oberfläche versehen sind, bei *Sparganium* bilden außer der Epidermis auch die darunterliegenden Schichten des Perikarps die Steinhülle, deren Zellen nach innen zu an Größe zunehmen und luftgefüllt sind.

Bei *Potentilla (Comarum) palustris* besteht die Fruchtwandung aus sklerenchymatischen Geweben, die Samenschale aus zartwandigem Schwimmgewebe.

Eine eigenartige Ausbildung zeigen die Früchte der wasserbewohnenden Sauerampfer- (*Rumex-*) Arten, z. B. *Rumex hydrolapathum* Huds., *R. sanguineus* L. Sie sind geflügelt und an den Flügeln treten dicke Schwielen aus stark lufthaltigem, schwammigem Schwimmgewebe auf. Die Fruchtwandung ist unbenetzbar; die Früchte schwimmen leicht auf der Oberfläche des Wassers, wobei die Flügel als Segel wirken.

Im Gegensatz zu den meisten anderen sumpfbewohnenden Seggen, die Früchte vom „Schwimmblasentypus" (s. unten) besitzen, zeigen *Carex paradoxa, C. panniculata, C. teretiuscula* nach Wilczeks Untersuchungen einen „Schlauch", dessen Wandung durch ein mächtig entwickeltes Schwimmgewebe verdickt ist (vgl. Abb. 32, Fig. 5). Dieses besteht aus einem lückenlosen Zellgewebe mit ziemlich derben, getüpfelten Wandungen. Die Mittellamellen der Zellen sind verkorkt, die übrigen Schichten gerbsäurehaltig und gebräunt.

Diese kleine Auswahl zeigt, daß auch bei den Früchten unserer heimischen Wasserpflanzen die Ausbildungsweise der tropischen Schwimm-

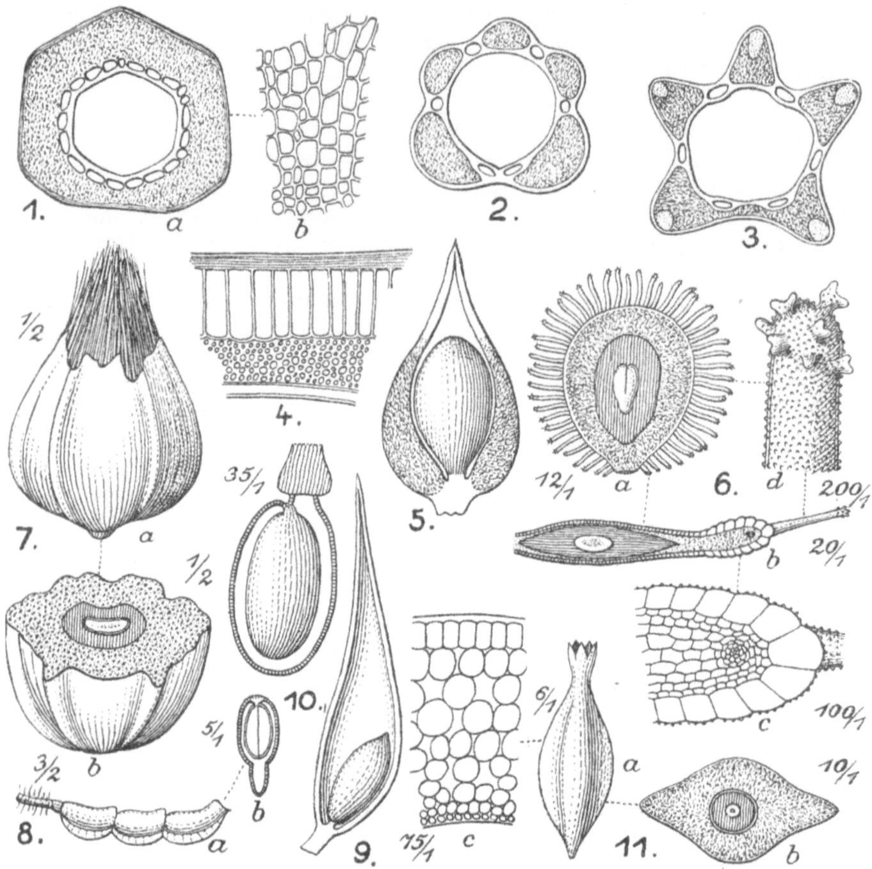

Abb. 32.　Schwimmfrüchte und -samen.

Ein für Wasser undurchlässiges Gewebe, luftführendes Zwischenzellgewebe oder große, luftführende Hohlräume bilden die Schwimmvorrichtung.

1. *Sium (Berula) angustifolium* L., *a* Querschnitt durch die Frucht, *b* Teil des Schwimmgewebes im Querschnitt. — 2. *Cicuta virosa* L., Wasserschierling, Querschnitt durch die Frucht. — 3. *Sium latifolium* L. desgl. — 4. *Scirpus maritimus* L. Querschnitt durch die Fruchtwandung. — 5. *Carex paradoxa* L. Längsschnitt durch die Frucht. — 6. *Limnanthemum nymphaeoides* L., Seekanne: *a* Samen, *b* derselbe im Querschnitt. — *c* Rand des Samens stärker vergrößert. — *d* Ende eines Luftschlauches vom Rande. — 7. *Nipa fruticans* WURMB. *a* Frucht, an der Spitze das Epikarp entfernt, um die Faserschicht zu zeigen *b* Querschnitt. — 8. *Fiebrigiella gracilis* HARMS, *a* Gliederhülse, *b* Querschnitt durch ein Glied. — 9. *Carex pseudocyperus* L., Frucht mit dem blasenförmigen Tragblatt (Utriculus) im Längsschnitt. — 10. Samen von *Nymphaea alba* L. Längsschnitt. — 11. *Diotis candidissima* DESF. *a* Frucht, *b* Querschnitt, *c* Teil des Schwimmgewebes. — Das Schwimmgewebe ist in allen Figuren punktiert. — (1—5 nach KOLPIN RAVN, 6b—d, 10 nach SCHOENICHEN, alles übrige Originalzeichnungen nach der Natur.)

früchte wiederkehrt, wenn auch in stark verkleinertem Maßstabe und mit den Abwandlungen, die der Fortfall einer langen Seereise bedingt.

Sehr groß ist die Zahl der Schwimmsamen; ihr Vorkommen aber fast ausschließlich auf Süßwasserpflanzen beschränkt. Wie bei den Schwimmfrüchten dieser Gruppe bedingt auch hier ein dichtschließendes Gewebe die Schwimmfähigkeit. Zumeist ist die Samenschale (*Testa*) zum Schwimmgewebe geworden. Nach den Untersuchungen von KOLPIN RAVN und OHLENDORF gehören zu diesem Typus die Samen von *Menyanthes trifoliata* L., *Scheuchzeria palustris* L., *Iris pseudacorus* L., *Lysimachia (Naumburgia) thyrsiflora* L. u. a. Die Epidermis der Samenschale ist sklerenchymatisch, die Wandungen der Zellen sind sehr dick und von vielen, mitunter verzweigten Tüpfeln durchzogen. Ein sehr dickes Oberflächenhäutchen schützt gegen Benetzung und Eindringen des Wassers. Unter der Epidermis liegt bis zum Endosperm ein vielschichtiges Schwimmgewebe, dessen Zellen fast lückenlos aneinanderschließen. Alle Zellen enthalten Luft.

Eine besondere Stellung unter den Schwimmsamen nehmen die von der Seekanne *Limnanthemum nymphaeoides* L., der einzigen bei uns im Limnäengürtel der Gewässer vorkommenden Gentianazee, von *Peplis portula* und einigen anderen Lythrazeen ein. Bei den Samen der Seekanne (vgl. Abb. 32, Fig. 6a—d) bedingen verschiedene Einrichtungen eine sehr hohe Schwimmfähigkeit: Die flachen Samen enthalten einen großen, inneren Luftraum, in welchem der Keimling liegt (Schwimmblasentypus). Die Zellen der Samenschale nehmen von der Mitte des Samens nach dem Rande hin bedeutend an Größe zu, und stellen ansehnliche Luftkammern dar, die den Samen wie mit einem Schwimmgürtel umgeben. Die Außenwände der Epidermiszellen sind papillös. Rings um den scharfen Rand der Samen stehen nun lange, lufterfüllte Schläuche, die aus den größten, am meisten peripherisch gelegenen Epidermiszellen hervorgehen. Diese Luftschläuche sind mit zahllosen kleinen Papillentüpfeln besetzt und tragen an ihrem freien Ende unregelmäßige, bisweilen schwach gegabelte Fortsätze (vgl. Abb. 32, Fig. 6a, d). Daß diese Luftschläuche sehr wirksame Schwimmvorrichtungen darstellen, geht daraus hervor, daß die Samen nach ihrer Entfernung bald untergehen; sie machen die Samen aber auch zu „Klettsamen", die im Gefieder der Wasservögel haften bleiben können.

Bei *Peplis portula* L. bilden gleichfalls Haare der Samenschale eine Schwimmvorrichtung der Samen, die in mancher Hinsicht sehr bemerkenswert sind: sie sind im trockenen Zustand in das Innere der schleimführenden Epidermiszellen eingezogen, bei Benetzung stülpen sie sich aus und können dann die Samen ein Stück davontragen, bis sie im Wasser untersinken.

Damit können wir diesen Typus der Schwimmfrüchte und Schwimmsamen verlassen, bei dem das eigentliche Schwimmgewebe aus mehr oder weniger dickwandigen, verholzten oder verkorkten, luftführenden Zellen besteht, die lückenlos aneinanderschließen oder höchstens winzige Interzellularräume aufweisen.

b) Schwimmgewebe mit Zwischenzellräumen.

Schwimmgewebe, bei denen nicht die luftführenden Zellen, sondern große, luftführende Interzellularen die Schwimmfähigkeit der Früchte und Samen bedingen, sind ziemlich selten. SCHIMPER fand diese Schwimmvorrichtung bei den Früchten der in den Mangrovesümpfen des

Indischen und Stillen Ozeans sehr weit verbreiteten Apocynazee *Cerbera manghas* L. (= *C. odollam* GÄRTN.), eines Baumes, der von Madagaskar und Vorderindien bis China, Nordwestaustralien und den pazifischen Inseln vorkommt und seine weite Verbreitung der guten Schwimmfähigkeit seiner Früchte verdankt. *Cerbera* besitzt Steinfrüchte mit mächtigem Mesokarp, das einen zweifächerigen Steinkern enthält. Das Exokarp ist häutig und fällt bald ab; unter ihm bilden drahtartige, vom Steinkern ausstrahlende Faserstränge ein Netz um das ganze Mesokarp, das sonst nur ein schwammiges, verkorktes, mit großen Interzellularen versehenes Gewebe enthält.

Ein Gegenstück hierzu bildet die Frucht der in den Mangroven Westafrikas und des tropischen Amerikas weit verbreiteten Combretazee *Laguncularia racemosa* GÄRTN., eines kleinen Baumstrauches mit dünnen, spargelähnlichen Atemwurzeln, der seine weite Verbreitung durch die Meeresströmungen der guten Schwimmfähigkeit seiner Früchte verdankt.

Auch eine sehr bekannte Palme der Mangrove der Küsten des Indischen und Stillen Ozeans, die Nipapalme, *Nipa fruticans* WURMB, besitzt Schwimmfrüchte dieses Typus. Hier bietet ein hartes Exokarp zunächst Schutz gegen die Einwirkung des Seewassers; es umschließt ein mächtiges, von Fassträngen durchzogenes Mesokarp, das mit seinen großen Lufträumen ein vorzügliches Schwimmgewebe darstellt. Unter diesem liegt dann erst der feste Steinkern (vgl. Abb. 32, Fig. 7*a*, *b*).

In unserer heimischen Flora besitzen Schwimmfrüchte dieses Typus *Potamogeton natans* L. und *Ranunculus* (*Batrachium*) *Baudotii* (= *B. marinum*) u. a. Das Schwimmgewebe besteht hier aus Zellen mit großen Interzellularen.

Ein schönes Beispiel von Schwimmfrüchten, die an die Verbreitung durch Meeresströmungen angepaßt sind, bietet die mit unserer Schafgarbe (*Achillea*) verwandte Komposite *Diotis maritima* (L.) CASS. (= *D. candidissima* DESF.), eine Küstenpflanze des Mittelmeeres und Atlantischen Ozeans, die von den Kanarischen Inseln bis England verbreitet ist. Die zusammengedrückte Blumenkronenröhre ist mit einem schwammigen Anhängsel versehen, das mit ihr verwächst, zu einem Schwimmgewebe wird und die reife Frucht wie mit einem Schwimmgürtel umgibt (vgl. Abb. 32, Fig. 11 *a*, *b*). Die Blumenkrone fällt nach dem Verblühen nicht ab. Das dicke, schwammige Schwimmgewebe besteht aus einer dichten Epidermis mit kräftiger, verkorkter Außenwandung (Abb. 32, Fig. 11 *c*); darunter liegt ein lockeres, mit großen Interzellularräumen versehenes Parenchym aus luftführenden Zellen. Die Größe der Zellen des Schwimmgewebes nimmt nach außen und innen ab. Die innere Epidermis besteht aus sehr kleinen Zellen mit stark verdickten Außenwänden (Abb. 32, Fig. 11 *c*, unten). Die große Schwimmfähigkeit der *Diotis*-Früchte wird demnach durch luftführende Zellen und Interzellularen erreicht. Da die eigentliche Frucht in dem dicken Schwimmgürtel tief geborgen liegt, ist sie auch gegen die Einwirkung der Brandung gut geschützt. Die *Diotis*-Frucht stellt demnach eine Kombination des vorigen mit dem hier abgehandelten Typus dar.

Schwimmsamen, die man diesem Typus zurechnen könnte, besitzt *Caltha palustris*, die Sumpfdotterblume, bei denen Hohlräume in der Gegend der Chalaza durch Vergehen von Zellen entstehen. Bei *Calla palustris* bildet sich ein Kranz großer Lufträume unterhalb der Epidermis der Samen (KOLPIN RAVN).

c) Schwimmblasen.

Den letzten und bekanntesten Typus bilden solche Schwimmfrüchte und -samen, bei denen zwischen den Geweben oder zwischen den verschiedenen Organen der Frucht große Hohlräume auftreten, die wie Schwimmblasen wirken und eine mitunter sehr große Schwimmfähigkeit der Früchte bedingen. Als bekanntestes Beispiel einer weite Meerestransporte überstehenden Frucht gehören hierher die Riesenhülsen der Leguminose *Entada scandens* L., eines Schlinggewächses der Tropen beider Halbkugeln. Die bis 1 m langen Hülsen werden gelegentlich durch den Golfstrom bis an die Küsten Englands und Norwegens verfrachtet. Die Hülse ist hart, holzig, mit glänzender Oberfläche; die ziemlich großen Samen, die im tropischen Asien als Volksheilmittel vielfach benutzt werden, sitzen in den etwas blasig aufgetriebenen, lufterfüllten Höhlungen der Hülse, die wie Schwimmblasen wirken und trotz der Schwere der Früchte einen weiten Meerestransport möglich machen. Alle derartigen auf weite Seereisen eingestellten Früchte besitzen sehr feste und harte Schalen, die von den Samen so unvollständig ausgefüllt werden, daß große Hohlräume entstehen, die wie Schwimmblasen wirken. Ein Beweis für die außerordentliche Schwimmfähigkeit der Hülsen von *Entada scandens* ist das Auffinden solcher Früchte im Herbst 1921 an der Südküste der Jugorstraße bei der Funkstation Jugorskij Schar in Nordrußland, worüber A. TOLMATCHEN[1] berichtet. Es dürfte dies die weiteste Entfernung sein, bis zu welcher ein Fruchttransport durch Meeresströmung beobachtet wurde; liegt doch Jugorskij Schar im Nördlichen Eismeer südlich von Novaja Semlja in Meeresbreiten, die von den letzten Ausläufern des Golfstromes noch erreicht werden.

An den Küsten des nördlichen Norwegens sind Früchte oder deren Teile öfter angespült worden. Keimungsversuche mit Samen, welche eine so gewaltige Seereise hinter sich hatten, ergaben, daß die Keimfähigkeit nicht gelitten hatte. Der Schutz durch die harten Schalen der Hülsen ist demnach recht vollkommen. Bemerkenswert ist hierbei ferner, daß die Keimfähigkeit der an Verbreitung durch Meeresströmungen angepaßten tropischen „Driftfrüchte" nicht wie bei tropischen Regenwaldgehölzen bald erlischt, sondern jahrelang erhalten bleibt. Für den Erfolg der Verbreitung durch Meeresströmungen ist dies sehr wichtig, da derartige Reisen nur langsam vor sich gehen und mindestens monatelang dauern.

Die Rubiazee *Morinda citrifolia* L., ein Gehölz aller Tropenländer, besitzt hühnereigroße Früchte mit einem Steinkern, der aus zwei ungleich großen Fächern besteht, von denen das größere mit Luft gefüllt

---

[1] Svensk. Botan. Tidskr. *20*, S. 287. 1926.

ist und als Schwimmblase wirkt, während nur das kleinere den Samen enthält.

Sehr typisch ausgebildete Schwimmblasenfrüchte besitzen viele Seggen, z. B. *Carex rostrata, C. vesicaria*, häufige Arten unserer Sümpfe und Gewässer. Als Schwimmblase dient das Tragblatt der Blüte, das schlauchartig hohl zum sogenannten Utriculus wird und das verhältnismäßig kleine, nußartige Früchtchen umschließt. Der große, lufterfüllte Hohlraum des Schlauches bedingt eine gute Schwimmfähigkeit der Früchte (vgl. Abb. 32, Fig. 9).

Auch bei einigen Schmetterlingsblütlern kommen Schwimmfrüchte vor, so bei der an Bächen der Anden Boliviens vorkommenden *Fiebrigiella gracilis* HARMS. Die Gliederhülsen dieser Pflanze sind etwas blasig aufgetrieben, so daß die Samen die Hohlräume der Hülsenglieder nicht ausfüllen. Ein wulstartiges Gewebe, das Längsfalten an der Frucht bildet, erhöht die Schwimmfähigkeit (U.) (vgl. Abb. 32, Fig. 8*a, b*).

Beiläufig erwähnt sei, daß viele der im folgenden Abschnitt behandelten Anpassungen an die Verbreitung durch den Wind, insbesondere viele Haarbildungen, auch gelegentlich ein Schwimmen der Früchte auf der Oberfläche des Wassers ermöglichen können, bis alle Luft zwischen den Haaren durch Wasser verdrängt ist und die Früchte untergehen, wenn sie nicht vorher irgendwo hängen geblieben sind.

Samen vom Schwimmblasentypus sind selten; sie kommen vor bei den Seerosengewächsen, Nymphaeazeen, z. B. bei *Nymphaea, Euryale* und *Victoria*. Bei unserer weißen Seerose, *Nymphaea alba* L., bildet sich vom Grunde der Samenanlage, von Funikulus aus, ein sackartiger Samenmantel, der den Samen als lockere Hülle umgibt und als Schwimmblase wirkt (vgl. Abb. 32, Fig. 10). Überdies können die ganzen Früchte, die ein sehr schwammiges Mesokarp besitzen und infolgedessen gut schwimmen, durch das Wasser verbreitet werden. Bei den gelben Seerosen der Gattung *Nuphar* lösen sich die einzelnen Fruchtblätter nach Zerstörung der Außenschicht voneinander und halten die eingeschlossenen Samen schwimmend, weil sich in einer die Samen umgebenden Schleimmasse große Luftblasen bilden.

Die Schwimmfähigkeit der verschiedenen Früchte und Samen steht in Beziehung zu anderen Verbreitungsmöglichkeiten: sie ist um so größer, je spezieller die betreffenden Früchte und Samen auf Wassertransport angewiesen sind, und um so geringer, je mehr andere Verbreitungsmittel wirksam sind. So gehen die Früchte und Samen vom Rohrkolben (*Typha*), Froschbiß (*Hydrocharis morsus ranae*), von vielen Binsen (z. B. *Scirpus lacuster, S. Tabernaemontani*), vom Wasserhaarstern (*Callitriche*) bald unter, weil sie mehr auf den Transport durch den Wind (*Typha*) oder Tiere eingestellt sind, die Verbreitung durch Wasser also mehr sekundär ist. Mehrere (2—10) Tage halten sich über Wasser die Früchte und Samen vom Froschlöffel (*Alisma plantago*), von vielen Laichkräutern (*Potamogeton*), von den Wollgräsern (*Eriophorum*), Riedgräsern (*Carex*), Seerosen, Wasserranunkeln, *Oenanthe, Limnanthemum* u. a., bei denen gleichfalls die Verbreitung durch Wind oder Tiere wichtig ist. Zu weiteren Reisen allein zu Wasser sind die besonders schwimmfähigen

Früchte und Samen vieler Küstenpflanzen der Meere und Süßwasserpflanzen befähigt, die sich mehrere Wochen, ja sogar Monate über Wasser halten können, wie die der Erlen (*Alnus glutinosa*), des Pfeilkrautes (*Sagittaria*), ferner von *Ranunculus* Sekt. *Batrachium, Scirpus maritimus, Cladium, Sparganium, Caltha palustris, Drosera, Sium, Cicuta, Scutellaria, Lycopus, Diotis* u. v. a. Diese Früchte und Samen findet man in der „Drift" der Gewässer oft in großen Mengen. Einige Arten keimen während der Wasserreise (*Calla, Cicuta, Menyanthes, Scheuchzeria*) und gehen mit Beginn der Keimung unter (*Sparganium, Iris* u. a.) (Kolpin Ravn).

Diese kleine Übersicht zeigt uns, daß auch die Verbreitung durch Wasser sehr mannigfache und eigenartige Anpassungserscheinungen bei den Früchten und Samen der Blütenpflanzen bewirkt hat. In fast allen Fällen ist die in oder zwischen den Zellen oder zwischen den Geweben oder verschiedenartigen Bildungen in und an der Frucht eingeschlossene Luft das Mittel, welche die Schwimmfähigkeit der Früchte und Samen bedingt.

B. Anpassungen an die Verbreitung durch Regen.

Anpassungen, die wir als Einrichtungen auffassen müssen, welche den auffallenden Regen in den Dienst der Samenverbreitung stellen sollen, finden wir bei einer ganzen Anzahl von Kapselfrüchten. Sie bestehen darin, daß diese Früchte sich bei feuchtem Wetter weit öffnen, so daß die fallenden Regentropfen die Samen herausspülen können. Bei trockenem Wetter sind die Früchte geschlossen, so daß die Samen nicht herausfallen können. Wir nennen diese Erscheinung „Hygrochasie". Derartige Früchte finden sich einmal bei vielen Sumpfpflanzen, wie *Veronica beccabunga* L., *V. anagallis aquatica* L., *V. scutellata* L., *Limosella aquatica* L., *Caltha palustris* L. u. a., wie auch bei Landpflanzen des trockeneren Bodens, z. B. *Veronica arvensis* L., *V. serpyllifolia* L., ja des dürren Sand- und Steppenbodens oder der Felsen, z. B. *Mesembrianthemum*-Arten, *Anastatica, Lepidium spinosum* Ard., *Odontospermum, Sedum acre* L. und Verwandten, *Telephium, Fagonia, Zygophyllum* und anderen Zygophyllazeen. Daß Pflanzen feuchter Standorte ihr Lebenselement auch in den Dienst der Verbreitung ihrer Früchte und Samen stellen, ist nicht verwunderlich, bei den Bewohnern dürrer Standorte erscheint dies auf den ersten Blick erstaunlich. Es ist aber vollkommen einleuchtend, daß gerade bei diesen Trockenpflanzen das Regenwasser zur Verbreitung der Samen benutzt wird. Schwemmt es doch die Samen aus der Frucht in den bergenden Boden, in dem die Samen keimen und zu jungen Pflanzen heranwachsen können. Es ist daher kein Zufall, wenn gerade unter den sogenannten „Steppenläufern" (vgl. unten), die den Wind zur Verbreitung ausnutzen, viele Arten Früchte besitzen, die dem Regen ihre Samen darbieten.

Die Öffnung dieser Früchte erfolgt in allen hierher gehörigen Fällen durch Quellung bestimmter Gewebe, die so gelagert sind, daß durch sie die Kapselfächer auseinander gebreitet werden. Bei den Kapseln von *Veronica, Mesembrianthemum, Limosella* bewirken Radialquellungen die

Öffnung der Kapselhälften oder Klappen, bei *Anastatica, Lepidium spinosum* ABD., *Odontospermum, Telephium* u. a. Tangentialquellungen der Gewebe der Kapselwandung, die eine Längskrümmung erfährt, bei welcher die Krümmungsebene parallel, die Krümmungsachse senkrecht zur Längsrichtung der Frucht liegt.

Bei den Kapseln von *Fagonia* und *Zygophyllum* erfahren die Fruchtwandungen dagegen eine Querkrümmung, bei welcher die Krümmungsebene senkrecht, die Krümmungsachse parallel zur Längsrichtung der Frucht liegt. Bei *Fagonia* öffnet eine Radialquellung der konvex werdenden Seite der Kapselwandung die Frucht, bei *Zygophyllum* die Quellung gekreuzter Zellen mit Längsstruktur. Auf Einzelheiten des anatomischen Baues dieser Öffnungsmechanismen hier näher einzugehen, würde zu weit führen. Es sei daher auf die Arbeiten von v. GUTTENBERG, STEINBRINCK und WEBERBAUER verwiesen.

Wir nennen diese Einrichtung der Früchte, sich durch Quellung ihrer Gewebe bei Feuchtigkeit zu öffnen, bei Trockenheit aber wieder zu schließen, „Hygrochasie", von ὑγρός feucht und χαίνειν klaffen. Hygrochasie ist bei Pflanzen trockener Standorte, insbesondere bei Steppen- und Wüstenpflanzen, wie besonders ASCHERSON und VOLKENS für die Pflanzen der nordafrikanisch-arabischen Wüsten nachwiesen, sehr häufig, aber auch bei sehr vielen Sumpfpflanzen zu finden. Den Gegensatz hierzu stellt dar die „Xerochasie", bei welcher die Früchte sich bei Trockenheit öffnen und bei Feuchtigkeit schließen. Diese Erscheinung ist weit verbreitet bei den anemochoren Pflanzen, deren Samen durch den Wind verbreitet werden, besonders bei den „Körnchenfliegern", „Schopffliegern" und bei Kapselfrüchten verschiedenster Ausbildung (Abb. 33).

3. Verbreitung durch den Wind (Anemochorie).

Wind weht überall, wenn auch seine Stärke, Häufigkeit und Richtung wechselt. Er ist von allen Faktoren, die bei der Verbreitung der Pflanzen eine Rolle spielen, weitaus der wichtigste und wirksamste. An die Verbreitung durch den Wind angepaßte Pflanzen finden wir daher überall, in allen Ländern, allen Breiten und in jeder Pflanzengemeinschaft; aber doch nicht überall in gleicher Häufigkeit. Gebiete, die besonders häufigen und starken Windbewegungen ausgesetzt sind, wie Küsten, Steppen, Wüsten und Gebirge, zeigen ein entschiedenes Vorwiegen von anemochoren Pflanzen. Offene Pflanzengemeinschaften zeigen meist ein Vorherrschen, geschlossene dagegen, insbesondere Wälder, ein Zurücktreten der anemochoren Arten. Dies schließt nicht aus, daß in den Wäldern namentlich der gemäßigten und kälteren Zonen in den Baumschichten die anemochoren Arten vorwiegen. Doch bleibt zu beachten, daß sich in unserer Heimat das Verhältnis der anemochoren Gehölze (Kiefern, Fichten, Tannen) durch Kultureingriffe des Menschen (Forstbetrieb) vielfach zuungunsten der zoochoren Arten (Eichen, Buchen, Obstgehölze, Eiben) verschoben hat.

Im allgemeinen gilt die Regel, daß in einer reich geschichteten Pflanzengemeinschaft der Anteil der anemochoren Arten in den verschiedenen

Schichten von unten nach oben zunimmt. In der unteren Bodenschicht eines (idealen) Waldes herrschen hydatochore Kryptogamen, in der oberen anemochore (Moose, Farne), in der unteren Feldschicht (Gräser, Stauden, Farne) ein Gemisch von zoochoren und anemochoren Arten, wobei die anemochoren zumeist die größeren Formen umfassen. In den unteren und mittleren Gehölzschichten herrschen die zoochoren Formen vor, in den oberen treten sie zugunsten der anemochoren zurück.

Diese Verteilung ist ohne weiteres verständlich, wenn man bedenkt, daß mit der Erhebung über den Erdboden die Wirkung des Windes zunimmt, die der Tiere abnimmt.

Daraus erklärt sich auch, daß alle Pflanzen mit anemochoren Früchten und Samen das Bestreben zeigen, ihre Verbreitungsorgane möglichst emporzuheben, um sie der Wirkung des Windes auszusetzen. Bei den hochwerdenden Gehölzen und Hochstauden sind besondere Einrichtungen, um diese Erhebung über den Erdboden zu erzielen, nicht notwendig. Bei den kleineren Stauden bis zum Moos und Pilz herab, finden wir aber eine Verlängerung der blütentragenden Achsen nach der Blütezeit, zumeist einhergehend mit Versteifung durch Holzigwerden der Stengel, die bezweckt, Früchte und Samen dem Winde auszusetzen. Sehr oft treten hinzu Bildungen, welche die Wirkung des Windes beeinträchtigen könnten, aber für die Lebensfunktionen der Pflanze notwendig sind, wie z. B. das Laubwerk, auszuschalten. Dies wird erreicht entweder durch Erhebung der Früchte weit über die Laubmasse (bei Kräutern und Stauden) oder durch Abwerfen des Laubes vor der Vollreife der Früchte (z. B. bei Laubgehölzen).

Die Mechanik und Wirksamkeit der anemochoren Verbreitungseinrichtungen ist eingehend von H. DINGLER[1] experimentell untersucht worden. Es fehlt uns hier an Raum, auf die mechanische Seite dieser Einrichtungen näher einzugehen. Interessenten seien daher auf dieses wertvolle Buch DINGLERS verwiesen. Die von ihm aufgestellten Typen haben in die Literatur Eingang gefunden. Wir werden sie auch mit einigen Abweichungen, die sich aus unseren Aufgaben ergeben, der nachfolgenden Darstellung zugrunde legen. Da wir uns nur mit den Blütenpflanzen zu beschäftigen haben, fällt für uns DINGLERS erster Haupttypus „Die staubförmigen Flugorgane" fort, der die mikroskopisch kleinen Formen der Bakterien und Sporen der Pilze, Flechten, Moose und Gefäßkryptogamen umfaßt.

A. Anemochore Verbreitung von Früchten und Samen.

a) Mittelbare Wirkung des Windes bei der Verbreitung von Früchten und Samen.

Bei den meisten hydatochoren Früchten und Samen ist die mittelbare, richtunggebende Wirkung des Windes von Bedeutung, wenn die strömende Wirkung des Wassers fortfällt oder gering ist. Wie eng die Beziehungen zwischen Wasser und Wind sind, das zeigen uns ja die gro-

---

[1] Die Bewegung der pflanzlichen Flugorgane. München 1889.

ßen Meeresströmungen der Tropenmeere, die unter der Wirkung dauernd wehender Winde, der Passate und Monsune, zustande kommen. Aber auch im kleinen ist die Wirkung des Windes bei hydatochoren Früchten und Samen der stillstehenden Gewässer der Seen und Teiche von Bedeutung, indem sie eine Verteilung der Früchte und Samen über eine größere Fläche bewirkt. Mannigfache Segeleinrichtungen an derartigen Früchten (vgl. oben S. 139 *Rumex*) erleichtern diese Wirkung des Windes.

Aber auch bei sehr vielen Landpflanzen, die keine eigentlichen anemochoren Früchte und Samen besitzen, wird der Wind bei der Verbrei-

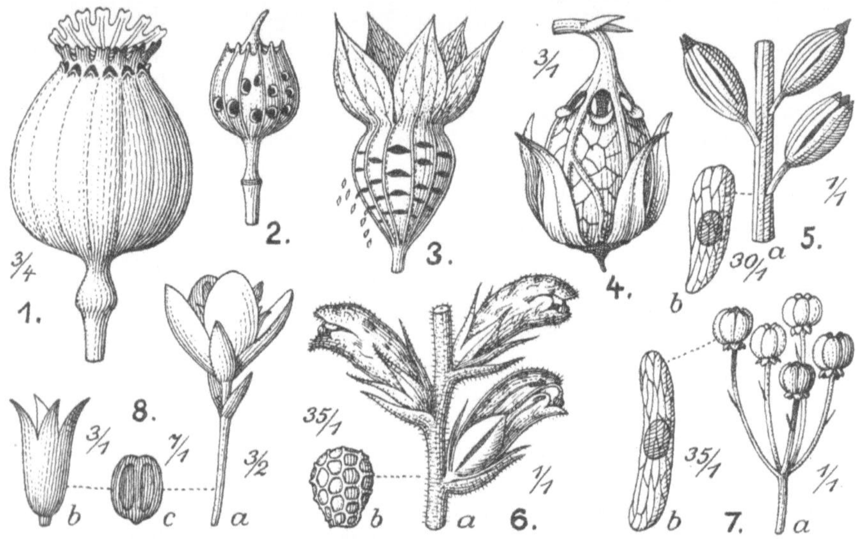

Abb. 33. Kapselfrüchte mit „Körnchenflieger"-Samen.
Bei den Poren-Kapseln 1, 2 trägt die Schwere der Frucht zur Ausstreuung der Samen bei; bei 3 und 4 bilden der an der Frucht erhalten bleibende Kelch, bei 6 die Blumenkrone, bei 8 die muschelförmigen Hüllblätter des Blüttenstandes Windfänge, die als „Schüttelvorrichtung" dienen oder blasebalgartig wirken. Bei 1 und 8 sind die Samen verhältnismäßig groß, bei den übrigen Früchten staubfein; bei 5b und 7b erhöht die lockere, sackartige Samenschale, bei 6b ein netziges Leistensystem die Flugfähigkeit der winzigen Samen.
1. *Papaver somniferum* L. — 2. *Trematocarpus macrostachys* (HOOK. et ARN.) A. ZAHLBR. — 3. *Musschia aurea* L. f. — 4. *Campanula rapunculoides* L. — 5. *Neottia nidus avis* L., *a* drei Früchte, *b* Samen. — 6. *Orobanche caryphyllacea* SM., *a* 3 Früchte, umhüllt von der vertrockneten Blumenkrone, die untere geöffnet, *b* Samen. — 7. *Chimaphila umbellata* L., *a* Fruchtstand, *b* Samen. — 8. *Tunica prolifera* (L.) SCOP., *a* Fruchtstand, *b* Kapsel, trocken geöffnet, *c* Samen. — (Abb. 1 nach HEGI, 2, 3 nach BECK, alles übrige Originalzeichnungen nach der Natur.) — Vgl. den Text.

tung der Samen eine vermittelnde Rolle spielen. Im Winde wiegen sich die Stengel und Halme; kurze, kräftige Windstöße rufen stärkere Erschütterungen hervor, und zwar um so mehr, je höher die Pflanzen und je schwerer und größer ihre Früchte sind. Bei der Ausschleuderung der Samen aus Kapselfrüchten spielt daher der Wind eine sehr wichtige Rolle und mannigfache Einrichtungen unterstützen seine Wirkung. Die Ausstreuung der Samen aus Kapselfrüchten wird hierdurch wesentlich erleichtert.

Hierher gehören die Öffnungsmechanismen von Trockenfrüchten, deren Mannigfaltigkeit so groß ist, daß es zu weit führen würde, hier auf alle vorkommenden Typen näher einzugehen. Eine eingehende Darstellung findet sich bei H. v. GUTTENGERG in K. LINSBAUERS Handbuch der Pflanzenanatomie, auf welche hier verwiesen sei. Einige Beispiele, besonders aus der heimischen Flora, mögen hier folgen, soweit sie an dieser Stelle in den Rahmen der Arbeit gehören. Es handelt sich hier um solche Fälle, bei denen die Öffnung der Fruchtkapseln unter der Einwirkung von Trockenheit durch Schrumpfungen der Gewebe erfolgt.

Bei *Linaria vulgaris* MILL., *Antirrhinum majus* L., *A. orontium* L., *Linaria (Chaenorrhinum) minor* (L.) DESF. und anderen Rachenblütlern öffnet sich die Fruchtkapsel an ihrem Scheitel durch Zurückschlagen von 6—10 Zähnen infolge radialer Schrumpfung der äußeren Gewebeschichten, während die längsgeschichtete Innenepidermis Widerstand leistet, so daß eine Auswärtskrümmung der Zähne erfolgen muß. Ähnlich verhalten sich die Fruchtkapseln von *Helianthemum guttatum* (L.) MILL. und *Agrostemma githago* L. (Kornrade). Dagegen erfolgt die Öffnung der Kapseln von *Tunica prolifera* (L.) durch Tangentialschrumpfung der äußeren Epidermis der Fruchtwandung, deren Außenwandung sehr stark verdickt ist, so daß nur ein schmales Lumen übrig bleibt. Als Widerlager, das nicht schrumpft, dient eine Grenzlamelle der Außenwand gegen das Lumen zu, dessen Wirksamkeit durch die Innenwand und die weiter nach innen folgenden, längsorientierten Zellen unterstützt wird (vgl. Abb. 33, Fig. 8*a—c*).

Bei der Fruchtkapsel der Primelgewächse (*Primula, Trientalis, Glaux* u. a.) erfolgt die Öffnung durch Zusammenziehung der sehr derbwandigen Zellen unterhalb der dünnen Epidermis, die sich in der Längsrichtung der Fruchtachse um 12—20 vH verkürzen. Die kräftige Innenepidermis dient als Widerlager und bewirkt die Krümmung der Kapselzähne nach außen.

Infolge Tangentialschrumpfung gekreuzter Zellen gleicher Struktur öffnen sich die Kapseln von *Alectorolophus* (Klappertopf), *Bartschia, Scrophularia, Verbascum, Digitalis, Veronica agrestis* L., *V. alpina* L. u. a. Die Innenepidermis und inneren Teile der Fruchtwandung bilden Hartschichten aus mehreren Zellagen, deren Faserverlauf schichtenweise verschieden ist: auf der Außenseite des Gewebes quer, innen längs.

Auch bei den Fruchtkapseln vieler Orchideen und Liliazeen ist die Innenepidermis das an dem Öffnungsmechanismus am stärksten beteiligte Gewebe (HOROWITZ; MALGUTH).

Auf Querkrümmung mit Radialschrumpfung beruht der Öffnungsmechanismus der Fruchtkapseln mancher *Caryophyllaceen* und *Portulacaceen*, auf Querkrümmung mit Schrumpfung gekreuzter Zellen der der Asclapiadazeenkapsel, z. B. von *Cynanchum vincetoxicum* R. BR., mancher Ranunculazeen, z. B. von *Aquilegia, Paeonia, Delphinium, Aconitum, Caltha* u. a. (v. GUTTENBERG).

Diese Andeutungen müssen uns genügen, um die verschiedenen anatomischen Grundlagen der Öffnungsmechanismen zu beleuchten. Alle Einrichtungen wirken dahin, daß infolge der Austrocknung die Öffnung der Fruchtkapseln erfolgt, die bei feuchtem Wetter durch Quellung

wieder rückgängig gemacht wird und dann die Ausschleuderung der
Samen erschwert. Der Wind ist wichtigster Faktor einmal bei der Austrocknung der Gewebe, dann aber besonders bei der Bewegung und Erschütterung der Kapseln; seine mittelbare Wirkung unterstützt und
bereitet vor seine unmittelbare: den Transport der Samen.

Viele Poren- oder Löcherkapseln entbehren der hygroskopischen
Mechanismen; ihre Öffnungen sind stets offen, aber dann meist so klein,
daß ein Herausfallen der Samen nur bei stärkeren Erschütterungen durch
den Wind oder vorbeistreifende Tiere möglich wird (vgl. Abb. 33,
Fig. 1, 2, 3), z. B. beim Mohn (*Papaver*), vielen Campanulazeen, wie
Campanula, Musschia und *Trematocarpus macrostachys* (Hook. et Arn.)
A. Zahlbr., einer Campanulazee der Sandwich-Inseln. Bei einigen
Porenkapseln treten akzessorische Bildungen auf, die meist aus den sich
vergrößernden und erhärtenden Kelchzipfeln bestehen. Diese Bildungen
wirken als Windfänge und sollen die Stoßkraft des Windes erhöhen.
Derartige Kapseln besitzen beispielsweise manche *Begonia*-Arten und
viele Campanulazeen, z. B. *Musschia aurea* L. f., eine aufrechte Staude,
und *M. Wollastoni* Lowe, ein Halbstrauch Madeiras, und *Campanula*-
Arten. Die Kapseln von *Musschia* sind dadurch sehr auffällig, daß sie
sich durch seitliche Querrisse in der Kapselwand zwischen den Rippen
öffnen (vgl. Abb. 33, Fig. 3, 4).

Die Samen der Kapselfrüchte der hier in Frage kommenden Pflanzen
sind meist klein bis winzig und typische „Körnchenflieger", die durch
den Wind leicht und weit fortgeblasen werden.

Einer Pflanzengruppe müssen wir hier noch besonders gedenken: der
epiphytischen Orchideen der Tropen, deren Fruchtbau eine Sonderstellung einnimmt insofern, als in den Fruchtkapseln eigenartige
„Schleuderorgane" auftreten, die bei der Verbreitung der staubfeinen
Samen durch den Wind eine Rolle spielen. J. H. Beer war es, der zuerst
auf Anregung von Blume[1] auf das Vorkommen hygroskopischer „Schleuderhaare" in den Früchten der viel kultivierten epiphytischen *Stanhopea violacea, Acropera intermedia, Epidendrum cuspidatum, Gongora
bufonia, Cattleya, Sarcoglossum, Saccolabium* u. a. hinwies. Er konnte
bereits feststellen, daß diese Schleuderhaare nur den Kapseln der Epiphyten eigen sind, den Erdorchideen dagegen fehlen (vgl. Abb. 33, Fig. 5).
.Sie kommen daher bei unseren heimischen Orchideen nicht vor. Kerner
untersuchte die Schleuderhaare bei *Vanda* u. a. Eingehende Spezial-
untersuchungen unternahmen R. Malguth 1901 und A. Horowitz 1902
und in neuester Zeit v. Guttenberg 1926. An der Hand der Sammlungen des Botanischen Museums in Berlin-Dahlem konnte ich Fruchtkapseln von *Vanda, Papilionanthe, Grammatophyllum* untersuchen (vgl.
Abb. 2, S. 8). Die Schleuderhaare entspringen zwischen den Samenleisten und bilden in der reifen Kapsel ein Haargeflecht, ein „Capillitium", das ähnlichen Bildungen in den Mooskapseln, Stäublingen
(Gasteromyzeten) und Schleimpilzen (Myxomyzeten) vollkommen entspricht: Es besteht nach Malguth (S. 31) 1. entweder aus starren,

---

[1] Sitzungsber. d. Kais. Akad. Wiss. Wien 1857. Math.-naturw. Kl. *24*, S. 23—28.

borstenförmigen Anhängseln, welche an den Rändern der breiten Fruchtklappen sitzen bleiben und die Samenmasse wie mit einem Gitter umgeben, z. B. bei *Laelia, Cattleya, Epidendrum* u. a., oder 2. das Capillitium ist ein System von einzelnen schlauchförmigen Zellen, die in großen Mengen isoliert zwischen den unzähligen Samen eingebettet liegen: Die Schläuche sind nur wenig hygroskopisch, z. B. *Odontoglossum, Vanilla, Dendrobium, Stanhopea, Lycaste, Oncidium,* oder 3. die Schläuche sind stark hygroskopisch und wirken durch ihre lebhaften Bewegungen dauernd auflockernd auf die Samenmasse, die hierdurch aus der Kapsel durch den Wind herausgeblasen werden, z. B. bei *Angrecum, Vanda, Papilionanthe, Saccolabium* u. a. Eine Ausschleuderung der Samen durch die Haare findet jedoch nicht statt. Capillitium und Samenhülle stehen in enger Beziehung zueinander: Bildet das Capillitium einen dichten Filz, der die Kapsel erfüllt und die Samenmassen auflockert, sind die Samen gedrungen. Wo das Capillitium dagegen die Samen nicht trennt, bildet die Samenschale eine sackartige, zarte Hülle, welche die einzelnen Samen leicht voneinander trennt. Die Kapseln öffnen sich allmählich; die Samen sind zunächst miteinander zu feuchten Ballen verbunden. Allmähliche Austrocknung gibt die Samen dem Verstäuben durch den Wind frei. Dies geht in der Sonne und bei trockener Luft schneller als bei feuchter Atmosphäre. Daher haben die epiphytischen Orchideen des feuchten, schattigen Regenwaldes ein stark hygroskopisches Capillitium, das die Austrocknung und Preisgabe der Samen an den Wind sehr fördert, z. B. *Vanda, Papilionanthe* u. a.; bei den epiphytischen Orchideen lichterer und trockener Standorte ist diese Hygroskopizität dagegen sehr gering oder fehlt, weil die luftige Testa zur Lockerung ausreicht.

Die hygroskopischen Bewegungen der „Schleuderhaare" beruhen auf der Spiralstruktur der Wandungen, die besonders an ihrem Grunde durch schiefe Tüpfel und Streifung kenntlich ist (vgl. Abb. 2, S. 8). Eine eigentliche „Schleuderfunktion" kommt ihnen nicht zu; sie dienen vielmehr der Auflockerung der Samenmasse und der Verhinderung der Ausstreuung der Samen bei schlechtem, nassen Wetter.

Die interplazentaren Organe sind als spezifisches Familienmerkmal der Orchideen anzusehen. Nur bei ganz wenigen Erdorchideen haben sich diese Haarbildungen noch erhalten, bei den allermeisten sind sie dagegen geschwunden. Bei den epiphytischen Orchideen haben sie sich aber als Anpassung an Lebensweise und Standort zu voller Entfaltung als Capillitium entwickelt. Daher gehören die Schleuderhaare der Orchideenkapseln zu den Hilfsmitteln der anemochoren Verbreitungseinrichtungen, nicht aber zur Autochorie.

b) Unmittelbare Wirkung des Windes bei der Verbreitung von Früchten und Samen.

Früchte und Samen, die durch den Wind verbreitet werden sollen, müssen staubfein und sehr leicht sein oder, wenn sie größer sind, besondere Flug- und Schwebeeinrichtungen besitzen, durch welche ihre Oberfläche vergrößert wird, damit sie dem Winde eine genügende Angriffsfläche darbieten. Staubfeine Früchte sind selbst mit größter Materialeinschränkung nicht möglich; wohl aber gibt es eine ganze Anzahl von Pflanzen mit staubfeinen oder wenigstens sehr kleinen Samen, die leicht genug sind, um ohne besondere Flugvorrichtungen vom Winde davongetragen zu werden. Meist besitzen aber auch kleine Samen besondere Vorrichtungen zur Verringerung ihres spezifischen Gewichtes und Vergrößerung der Angriffsfläche des Windes. Diese Einrichtungen können sein 1. blasenförmige Flugorgane („Flugblasen"), 2. Haarbildungen verschiedenster Ausbildung und Anordnung, 3. flügelartige Anhänge. Alle drei Einrichtungsformen treten sowohl bei Früchten, wie bei Samen auf. Diese Bildungen müssen widerstandsfähig genug sein, einmal um Frucht oder Samen zu tragen, dann aber auch, um nicht durch Anprall oder den Stoß des Windes selbst zu zerbrechen. Daher zeigen alle derartigen Bildungen trotz ihrer oft außerordentlichen Zartheit eine gewisse Festigkeit, die sie mechanischen Zellen verdanken. Die mit flügelartigen Anhängen versehenen Früchte und Samen verlangen weiterhin einen ganz bestimmten Bau, der die Funktion der Flugvorrichtungen unter allen Umständen sichert. Nur verhältnismäßig wenige Früchte und Samen sind „Gleitflieger", die meisten sind „Wirbelflieger" verschiedener Ausbildungsform, auf die noch näher einzugehen sein wird. Sowohl bei den „Flügelfliegern" wie bei den „Haarfliegern" ist die Lage des Schwerpunktes des ganzen Gebildes für seine richtige Funktion von größter Bedeutung. Der Schwerpunkt ist die Angriffsstelle der Wirkung der Schwerkraft, welche die Frucht nach unten zieht. Liegt dieser Schwerpunkt sehr tief, die Flugvorrichtung über ihm, so befindet sich das Gebilde beim freien Fall im stabilen Gleichgewicht. Ist es so gebaut, daß die Luft gleichmäßig an seinen allseits gleich gebauten Rändern abgleiten kann, sinkt das Gebilde bei ruhiger Luft senkrecht, bei bewegter Luft in einer der Luftströmung entsprechenden Flugbahn schräg abwärts. Die Verlangsamung des Falles hängt ab von der Schwere der Frucht oder des Samens und der Größe des „Fallschirmes" oder sonstigen Fluggebildes. Ein gleichmäßiger, ruhiger Fall wird auch dann eintreten, wenn der Schwerpunkt im Mittelpunkt der kugelig gebauten Frucht oder des Samens liegt. Dies gilt für manche „Flugblasen". Alle nicht kugelförmigen Früchte und Samen befinden sich dagegen beim freien Fall nicht im stabilen, sondern im labilen Gleichgewicht. Welche Stellung sie beim Fluge einnehmen, und welche Flugbahn sie beschreiben, das entscheidet dann die Gestalt und Beschaffenheit der Flugeinrichtungen und die Lage des Schwerpunktes. Die einzelnen Typen werden Gelegenheit geben, die verschiedenen Verhältnisse zu erörtern.

I. Samen ohne besondere Flugvorrichtungen (Körnchenflieger).

Samen, die ohne besondere Flugvorrichtungen vom Winde davongetragen werden sollen, müssen fein und leicht wie Staubkörnchen sein. Die Winzigkeit und Leichtigkeit solcher Samen wird erreicht durch Rückbildung aller Teile, welche bei anderen Samen bedeutendere Größe und höheres Gewicht bedingen: des Nährgewebes (Endosperms) für den Keimling, des Embryos selbst und der Deckschichten (Integumente). Das Nährgewebe fehlt oder ist auf wenige Zellen beschränkt, der Embryo ist nur in einer winzigen, aus wenigen Zellen bestehenden Anlage vorhanden und die Samenschale bleibt dünn und leicht. So werden bei den Orchideen, Pirolazeen, Orobanchazeen, Scrophulariazeen, Rafflesiazeen u. a. staubfeine Samen erzielt. Es ist kein Zufall, daß unter den Pflanzen mit staubfeinen Samen die Epiphyten, Parasiten und Saprophyten einen besonders hohen Anteil stellen. Namentlich die Epiphyten und Parasiten leben unter Existenzbedingungen, die nicht überall zu finden sind. Ein großer Teil der von der Mutterpflanze gebildeten Samen wird zusagende Existenzbedingungen nicht finden und zugrunde gehen müssen, ohne zu neuen Pflanzen heranwachsen zu können. Zur Sicherung der Erhaltung der Art wird daher namentlich bei den Parasiten eine starke Überproduktion von Samen notwendig, um wenigstens eine geringe Nachkommenschaft zu erzielen. Diese Überproduktion wird nur möglich durch allersparsamsten Materialverbrauch beim einzelnen Samen. Bei den Wurzelparasiten, wie *Orobanche*, die auf den Wurzeln anderer Blütenpflanzen schmarotzen, werden staubfeine Samen besonders notwendig und vorteilhaft sein, weil die Winzigkeit der Samen ein leichtes Eindringen in den Boden möglich macht, wodurch das Vordringen bis zur nährenden Wurzel der Wirtspflanze erleichtert wird. Daher finden wir bei den *Orobanche-*, *Monotropa*-Arten die kleinsten und leichtesten Samen. So wiegt nach KERNER ein Samenkorn von *Orobanche ionantha* KERNER nur 0,000001 g, von *Monotropa hypopitys* L. 0,000003 g, von *Pirola uniflora* L. 0,000004 g. Auch die Samen der Orchideen sind durch ihre Leichtigkeit und Winzigkeit bekannt; besonders leicht sind sie bei den epiphytischen Orchideen, z. B. *Stanhopea oculata* LINDL. nur 0,000003 g schwer.

Die Leichtigkeit und Flugfähigkeit dieser winzigen Samen wird noch erhöht durch die Beschaffenheit ihrer Oberfläche: bei *Orobanche* trägt die an und für sich sehr dünne Samenschale Leisten, welche ein aus sechseckigen Maschen zusammengesetztes Netzwerk bilden. Die bei der Kleinheit und mehr oder weniger rundlichen Gestalt der Samen verhältnismäßig große Oberfläche wird durch dieses Netzwerk noch vergrößert. Die in den Maschen haftende Luft und die Reibung der Luft an den Leisten erhöht die Flugfähigkeit der Samen (vgl. Abb. 33, Fig. 6b).

Um ein leichtes Eindringen in den Erdboden zu sichern, sind die staubfeinen Samen bei vielen Arten „feilspanartig", d. h. an beiden Enden mehr oder weniger zugespitzt (Abb. 33, Fig. 3).

Sehr kleine Samen vom gleichen Typus der „Körnchenflieger" besitzen ferner die Arten von *Sedum*, *Sempervivum* und anderen Crassulazeen, von *Gypsophila* (Gipskraut), *Campanula*, *Digitalis* (Fingerhut) u. a. Auch die verhältnismäßig großen Samen der Mohnarten (*Papaver*) sind diesem Typus zuzurechnen, wenn sie auch im Verhältnis zu den Samen von *Orobanche*, *Pirola* u. a. Riesen dieser Gruppe darstellen. Sie werden auch keine weiten Luftreisen machen können, immerhin, durch starke Windstöße aus den Kapseln geschleudert, doch viele Meter vom Winde fortgetragen. Über die Wirksamkeit des Windtransportes bei *Papaver somniferum* L. hatte ich Gelegenheit, einige Beobachtungen zu machen. Während des Krieges war ich, der Not gehorchend, Kleingärtner und baute mir Kartoffeln und Gemüse für meine Familie selbst. Der Gartenzaun war auf der West- und Ostseite mit Brombeerspalieren bepflanzt. Auf dem westlich benachbarten Gartenland war *Papaver somniferum* L. in Kultur, und zwar eine Sorte mit nicht geschlossen bleibenden Kapseln. Der Westwind schleuderte die Samen bis zu 15 m weit in meinen Garten, und es ging im folgenden Jahre eine dichte Saat von *Papaver somniferum* aus den vom Winde herbeigetragenen Samen auf, aber nur an den Stellen, die nach Westen nicht durch Brombeergebüsch geschützt waren. Der Brombeerbestand war lückig, und durch diese Lücken flogen die Samen des Mohns in Massen herein. Die nächsten Mohnpflanzen standen in einem Abstand von etwa 1 m von meinem Garten; in meinem Garten gingen Mohnpflanzen bis etwa 15 m vom Westzaun auf; demnach betrug der Windtransport der Samen doch 15—16 m; bei der verhältnismäßigen Schwere der Samen immerhin eine nicht unbeträchtliche Entfernung, zumal wenn man bedenkt, daß die volle Wirkung des Windes infolge der Hecke nicht zur Geltung kommen konnte. Auch beim Mohn ist die Oberfläche der Samen netzig-grubig.

II. Früchte und Samen mit besonderen Flugeinrichtungen.
A. Blasenförmige Flugeinrichtungen.

1. Blasenflieger. Wie bei manchen hydatochoren Früchten und Samen die Schwimmfähigkeit auf dem Wasser durch Lufträume erzielt wird, welche das Gewebe enthält, so daß schwimmblasenartige Bildungen entstehen, so dient auch bei vielen anemochoren Früchten und Samen eingeschlossene Luft als Mittel zur Erlangung einer guten Flugfähigkeit. Die Bauprinzipien sind ganz ähnlich, nur pflegen die Lufträume im Verhältnis zu den hydatochoren Früchten und Samen größer zu sein, da ja die Tragfähigkeit der Luft geringer ist als die des Wassers. Die Lufträume vergrößern die Oberfläche der Früchte und Samen infolge der Auftreibung der Gewebe. Hierdurch wird die Angriffsfläche für den Wind vergrößert, während die enthaltene Luft das spezifische Gewicht verringert. Beide Momente wirken in gleichem Sinne erhöhend auf die Flugfähigkeit.

Betrachten wir zunächst die „Blasenfrüchte", die nicht übermäßig häufig auftreten und meist bei Steppen- und Wüstengewächsen anzutreffen sind. Der Luftraum kann in der blasig aufgetriebenen Frucht liegen. Hierfür finden sich treffende Beispiele bei einigen Schmetterlingsblütlern, z. B. beim Blasenstrauch, *Colutea arborescens*, einem schön blühenden Gehölz der Mittelmeerländer und Westasiens, das viel bei uns in Gärten und Anlagen angepflanzt wird. Die großen Hülsen sind dünnschalig und prall mit Luft gefüllt. Sie springen nicht auf, werden vom Winde abgerissen und davongetragen. Trotz ihrer bedeutenden Größe sind sie federleicht, ihre Wandung ist papierartig dünn, die Samen sind sehr klein, so daß sie das Gewicht der Frucht nicht wesentlich vermehren (Abb. 34, Fig. 1*a*, *b*). Ähnliche Blasenfrüchte besitzen manche Arten von *Crotalaria, Lessertia, Astragalus, Cicer* und andere Schmetterlingsblüter. In der Familie der *Sapindaceae* besitzen Arten die Gattungen *Cardio-*

spermum, *Koelreuteria* und *Porocystis* ähnliche Früchte. In unseren Anlagen sieht man hin und wieder die Sträucher von *Staphylea*, Gehölze, die zur Tertiärzeit bei uns heimisch waren. Auch sie besitzen typische Blasenfrüchte. Kleinere Früchte gleicher Ausbildung zeigt die Rosazee *Physocarpus*, ein Gehölz Nordamerikas; *Ph. opulifolia* (L.) MAXIM. ist nicht selten als Zierstrauch bei uns angepflanzt und unter dem Namen „Knackbusch" bekannt, weil die prall mit Luft gefüllten, häutigen Früchte bei Druck mit knackendem Geräusch platzen. Die Früchte sitzen hier in dichten, doldentraubigen Blütenständen, die als Ganzes abbrechen und ein Spiel der Winde werden.

Bei anderen „Blasenfrüchten" liegt der Luftraum außerhalb der eigentlichen Frucht. Zumeist ist der Kelch mächtig aufgetrieben und bildet eine Luftblase. Diesem Typus gehören manche Schmetterlingsblütler an, z. B. *Trifolium fragiferum* L., der Erdbeerklee, eine Art, die gern auf salzhaltigen Böden auftritt, im blühenden Zustande dem weißen, kriechenden Klee sehr ähnlich sieht, zur Fruchtzeit aber leicht zu erkennen ist (Abb. 34, Fig. 2a, b). Auch andere Kleearten der gleichen Verwandtschaft (Sektion *Galearia* PRESL = *Vesicaria* SAVI) besitzen ähnliche Früchte mit blasig aufgetriebenen Kelchen, z. B. *Trifolium tomentosum* L., *T. physodes* STEV. im Mittelmeergebiete, *T. tumens* STEV. im Kaukasus und Vorderasien. Ähnliche Früchte kommen bei den Wundkleearten vor, besonders bei *Anthyllis* (*Physanthyllis*) *tetraphylla* L., einem einjährigen Kraute des Mittelmeergebietes, weniger typisch auch bei *Anthyllis vulneraria* L., der ja auch bei uns verbreitet ist. Die artenreiche Gattung *Astragalus* enthält zahlreiche Arten mit ähnlichem Fruchtbau (Sektion *Calycophysa* und *Calycocystis*) (Abb. 34, Fig. 3), ebenso verschiedene Arten der verwandten Gattung *Oxytropis*, die zur Sektion *Physoxytropis* gehören. (U.)

Blasig aufgetriebene Fruchtkelche kommen noch bei verschiedenen anderen Familien vor. Hier sei nur auf eine sehr bekannte Pflanze aus der Familie der Solanazeen hingewiesen, auf *Physalis alkekengi* L., die „Ballonpflanze", die über Südeuropa und Asien verbreitet ist und bei uns wegen ihrer schön rotgefärbten, großen, blasigen Fruchtkelche häufig als Zierpflanze gezogen wird. Wenn die Beerenfrüchte auch auf endozoische Verbreitung hinweisen, ebenso wie die lebhafte Färbung der Fruchtkelche, so können diese doch auch der Verbreitung durch den Wind dienen. Einen ähnlichen Typus unter den Scrophulariazeen stellen die Früchte der in Brasilien heimischen *Physocalyx*-Arten dar.

Hierher zu rechnen sind auch die Früchte der mit der Hainbuche verwandten, in Südeuropa verbreiteten *Ostrya carpinifolia* SCOP. und ihrer nordamerikanischen Verwandten *O. virginica* WILLD. Bei diesen Früchten bildet der blasig aufgetriebene Fruchtbecher (Cupula) das Flugorgan.

Selten kann auch die erhalten bleibende, blasig aufgetriebene Blumenkrone als Flugorgan dienen, z. B. bei einigen Kleearten, wie *Trifolium spadiceum*, *T. badium*, *T. agrarium* u. a.

Den Übergang vom Typus der Blasenfrüchte zu den Flügelfrüchten bilden z. B. die Früchte von *Melica nutans*, *M. altissima*, *M. uniflora*

(Perlgras) und *Briza maxima, B. media* u. a. (Zittergras), deren schalenförmige Spelzen die Frucht nur teilweise umhüllen und wie Windfänge wirken. Ganz ähnlich wirken die Hochblätter der Fruchtstände des Hopfens (*Humulus lupulus*).

Das gleiche, was bei den vorstehend erwähnten Früchten ein großer Luftraum in oder an der Frucht erreicht, kann auch durch mehrere oder zahlreiche, kleine Lufträume im Innern der Früchte erzielt werden. Auch hierin tritt ein Parallelismus zu den Schwimmfrüchten hervor. Diese Lufträume können zwischen den Zellen auftreten in Form von Luftgängen und größeren Hohlräumen (interzellulare Lufträume) oder das ganze Gewebe besteht aus dichtschließenden, aber luftführenden Zellen (intrazellulare Lufträume).

Dem ersteren Typus gehören die Früchte einiger Umbelliferen an, z. B. der Großen Stränze (*Astrantia major* L.), einiger Baldriangewächse

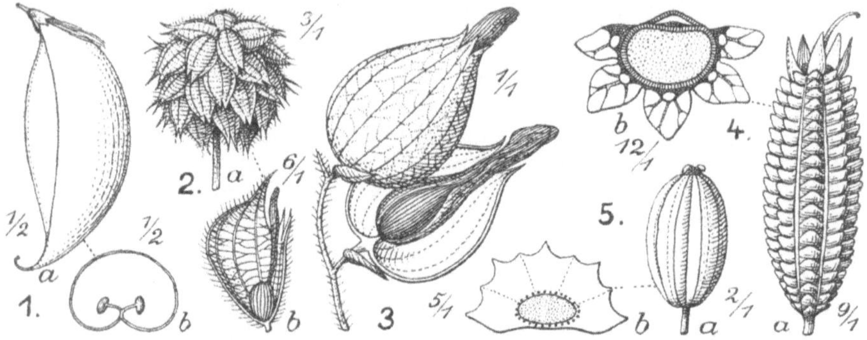

Abb. 34. Früchte mit lufterfüllten Hohlräumen als Flugvorrichtungen.
1. *Colutea aborescens* L., Blasenstrauch, *a* Frucht, *b* Querschnitt. — 2. *Trifolium fragiferum* L., Erdbeerklee, *a* Fruchtstand, *b* Einzelfrucht geöffnet. — 3. *Astragalus physocalyx* FISCH., zwei Früchte, bei der unteren der blasenförmige Kelch aufgeschnitten. — 4. *Astrantia major* L., *a* Frucht von der Rückenseite gesehen, *b* Querschnitt, die 5 Reihen Luftsäcke zeigend. — 5. *Cachrys macrocarpa* LEDEB., *a* Frucht, *b* Querschnitt. — (2 nach TAUBERT, 4 nach SCHOENICHEN, die übrigen Figuren Originalzeichnungen nach der Natur.) — Vgl. den Text.

(*Valerianaceae*), z. B. von *Valerianella* und *Fedia* und vielen Chenopodiazeen, z. B. von *Monolepis-, Atriplex-* und *Chenopodium*-Arten. Wir betrachten zunächst die Früchte von *Astrantia major*, einer Umbellifere, die in den Gebirgswäldern von Süd- und Mitteleuropa bis zum Kaukasus, zumeist auf Kalkboden verbreitet ist, häufig in Gärten als Zierpflanze gezogen wird und aus der Kultur hin und wieder verwildert (Abb. 34, Fig. 4*a, b*). Die in ihrer Gestalt an Asseln erinnernden Teilfrüchtchen zeigen eine flache Bauchseite und eine flach gewölbte Rückenseite, die mit fünf Längsreihen blasiger Buckel versehen ist; diese buckeligen Anhänge sind etwa kegelförmig und nehmen vom Grunde nach der Spitze der Früchtchen an Größe zu. Sie enthalten große Lufträume, welche eine blasige Beschaffenheit des Gewebes bedingen und das spezifische Gewicht der Früchtchen stark verringern (Abb. 34, Fig. 4*b*). Da sie in großer Zahl an den Früchtchen auftreten, ist die Oberflächenvergrößerung sehr bedeutend. Die leicht vom Stiele abbrechenden Früchtchen können daher vom Winde fortgeblasen werden oder auch im Fell vorüberstreifender Tiere haften bleiben.

Bei den Früchten der Valerianazeen *Plectritis, Patrinia, Valerianella* und *Fedia* bleiben von den drei Fruchtfächern bei manchen Arten eins oder zwei unfruchtbar und werden zu Luftsäcken, die als schwammige Wülste den Früchten aufliegen, so bei einigen ostasiatischen *Patrinia*-Arten, z. B. *P. sibirica* Juss., bei einigen nordamerikanischen *Plectritis*-Arten, z. B. *P. major* (Fisch. et Mey.) Höck, *P. congesta* DC., bei manchen Früchten der im Mittelmeergebiet verbreiteten *Fedia Cornucopiae* DC., auf die wir unten noch besonders eingehen werden, und bei den auch bei uns vorkommenden *Valerianella*-Arten, z. B. *V. Morisonii* Koch, *V. carinata* Lois., *V. vesicaria* Mönch u. a. Die durch die Luftsäcke außerordentlich leichten Früchte sind natürlich auch sehr schwimmfähig und können infolgedessen auch durch das Wasser verbreitet werden. Flügelartige Anhänge von Vorblättern oder Teilen des Kelches gebildet, erleichtern bei vielen Arten die Verbreitung durch den Wind und wirken bei Früchten, die ins Wasser fielen, als Segel. Die Verbreitung durch Wasser und Wind ist für die in der Nähe von Gewässern vorkommenden Arten von Bedeutung.

Auch bei manchen Polygonazeen kommen große Luftsäcke an den Früchten vor, welche als Flugorgane dienen, z. B. bei den kalifornischen Gattungen *Pterostegia* und *Harfordia*, bei denen die Vorblätter der Blüten zu großen Luftsäcken werden. Die Früchte mancher Ampher-(*Rumex*-)Arten zeigen ähnliche Bildungen, die aber mehr zu dem folgenden Fruchttypus gehören.

Typisch ausgebildete Lufträume besitzen aber manche Chenopodiazeenfrüchte. Bei den in den Trockengebieten Nordamerikas heimischen *Monolepis*-Arten, z..B. *M. chenopodioides* Moq., ist die Wandung des Fruchtknotens locker-schwammig und enthält im reifen Zustande ein von großen Lufträumen durchsetztes Gewebe. Ganz ähnlich sind die Früchte mancher *Chenopodium*-Arten gebaut, z. B. bei der bei uns an Dorfstraßen, an Zäunen usw. gelegentlich vorkommenden, unter dem Namen „Guter Heinrich" bekannten Art *Ch. bonus Henricus* L., die in ganz Europa und Nordamerika verbreitet ist.

Bei einigen *Atriplex*-Arten, z. B. den australischen *A. vesicarum* Haw. und *A. spongiosum* F. v. Müll., werden die Vorblätter der Blüten zu Flugorganen mit schwammigem, von großen Lufträumen durchsetztem Gewebe. Beide Arten und ihre Verwandten sind Steppen- und Wüstenbewohner, für die eine andere Verbreitung als durch den Wind nicht in Frage kommt.

Schließlich kann auch die erhalten bleibende und erhärtende Blütenhülle zum Flugorgan mit Luftgewebe werden. Dies ist der Fall bei den Chenopodiazeen *Kochia spongiocarpa* F. v. M. und vielen *Suaeda*-Arten, von denen die erstgenannte die Wüsten Australiens, die *Suaeda*-Arten besonders die Salzwüsten Afrikas und Amerikas bewohnen, einige Arten fast über die ganze Erde an Meeresküsten und Salzstellen verbreitet sind.

Der zweite Typus umfaßt Früchte mit lufthaltigem Fluggewebe, dessen Zellen selbst Luft führen; sie besitzen ein intrazellulares Luftgewebe, das in seinem Bau an die „Korkgürtel“ mancher Schwimmfrüchte oder an Hollundermark oder Sonnenblumenmark erinnert. Die Zellen dieser Luftgewebe sind dünnwandig; ihre Wandung ist bis auf ein feines Innenhäutchen, das aus reiner Zellulose besteht, verkorkt, demnach undurchdringlich für Wasser. Das Luftgewebe kann sich daher auch bei Feuchtigkeit nicht mit Wasser durchtränken, bleibt also immer trocken und leicht. Die Früchte sind durch das Luftgewebe geschwollen, daher oft ziemlich groß, dabei aber federleicht, so daß sie vom Winde weit umhergetrieben werden können. Alle hierher gehörenden Pflanzen sind Steppenbewohner und besonders in den Mittelmeerländern und in Vorder- bis Zentralasien verbreitet. Mehrere Umbelliferen zeigen diesen Fruchttypus besonders schön, so die Arten der Gattungen *Cachrys* und *Prangos*. *Cachrys alpina* M. BIEB. beispielsweise besitzt fast kugelige Spaltfrüchte von etwa 13 mm Länge und 10 mm Dicke, die trotz ihrer verhältnismäßigen Größe nur 0,07 g wiegen. Eine andere Art der gleichen Gattung aus Schiras besitzt nach KERNER noch etwas größere Früchte, die sogar nur 0,06 g wiegen. Die Früchte brechen sehr leicht von ihren Stielen ab und werden dann vom Winde weit über den harten Steppenboden gerollt und kommen erst dann zur Ruhe, wenn sie in eine Bodenspalte oder Felsritze gelangt sind. Das Fluggewebe von *Cachrys macrocarpa* LEDEB., das v. GUTTENBERG näher untersuchte, zeigt einen anatomischen Bau, der lebhaft an das Velamen der Orchideen erinnert. Die Zellen sind lückenlos verbunden und besitzen in ihren sonst sehr dünnen Wandungen ein sehr feines Maschenwerk feinster Verdickungsleisten, das ein Zusammensinken der lufterfüllten Zellen verhindert. Nur die äußersten Zellagen sind lockerer gebaut, die Epidermis besitzt eine stark verdickte Außenwand mit kräftiger Kutikula (Abb. 34, Fig. 5). Ebenso ist die Frucht von *Prangos foeniculacea* C. A. MEY. gebaut.

Dagegen zeigen die Früchtchen der in den Mittelmeerländern verbreiteten Umbellifere *Tordylium apulum* L. an ihren Rändern einen Kranz von Auftreibungen, die aus lufterfüllten, dünnwandigen, lückenlos aneinander schließenden Zellen bestehen. Es ist hier also ein ganzer Kranz von Luftsäcken entwickelt, der wie der Korkgürtel vieler Schwimmfrüchte wirkt.

Dem Typus der „Bodenroller“, zu dem auch die Früchtchen der Umbelliferen *Cachrys* und *Prangos* gehören, müssen wir auch die Früchte einiger Schmetterlingsblütler zuzählen, z. B. von *Medicago scutellata* ALL. und *M. rugosa* DESR., die im östlichen Mittelmeergebiete vorkommen. Die Hülsenfrüchte dieser Arten sind zu Kugeln spiralig zusammengerollt, trennen sich leicht von ihren Fruchtstielen und werden von jedem Windstoße ein Stück über den Boden weitergerollt. Die Fruchtwandung der Hülsen besteht aus ziemlich dünnwandigen, lufterfüllten Zellen. Noch typischer als Bodenroller mit intrazellularem Luftgewebe sind die Früchte der in Argentinien heimischen, durch Brennhaare bewehrten Loasazee *Blumenbachia Hieronymi* URB. ausgebildet. Die kugeligen, stark linksgedrehten Fruchtkapseln fallen vom Fruchtstiele ab, liegen dann lose dem Boden auf und werden, da sie trotz ihrer ziemlich bedeutenden Größe von 2,5 cm federleicht sind — sie wiegen nur 0,34 g —, auch vom leisesten Windstoß weitergeblasen.

Samen, die als „Blasenflieger" ausgebildet sind, finden wir bei den verschiedensten Verwandtschaftskreisen. Zur Verbreitung durch den Wind sind Samen wegen ihrer geringeren Größe an und für sich besser geeignet als die schwereren Früchte. Ganz ohne besondere Anpassungen an die Verbreitung durch den Wind kommen aber auch die Samen nicht aus. Die vorkommenden Typen der Ausbildung sind die gleichen wie bei den Früchten: die Verringerung des spezifischen Gewichtes wird erreicht entweder durch Einschaltung eines großen Luftraumes zwischen Samenschale und Samenkern oder durch Ausbildung dicht zusammenschließender, aber im Innern Luft führender Zellen, die infolge besonderer Festigung ihrer Wandungen auch beim Austrocknen nicht zusammensinken. In allen Fällen ist die Oberfläche der Samen stark vergrößert und rauh. Hierdurch hat der Wind eine bessere Angriffsfläche und findet größeren Reibungswiderstand, wodurch die Flugfähigkeit wesentlich erhöht wird. Selbst die geringsten Luftbewegungen tragen die Samen davon, und stärkere Winde können sie gelegentlich über Strecken von vielen, ja hunderten von Kilometern verbreiten.

Bei den Orchideen, Burmanniazeen, vielen Saxifragazeen, Sarraceniazeen, Droserazeen, Nepenthazeen, Gesneriazeen, Pirolazeen, Ericazeen, Diapensiazeen u. a. liegt die sehr dünne Samenschale dem Kern des Samens nicht an, sondern läßt einen weiten, luftgefüllten Hohlraum frei, so daß eine weite Flugblase entsteht, in welcher der Samen liegt. Am ausgeprägtesten ist dieser Typus bei den Orchideen. Berücksichtigt man das außerordentlich geringe Gewicht der Orchideensamen — ein Same von *Stanhopea oculata* wiegt nur 0,000003 g, von *Gymnadenia conopea* nur 0,000008 g, von *Goodyera repens* gar nur 0,000002 g —, so ergibt sich in Verbindung mit der sehr wirksamen Oberflächenvergrößerung und blasenartigen Samenschale eine ungewöhnlich große Flugfähigkeit. Daß tatsächlich sehr bedeutende Samentransporte stattfinden, lehrt die Beobachtung: Bei Berlin trat an einer durch Kultureingriffe vegetationslos gewordenen Stelle eines Ausstichgeländes *Microstylis monophylla* (L.) LINDL. auf, deren nächstgelegene Standorte, in Luftlinie gemessen, rund 150 km entfernt liegen. Da eine künstliche Ansamung oder Anpflanzung ausgeschlossen ist, kann das plötzliche Auftreten dieser Orchidee nur auf Samentransport durch den Wind zurückgeführt werden. An gleicher Stelle sind auch noch mehrere andere Arten mit staubfeinen Samen aufgetreten, wie Droserazeen, Pirolazeen (*Pirola uniflora* u. a.), Ericazeen (z. B. *Erica tetralix*), deren Samen gleichfalls bedeutende Luftreisen zurückgelegt haben müssen, um an ihren neuen Standort zu gelangen.

Anatomisch ist dieser Typus dadurch charakterisiert, daß die fast immer einschichtige, lockere Hülle, welche die ganze Samenschale oder ihre Außenschicht darstellt, aus lufterfüllten Zellen besteht, deren Außenwände stets zart sind, während die Innenwände bisweilen, die Radialwände dagegen stets Verdickungen aufweisen. Die Innen- und Außenwände stellen die zarte Flughaut dar, welche durch das Tragrippensystem der versteiften Radialwände ausgespannt erhalten wird.

Bei dem zweiten Typus der Blasenfliegersamen liegt die Samenschale dem Samenkern fest an, aber einige oder alle Zellen der Samenschale sind blasen- oder schlauchartig erweitert und vergrößert. Die Wandungen dieser großen Zellen sind verdickt oder wenigstens mit Verdickungsleisten versehen, so daß die Zellen auch im trockenen Zustande nicht zusammenfallen. Derartige Samen besitzen die *Cuscuta*-Arten, besonders ausgeprägt die Hydrophyllazeen *Nemophila* und *Codon* und die Ericazee *Dabeocia*.

Bei manchen Scrophulariazeen treten wulstige Erhebungen oder Randbildungen auf, die aus großen, blasig-schlauchförmigen Zellen bestehen, deren Wandung dünn, aber durch Verdickungsleisten netzig oder ringförmig verstärkt ist. Bei den in Südafrika heimischen Arten der Gattung *Nemesia* sind die Samen wulstig-häutig gerandet; die Samenschale selbst besteht aus außerordentlich dickwandigen Zellen, von denen sich aber einige zu dem Randwulst erheben, dessen sehr ungleichmäßig gestalteten schlauchförmigen Zellen mit zierlichen Ringverdickungen versehen sind, während bei den in Mexiko heimischen Arten von *Maurandia* die gleichartigen Gewebezellen netzige Verdickungsleisten tragen.

2. **Napfflieger.** Als „Napfflieger" bezeichnet SCHOENICHEN die Schließfrüchtchen der äußeren Reihen des Fruchtstandes von *Calendula officinalis* L., der bekannten Ringelblume (vgl. unten Abb. 50, Fig. 10 bis 13). Er beschreibt diese Früchte folgendermaßen: „Sie haben etwa die Gestalt eines Kahnes, dessen Boden und Kiel von dem Körper des eigentlichen Samens dargestellt wird. Die Seitenwände werden von häutigen Anhängen gebildet, deren freier Rand nach innen umgebogen ist. Durch das Innere des Schiffsraumes zieht sich eine ansehnliche Längsleiste, während der Schiffskiel auf seiner Außenseite mit Reihen von buckelartigen Erhöhungen besetzt ist."

Der Querschnitt durch das Früchtchen (vgl. Abb. 50, Fig. 11) zeigt uns in der Mitte einen Ring von Zellen mit mächtig verdickten Wandungen, die von schön entwickelten Tüpfelkanälen durchsetzt sind. Auf dem Längsschnitte erkennt man, daß es sich um langgestreckte Sklerenchymfasern handelt, welche um den Samen eine Art Steinkern bilden. Sie gehen in ein dünnerwandiges, gleichfalls getüpfeltes Parenchym über, das die innere Ausfüllung und Versteifung des Kieles, der binnenständigen Längsleiste und der seitlichen Flügel der Frucht bildet. Die Epidermis der Frucht ist einschichtig, großzellig. Unter ihr befindet sich ein großer, lufterfüllter Hohlraum, dessen Decke von säulenartigen Zellkörpern getragen wird, die sich von dem inneren Gewebe wie Tragpfeiler erheben. Dieser Luftraum fehlt nur an der Stelle, wo die seitlichen Flügel der Frucht am stärksten gekrümmt sind. Besonders groß ist er dagegen am inneren Rande der Flügel. Der Flügelrand ist etwas verdickt und enthält im Innern ein zartwandiges, sehr großzelliges Parenchym, das zur Verringerung des spezifischen Gewichtes der Früchte wesentlich beiträgt und die Flugfähigkeit erhöht. Ein kleinzelliges, dickwandiges Parenchym an der Außenkante der Randverdickung dient der Festigung der Flügelkanten.

Dieser Typus bildet in mancher Hinsicht — durch die Ausbildung von Flügelkanten — einen Übergang zu den geflügelten Früchten, insbesondere zum Typus der „Federballflieger", wegen der großen Lufträume ist er jedoch hier anzuschließen.

B. Flügelartige Anhänge als Flugvorrichtungen.

Außerordentlich groß ist die Zahl der Früchte und Samen mit flügelartigen Anhängen und dementsprechend ist auch die Mannigfaltigkeit der Flügelbildungen so groß, daß es schwierig ist, sich durch die Fülle der Erscheinungen hindurchzufinden. Als Führer soll uns die neueste Darstellung dieser Frucht und Samenformen dienen, die v. GUTTENBERG 1926 auf Grund der Arbeiten von DAMMER, BUCHWALD, WAHL, HABERLANDT und eigener Untersuchungen gegeben hat.

Die wesentlichen Teile einer flügelartigen Flugvorrichtung sind die Flughaut, welche das eigentliche Fluggewebe darstellt, und das Traggerüst, zwischen dessen Rippen die Flughaut ausgespannt ist. Ihrer morphologischen Natur nach sind beide außerordentlich verschieden. Bei den Früchten können sie von Teilen der Frucht selbst oder den erhalten bleibenden Blättern des Kelches, der Blumenkrone oder anderer Blütenteile gestellt werden; sie können aber auch ganz außerhalb von Blüte und Frucht entstehen und von den Vorblättern, Tragblättern oder anderen Organen der Blüte oder des Blütenstandes gebildet werden. Trotz starker Veränderungen infolge der Anpassungen an ihre besonderen Aufgaben, lassen diese Bildungen anatomisch jedoch noch ihre ursprüngliche Natur erkennen. Gefäßbündel, und bisweilen auch mächtige Bastfasermassen, bilden das Traggerüst, zwischen dem die der Blattnatur entsprechenden Blattflächenbildungen (modifizierten Spreiten) als Flughaut ausgespannt sind. Die Größe und Schwere vieler Früchte verlangt eine bedeutende mechanische Festigkeit der Flugorgane, die auf verschiedensten Wegen erzielt wird.

Dagegen gehen die Flügelbildungen der Samen fast ausschließlich aus Teilen der Samenschale (Testa) hervor. Sie enthalten daher keine Gefäßbündel, höchstens das des Nabelstranges (Funikulus). Das Traggerüst muß daher von den Zellen der Samenschale selbst geliefert werden: meist kommt es durch erhebliche Verstärkung der Radialwände der Zellen zustande und die zart bleibenden Außenwände bilden die Flughaut.

1. Früchte mit Flügelbildungen. Die Zahl der mit irgendwelchen Flügelbildungen versehenen Früchte ist so groß, daß wir im folgenden nur eine kleine Auswahl von Typen bringen können. Die Früchte mit Flügeleinrichtungen sind mit verschwindenden Ausnahmen trockene Schließfrüchte mit harten, verholzten Wandungen, die erst bei der Keimung durch die Entwicklung des jungen Pflänzchens gesprengt werden. Die Öffnung erfolgt an Stellen, die durch besondere Gewebe vorgebildet sind, und beginnt zumeist mit Quellung dieser Gewebe infolge der Aufnahme von Wasser aus dem Boden oder der Luft (Regen).

Die morphologische Natur der Flügelbildungen ist außerordentlich verschieden, und trotzdem machen die geflügelten Früchte verschiedenster Verwandtschaftskreise und Herkunft einen recht einheitlichen Eindruck. In allen Fällen kommt die Flügelbildung dadurch zustande, daß Teile an der Frucht selbst oder außerhalb der Frucht sich flügelartig vergrößern, erhärten und mehr oder weniger stark verholzen. In fast allen Fällen gehen die Flügelbildungen aus irgendwelchen Blattorganen hervor; sie lassen daher auch im fertigen, trockenen Zustande ihre Blattnatur äußerlich und innerlich noch deutlich erkennen. Ihrer Aufgabe als Flugeinrichtung zu dienen werden sie dadurch gerecht, daß die als Flughaut dienenden Teile möglichst groß und leicht, die als Stützgerüst dienenden Teile möglichst fest werden. Der Blattnatur der Flügelbildungen entsprechend, dienen als Flughaut die Gewebe der Spreite, insbesondere die einen sehr festen Verband bildenden Zellen der Oberhaut, deren Wandungen fest ineinander verzahnt sind. Die nötige Leichtigkeit wird erzielt durch Trockenwerden der Zellen: das im frischen Zustande vorhanden gewesene Wasser (Zellsaft) und Protoplasma der Zellen wird aufgebraucht oder verdunstet, und die Zellen füllen sich mit Luft. Die Festigung der fertigen Flügelbildung kann daher trotz ihrer Blattnatur nicht vom inneren Wasserdruck (Turgor) gestellt werden, sondern muß von besonderen Festigungsgeweben übernommen werden, die das Stützgerüst für die Flughaut bilden; dies sind die Gefäßbündel der Blattorgane, die „Nerven" oder „Adern", deren Zellen durch Verholzung besonders verstärkt werden und in ihrer Wirkung häufig durch besondere Hartzellgewebe, Bastfasern, unterstützt werden. Je größer die Flügelbildungen, um so stärker ist auch das Stütz- und Spanngewebe ausgebildet. Größere Flügelbildungen sind der Gefahr des Einreißens vom Rande her ausgesetzt. Dieser Gefahr beugen feste Randgewebe vor, die meist aus den Randnerven der Blattorgane hervorgehen.

In den weitaus meisten Fällen brechen die geflügelten Früchte mit eingetretener Reife von der Mutterpflanze ab und werden davongetragen. Seltener bleiben sie längere Zeit, mitunter den ganzen Winter über, hängen und werden erst zur Zeit der Frühlingsstürme abgerissen, z. B. bei den Linden (*Tilia*-Arten), gelegentlich auch beim Ahorn (*Acer*-Arten) u. a.

In einigen Fällen dienen die Flügelbildungen der Früchte nur als Schüttelvorrichtungen. In diesen Fällen springen die Früchte auf, und jeder Windstoß schleudert die Samen aus den geöffneten Früchten heraus. Da die mechanische Beanspruchung derartiger Flügelbildungen die gleiche ist wie bei den sich vom Fruchtstiel ablösenden und vom Winde davongetragenen Früchten, ist auch der Bau und die mechanische Festigung die gleiche wie bei diesen. Im Gegensatz zu den meist einsamigen, als Ganzes vom Winde davongetragenen Flügelfrüchten sind sie vielsamig. Als Beispiele hierfür seien die folgenden mitgeteilt. Die Fruchtkapseln sehr vieler *Begoniaceae*, insbesondere der Gattungen *Begonia, Begoniella, Symbegonia* besitzen 1—3 große Flügel, die wirksame Windfänge darstellen; die hängenden Fruchtkapseln werden von jedem Windstoß lebhaft hin und her geschüttelt, so daß die sehr kleinen Samen leicht herausfallen und vom Winde fortgetragen werden können. Bei einigen Malvazeen dient der flügelartig vergrößerte Außenkelch als Windfang, der das Ausfallen der anemochoren Samen erleichtert; so bei den Gattungen *Gossypium* (Baumwolle), *Selera*, *Kokia*, *Cienfuegosia* u. a. (U.)

Sehr eigenartig ist der Fruchtbau einiger Kruziferen: die Fruchtkapseln (Schoten) springen auf, die Kapselklappen fallen ab, aber die Scheidewand zwischen den Kapselhälften bleibt stehen. Am bekanntesten ist wegen dieses Fruchtbaues *Lunaria biennis* (L.) MOENCH mit schönen violetten Blüten, die häufig in Gärten gezogen und als „Silberblatt" bezeichnet wird. Die großen, silberweißen Wandscheiden bleiben stehen und wirken als Windfang; an ihrem Rande sitzen die Samen, die bei den Bewegungen durch Windstöße fortgeschleudert werden. Zu Trockensträußen sind die Fruchtstände beliebt (vgl. Abb. 35). Bei der Verwandten, *Lunaria rediviva* L., einer häufigen Charakterpflanze der Gründe unserer Gebirge, z. B. des Harzes, der Sächsischen Schweiz usw., hängen die sonst ganz ähnlich gebauten Früchte, wodurch die Wirksamkeit dieser eigenartigen Anpassung an die Verbreitung der Samen durch den Wind noch erhöht wird. Bei beiden Arten ist die stehenbleibende Scheidewand papierartig dünn, fast durchsichtig und hält trotzdem der Wirkung des Windes stand, ohne zu zerreißen, weil sie ringsherum am Rande durch ein kräftiges, stark verholzendes Gefäßbündel gegen Einreißen geschützt ist. Die papierartige Scheidewand besteht vorwiegend aus Bastfasern.

Abb. 35. Fruchtstand von *Lunaria biennis* (L.) MOENCH in einem Garten in Gelnhausen. Sept. 1913. (Nach photographischer Aufnahme von B. HALDY.)

a) Die Flügelbildungen nicht an der Frucht. Eine Sonderstellung nehmen die Früchte der Linden, *Tilia*-Arten, ein, insofern als bei ihnen das eigentliche anemochore Verbreitungsorgan, der Flügel, gar nicht aus Teilen der Blüte hervorgeht, sondern aus dem Tragblatt des ganzen Blütenstandes. Die Frucht der Linden selbst ist eine kugelige oder birnenförmige Schließfrucht, ein hartes Nüßchen ohne Flügel. Das Flugorgan ist das sich nach der Blütezeit noch vergrößernde, laubige Tragblatt des Blütenstandes, das mit diesem bis fast zur Hälfte verwachsen ist. Zur Reifezeit hängen die Fruchtstände nach unten. Durch

die Schwere der Früchte wird der Schwerpunkt in die Frucht selbst ver-
lagert; der Fruchtstand befindet sich somit beim Abfallen im stabilen
Gleichgewicht. Das zur Blütezeit laubige Tragblatt wird später trocken
und behindert und verlangsamt den Fall der Früchte. Da der Fruchtstand nur bis etwa zur Mitte mit ihm verwachsen ist, hängt es schräg
nach unten. Infolgedessen versetzt es sich beim Abfallen in schnelle
Drehung, zumal es gewöhnlich nicht ganz flach ausgebreitet, sondern
schwach korkzieherartig gedreht ist. Hierdurch wird der Fall der an
und für sich verhältnismäßig schweren Früchte so verlangsamt, daß sie
durch den Wind beträchtliche Strecken fortgetragen werden können,
zumal die Fallhöhe vom Baum meist beträchtlich ist. Die Wirksamkeit
dieser Verbreitungseinrichtung wird noch dadurch erhöht, daß die
Früchte bis lange nach dem Laubfall, meist den Winter über am Baum
hängenbleiben und erst durch die Winter- oder Frühlingsstürme abgerissen und davongetragen werden.

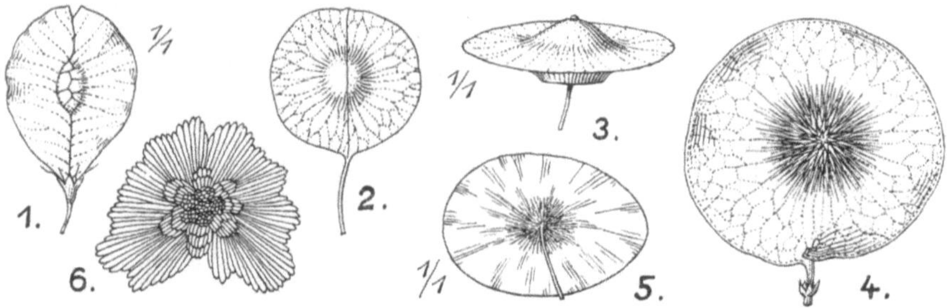

Abb. 36. „Scheibenflieger“.
1—4 Früchte, 5—6 Samen: 1. *Ulmus montana* L. — 2. *Ptelea trifoliata* L. — 3. *Paliurus vulgaris* L.
— 4. *Pterocarpus* spec. — 5. *Aspidosperma.* spec. — 6. *Maurandia* (*Lophospermum*) *scandens* (DON)
GRAY. — (1 nach der Natur; 2 nach KERNER; 3, 5 nach Natürliche Pflanzenfamilien; 4 nach BECK;
6 nach V. GUTTENBERG.)

b) Die Flügelbildungen an der Frucht. Bei allen übrigen
Flügelfrüchten befinden sich die Flügelbildungen in unmittelbarster
Nähe der Frucht, wenn sie aus Blattbildungen an der Blüte und Frucht
hervorgingen, oder an der Frucht selbst, wenn sie von der Fruchtwandung gebildet werden.

Scheibenflieger. Bei den Scheibenfliegern ist die flache, meist einsamige „Nuß“, d. h. das geschlossen bleibende Fruchtgehäuse von einem
breiten Flügelsaum rings umgeben, der meist in der Ebene der Längsachse der Frucht liegt. Der Schwerpunkt der Frucht liegt in der Mitte.
Sie sinken daher im langsamen Gleitfluge zu Boden, indem sie sehr große
Kurven beschreiben, wenn keine erhebliche Luftbewegung herrscht. Bei
Wind fliegen sie in unregelmäßigen Bahnen davon. Eine Drehung um
ihre Achse findet dabei nicht statt. Diesem Typus gehören beispielsweise die Früchte der Rüstern, *Ulmus*-Arten, an, ferner die der zu den
Rutazeen gehörigen sogenannten Kleeulmen, *Ptelea trifoliata* L., die
nicht selten bei uns in Anlagen zu finden sind. Unter den Leguminosen
besitzt *Pterocarpus* derartige Früchte, bei den Polygalazeen die südamerikanische Gattung *Monnina*.

Hierher gehören auch die Früchte einiger Rhamnazeen, z. B. von *Paliurus*, einem Dornstrauch der Mittelmeerländer und der Chenopodiazee *Cycloloma*. Diese Früchte weichen von den vorher genannten dadurch ab, daß der Flügelsaum senkrecht zur Längsachse der Frucht steht.

Segelflieger. Segelflieger sind bei Früchten selten. Typisch ausgebildet sind sie z. B. bei den Früchten der Birken, *Betula*-Arten: Diese besitzen beiderseits am Rande einen verhältnismäßig breiten, häutigen Flügel, der aus zwei Zellagen der beiden Oberhautschichten besteht, deren Zellen länglich-parenchymatisch sind, und etwas verdickte Radialwände besitzen. Infolge der Krümmung oder Verbiegung ihrer Wandungen bilden sie einen festen Verband. Gegen Einreißen vom Rande her sind die Flügel dadurch geschützt, daß hier die Zellen parallel zum Flügelrande verlaufen.

Dem gleichen Typus gehören auch die Früchte der Erlen (*Alnus*-Arten) an, deren Bau dem der Birkenfrüchte sehr ähnelt, die aber zugleich an die Verbreitung durch Wasser angepaßt sind.

Bei den Früchten verschiedener tropischer Gehölze kommen auch größere Segelflieger vor, besonders bei den Combretazeen der Gattung *Terminalia*. Die größten Flügel dieses Typus zeigen beispielsweise die Früchte von *Terminalia bialata* STEUD., *T. modesta* TUL. in der Mangrove des tropischen Asiens, *T. grandiradiata* EICHL. in Brasilien u. a.

Auch bei einigen tropischen Leguminosenbäumen finden sich Segelfliegerfrüchte, so bei der im tropischen Ostafrika verbreiteten *Entada abyssinica* STEUD. u. a. Der Fruchtbau ist bei diesen Arten jedoch recht abweichend und biologisch sehr interessant: Die etwa 20—30 cm langen, 5—6 cm breiten Früchte sind flachgedrückte Gliederrahmenhülsen, d. h. Bauch- und Rückennaht sind, derb holzig-strangartig, und umfassen die in einzelne Glieder zerfallende Hülse wie mit einem Rahmen. Dieser bleibt nach dem Ausfallen der Glieder leer stehen (vgl. Abb. 37 Fig. 2*a, b*). Der Zerfall der Glieder erfolgt in der Weise, daß sich zunächst das braune, pergamentartige Epikarp ablöst; das die Samen umhüllende, strohgelbe Endokarp fällt dann heraus, und jedes Glied mit je einem flachen Samen stellt dann einen mit zwei Flügeln versehenen „Segelflieger" dar, der ein Spiel der Winde wird (Abb. 37, Fig. 2 *b*).

Schraubenflieger. Während bei den Scheiben- und Segelfliegern der Schwerpunkt der ganzen Frucht in der Mitte oder wenigstens in der Mittelachse liegt und Randflügel gleichmäßiger Ausbildung einen gleitenden Flug ohne Wirbelbewegungen vermitteln, sind die Schraubenflieger exzentrisch gebaut: meist nur ein seitlich sitzender Flügel ist das Bewegungsorgan, an dessen einer Schmalkante die Nuß sitzt. Der Flügel selbst zeigt auch bei verschiedenartigster morphologischer Natur sehr gleichartigen Bau: Die eine Längskante ist mechanisch sehr fest gebaut und glatt, sanft gebogen oder fast gerade, die gegenüberliegende Kante dagegen dünn und nicht gefestigt; ihr Umriß ist meist stärker gebogen. Der Schwerpunkt der ganzen Frucht liegt daher nicht im Mittelpunkte des Gebildes, sondern seitlich und infolge der schwereren, harten Vorderkante des Flügels nach vorn verschoben. Die Früchte geraten daher beim Abfallen vom Baum — dieser Typus kommt vorwiegend bei Gehölzen vor — in schnell rotierende, schraubige Bewegung, wobei die harte, glatte Vorderkante des Flügels nach vorn gerichtet ist.

Hierher gehören als sehr bekannte Formen die Früchte der Ahorn-arten, z. B. *Acer platanoides, A. pseudoplatanus* u. a. Der Flügel geht hier aus Auswüchsen der Fruchtknotenwandung hervor. Meist ent-wickeln sich aus dem dreifächerigen Fruchtknoten nur zwei Fruchtfächer mit Samen; die Frucht zeigt dann die allgemein bekannte, zweiflügelige

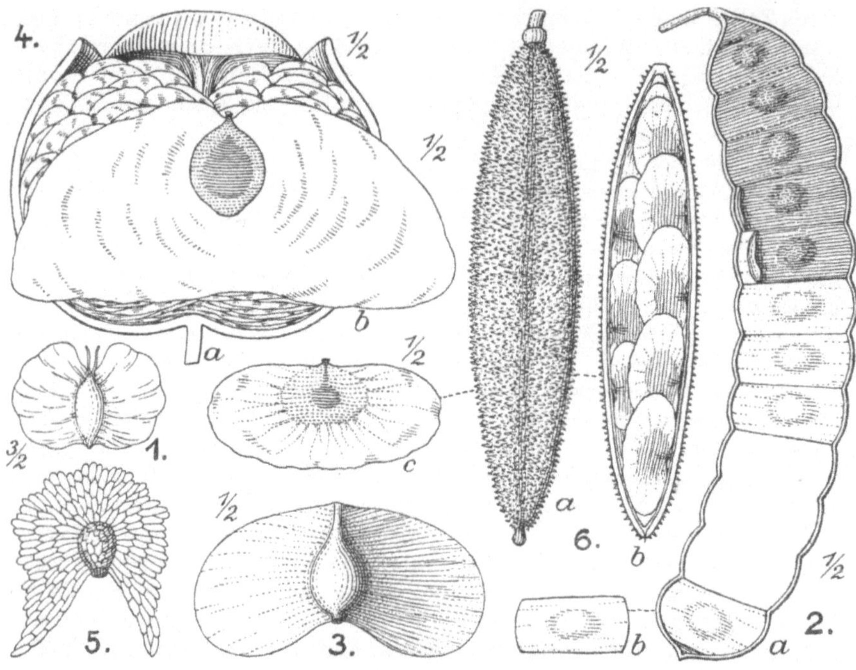

Abb. 37. „Segelflieger“.
1—3 Früchte, 4—6 Samen als Segelflieger. Text S. 165 und 175.
1. Birke, *Betula verrucosa* EHRH. — 2. *Entada abyssinica* STEUD., *a* Glieder-Rahmenhülse, von der Spitze nach dem Grunde hin zerfallend; das spitzennächste Glied noch erhalten, aber ohne Epikarp, die folgenden drei Glieder herausgefallen und davon geflogen, die nächsten 3 Glieder mit abgelöstem Epikarp, die beiden folgenden mit sich ablösendem Epikarp, die drei untersten noch unverändert, *b* einzelnes Glied mit dem Endokarp, das den Samen umschließt. — 3. *Terminalia bialata* STEUD. — 4. *Macrozanonia marcocarpa* (BL.) COGN., *a* geöffnete Frucht; die Samen kleiden die Frucht tapeten-artig aus, *b* einzelner Same. — 5. Same von *Galeola altissima* REICHB. fil. — 6. *Pithecoctenium echina-tum* (AUBL.) K. SCHUM., *a* Frucht, *b* einzelne Fruchthälfte von innen ges., *c* Samen. — (1 nach BECK, 4a nach COGNIAUX, 5 nach v. GUTTENBERG, alle übrigen Figuren Originalzeichnungen nach der Natur.)

Gestalt. Bisweilen — manche Bäume scheinen dazu zu neigen — ent-wickeln sich alle drei Fruchtfächer mit Samen; dann erscheint die Frucht dreiflügelig. Die Früchte der *Acer*-Arten sind Spaltfrüchte: sie spalten bei der Reife der Länge nach auf und zerfallen in die Teilfrüchte, von denen jede dann einen großen Flügel trägt. Anatomisch besteht die dicke, harte Vorderkante des Flügels — morphologisch ist es die „Rük-kenkante“ — aus einem Ring von Gefäßbündeln, die namentlich auf der Außenseite von sehr kräftigen Bastscheiden begleitet sind. Sie sind in ein lockeres Parenchym eingebettet, das von festen Oberhautzellen bedeckt ist und weiterhin die Flughaut des Flügels liefert. Das Stütz- und Spanngerüst stellen die in den Flügel unter fast rechtwinkliger Biegung einstrahlenden Gefäßbündel (Abb. 38, Fig. 1).

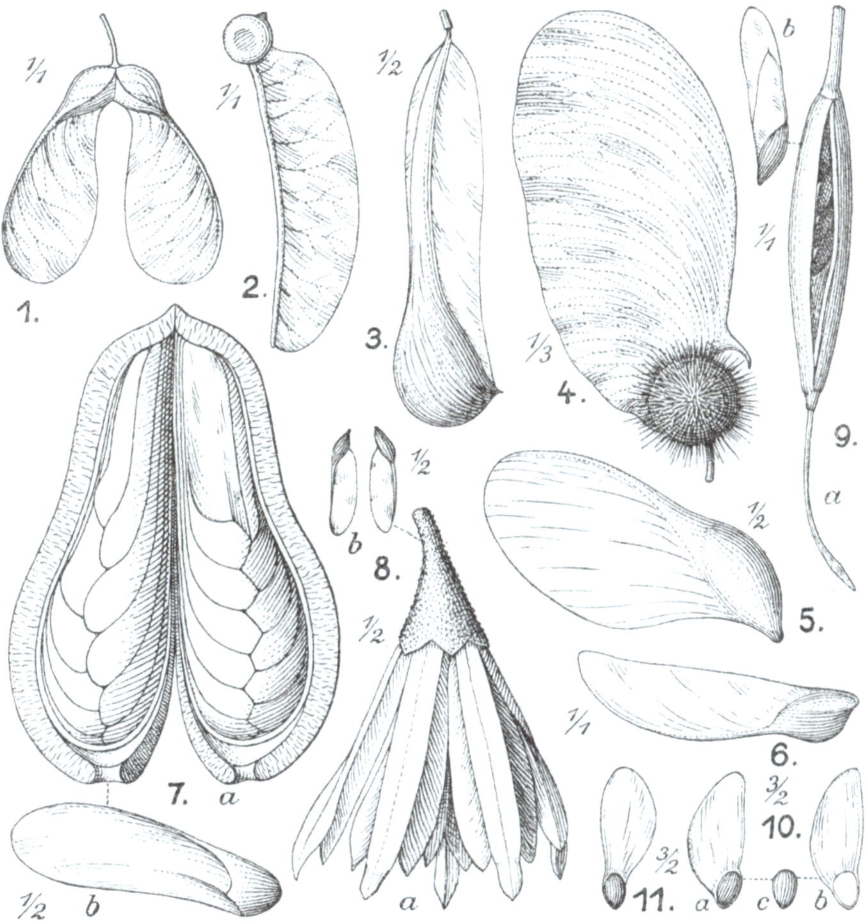

Abb. 38. „Schraubenflieger.“

1. Frucht von *Acer pseudoplatanus* L. — 2. desgl. von *Tarrietia argyrodendron* BL. — 3. *Toluifera balsamum* L. — 4. *Centrolobium robustum* MART. (1—4 Früchte als Schraubenflieger). — 5. *Pterygota Roxburghii* ENDL. Samen. — 6. *Pterospermum semisagittatum* ROXB. — 7. *Swientenia macrophylla* KING, *a* Frucht geöffnet, *b* Samen. — 8. *Septotheca Tessmannii* ULBRICH, *a* Frucht, *b* Samen. — 9. *Knightia excelsa* R. BR. aufspringende Frucht, daneben Samen. — 10. *Pinus silvestris* L., *a* Samen mit Flügel, *b* Flügel, *c* Samen. — 11. *Picea excelsa* LAM. (5—11 Samen als Schraubenflieger) — (2, 3, 10, 11 nach Natürliche Pflanzenfamilien, alles übrige Originalzeichnungen nach der Natur.)

Ganz ähnlich gebaut sind die Früchte der Polygalazee *Securidaca*, deren Arten als Gehölze in den Tropen Asiens, Afrikas und Amerikas verbreitet sind. Bei einigen Arten treten außer dem großen, vollkommen ahornähnlichen Flügel noch kleine Seitenflügel auf. Auch bei der Familie der Malpighiazeen kommen bei mehreren Gattungen ähnlich gebaute Flügelfrüchte vor, ebenso bei der Sapindazee *Serjania lucida* SCHUM. und der Euphorbiazee *Hymenocardia*, die auch insofern mit *Acer* übereinstimmen, als es sich um geflügelte Teilfrüchte handelt.

Den Teilfrüchten von *Acer* vollkommen gleichende Schraubenflieger besitzt die Sterculiazeengattung *Tarrietia* BL. (= *Argyrodendron* E. v. MÜLL.), deren Arten als hohe Bäume im tropischen Asien, dem Malaiischen Archipel und in Australien heimisch sind, z. B. *T. argyrodendron* BENTH. in Australien mit verhältnismäßig kleinen, *T. javanica* BL. und *T. silvatica* (VID.) MERRILL in Java und auf den Philippinen u. a. mit sehr großen Früchten (Abb. 38, Fig. 2).

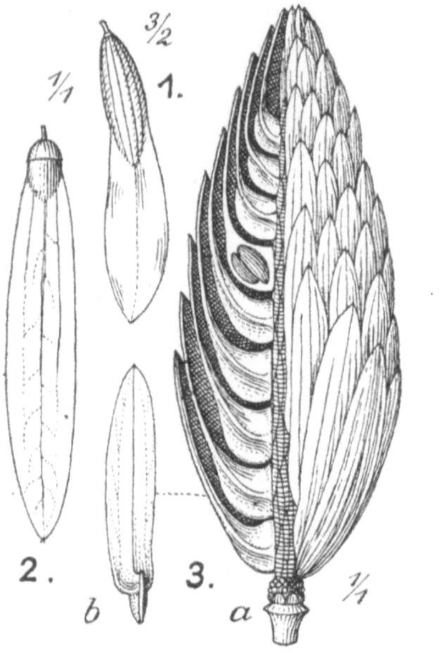

Auch die großen Hülsen der Leguminosen sind bisweilen als Flügelfrüchte vom Ahorntypus entwickelt, so bei *Myroxylon peruiferum* L., der Stammpflanze des bekannten „Perubalsams", der einen wichtigen Rohstoff in der Parfümerie und zur Herstellung mancher Näschereien (Schokoladen) darstellt. Bei dieser Art geht der Flügel aus dem stark verbreiterten Grunde der Frucht hervor, und der Same sitzt an der Spitze. Umgekehrt wächst bei *Pterolobium* ein Auswuchs an der Spitze der Hülse zum Flügel aus. Die größten Flügelfrüchte vom Ahorntypus besitzt *Centrolobium robustum* MART., ein riesiger Baum des brasilianischen Regenwaldes, dessen Holz als „Zebraholz" bekannt ist und als vorzügliches Nutzholz geschätzt wird. Der Flügel dieser mit Stacheln besetzten, kugeligen Hülsen erreicht eine Länge von 16—18 cm bei einer Breite von 8—9 cm.

Abb. 39. „Schraubendrehflieger".
1. *Fraxinus excelsior* L., Esche; Frucht. —
2. *Ventilago leiocarpa* BENTH. (Rhamnazee). —
3. *Liriodendron tulipifera* L., Tulpenbaum, .
a Fruchtstand, *b* Einzelfrucht. — (1 nach Natürliche Pflanzenfamilien, 2, 3 Originalzeichnungen nach der Natur.)

Schraubendrehflieger. Von den Schraubenfliegern unterscheiden sich die Schraubendrehflieger durch den Bau der Flügel: diesen fehlt die verstärkte Rückenkante. Infolgedessen sind die Flügel auf beiden Längskanten dünn, zweischneidig. Bisweilen tritt in der mittleren Längsachse der Flügel eine Verdickung auf, die dem Flügel Festigkeit verleiht. Die Früchte beschreiben daher beim freien Fall nicht nur Schraubenlinien, sondern drehen sich auch noch um ihre Längsachse. Das Nüßchen sitzt wie bei den einfachen Schraubenfliegern meist an der einen Kurzkante der Flügel, also exzentrisch.

Hierher gehören beispielsweise die Früchte der Eschen-, *Fraxinus*-Arten, deren einseitiger Flügel vom Oberende der Nuß ohne scharfe Grenze abgeht und die Nuß hier weit umgreift. Bei unserer heimischen

Esche, *Fraxinus excelsior* L., besteht die Mitte der Platte des Flügels aus sklerenchymatischem Stützgewebe, während bei der Mannaesche, *Fraxinus ornus* L., wie bei anderen Arten die Gefäßbündel die Stütze bilden. Der Stiel der Früchte ist sehr dünn und brüchig, so daß die Früchte leicht abbrechen (vgl. Abb. 39, Fig. 1).

Den Eschenfrüchten recht ähnlich sind die Früchte mancher Rhamnazeen, so besonders die der Gattung *Ventilago* GAERTN., ansehnlicher Klettersträucher der Tropen der Alten Welt. Bei *Ventilago leiocarpa* BENTH., verbreitet von Ceylon bis Südchina, Neukaledonien und Oberguinea, sind die kugeligen Früchte mit einem länglich-elliptischen, vollkommen blattartigen Flügel versehen, welcher der Länge nach von einer kräftigen Mittelrippe durchzogen und mit einem feinen Netzwerk der Gefäßbündel versehen ist. Bisweilen wird der Flügel dreikantig; die Mittelrippe bildet dann die gemeinsame Stützsäule der drei Flügelflächen (vgl. Abb. 39, Fig. 2).

Ganz ähnlich sind die Früchte des Tulpenbaumes, *Liriodendron tulipifera* L., gebaut, nur ist der Flügel flach rinnenförmig und zeigt einen starken Mittelnerv, der das Stützgerüst bildet. Er ist von der Nuß scharf abgesetzt, die, in einen stumpfen, dornartigen Zapfen auslaufend, fast rechtwinklig ansetzt. Die ungestielten Früchte fallen leicht von dem langen Fruchtboden ab (vgl. Abb. 39, Fig. 3a, b).

Nicht hierher gehören die Früchte der *Ailanthus*-Arten, z. B. des ostasiatischen, bei uns oft angepflanzten Götterbaumes, *Ailanthus glandulosa* DESF., deren Flügel zwar einen ähnlichen Umriß hat wie bei den vorher genannten Arten, aber die in der Mitte sitzende Nuß rings umgreift. Der Flügel weist einen eigenartigen Bau auf: Der untere Teil ist durch das in die Nuß einmündende Gefäßbündel einseitig berandet, an der Stelle, wo dieses Gefäßbündel einmündet, eingeschnitten, sonst überall dünnschneidig. Das Oberende des Flügels ist etwas korkzieherartig gedreht und bewirkt einen ähnlichen Flug wie bei den vorgenannten Früchten. Bei den anderen *Ailanthus*-Arten ist der Fruchtflügel viel breiter, die Früchte sind, wenn auch nicht ganz typisch gebaute, Scheibenflieger.

Drehwalzenflieger. Die Drehwalzenflieger sind Schließfrüchte, Kapseln oder Spaltfrüchte, deren Längskanten drei oder mehr häutige, an der Fruchtwandung entspringende Flügel tragen. Sie kommen in mannigfacher Ausbildung bei den verschiedensten Familien, vorwiegend bei Gehölzen, aber auch bei krautigen Steppenpflanzen, vor. Wir müssen uns auf einige Beispiele beschränken.

Früchte vom Typus der Drehwalzenflieger besitzen ziemlich zahlreiche Polygonazeen, z. B. Rhabarberarten, wie *Rheum palmatum* L., *Oxyria*, manche Sauerampfer, wie *Rumex venosus* PURSH, *R. thyrsoides* DESF., *R. acetosa* L. u. a., *Antigonum*-Arten, bei denen die Flügel meist von der erhalten bleibenden Blütenhülle gebildet werden. Bei einigen Chenopodiazeen und anderen Zentrospermenfamilien kommen ähnliche Früchte vor (vgl. Abb. 40, Fig. 1a, b).

Sehr eigenartig sind die mit vier breiten Flügeln versehenen Hülsen des im tropischen Mittelamerika, in Florida und Westindien vorkommenden Leguminosenbaumes *Piscidia Erythrina* L., dessen giftige Rinde zum Betäuben von Fischen benutzt wird. Die mehrsamigen Hülsen besitzen bis 2 cm breite, häutige Flügel, die von einer außerordentlich großen Zahl untereinander parallel verlaufender, kaum anastomosierenden Gefäßbündel durchzogen sind (Abb. 40, Fig. 3). Jeder Flügel besteht aus zwei nur an den Rändern miteinander verbundener Platten, deren jede ein äußeres und ein inneres System von Gefäßbündeln mit kräftigen, verholzten Bastbelegen besitzt (v. GUTTENBERG). Ähnliche Früchte besitzen manche *Combretum*-Arten, z. B. *C. Lawsonianum* ENGL. et DIELS u. a. (Abb. 40, Fig. 4).

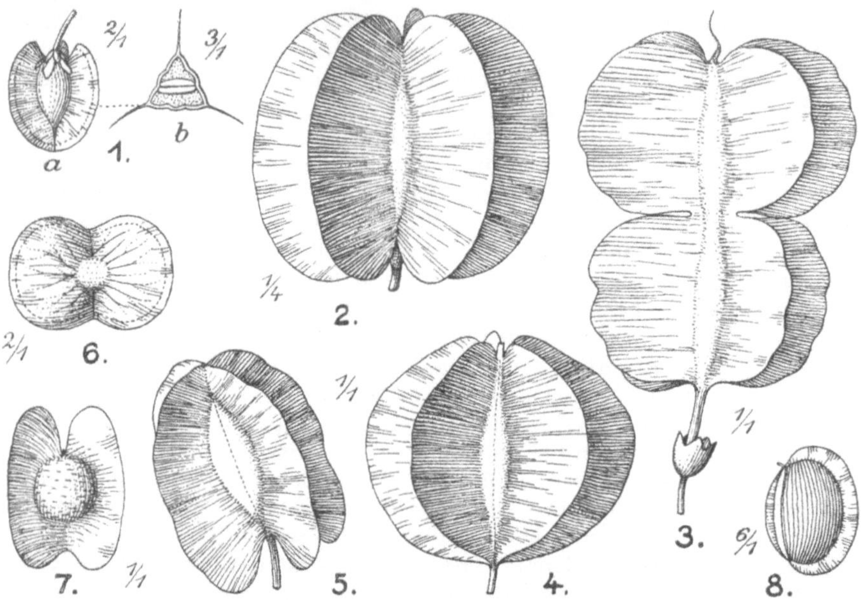

Abb. 40. „Drehwalzenflieger".
1—6 Früchte, 7—8 Samen. — 1. *Rheum palmatum* L., *a* von der Seite, *b* Querschnitt. — 2. *Cavanillesia hylogeiton* ULBRICH (Bombacazee). — 3. *Piscidia erythrina* L. (Leguminose). — 4. *Combretum Lawsonianum* ENGL. et DIELS (5 Flügel). — 5. *Combretum gallabatense* SCHWEINFURTH (4 Flügel). — 6. Teilfrucht von *Pavonia Rehmannii* SZYSZYL. (Malvaceae). — 7. *Moringa oleifera* LAM. — 8. *Crawfurdia japonica* SIEB. et ZUCC. (Gentianazee). — (7, 8 nach Natürliche Pflanzenfamilien, alles übrige Originalzeichnungen nach der Natur.)

Die schönsten und größten Früchte vom Drehwalzenfliegertypus besitzen einige Bombacaceae des tropischen Südamerika, die Arten der Gattung *Cavanillesia*, gewaltige Bäume mit mächtigen Tonnenstämmen, die eine Höhe von 25 bis über 50 m erreichen. Es kommen im Regenwaldgebiete des Amazonas und Orinoco und im Trockenwald der Catinga von Brasilien und Ostperu mehrere Arten vor, die im einzelnen noch nicht vollständig bekannt sind. Die größten Früchte besitzt *Cavanillesia hylogeiton* ULBRICH aus dem Regenwald des oberen Amazonas (Abb. 40, Fig. 2). Die ungefähr 25 cm lange, etwa keulenförmige Schließfrucht trägt an ihren Kanten 5 mächtige, halbkreisförmige, fast papierartig dünne Flügel von 8—9 cm Breite, die von den rechtwinklig von den Nußkanten ab-

biegenden, unter sich parallelen feinen Gefäßbündeln bis zum Flügelrande durchzogen sind. Da ein Randnerv fehlt, reißen die mächtigen
Flügel vom Rande her leicht ein. Trotz ihrer Größe — Durchmesser
von Flügelrand zu Flügelrand der Quere nach 17—18 cm, der Länge nach
etwa 15 cm ! — wiegt eine reife Frucht nur etwa 10 g, ist also federleicht.
Die Früchte sitzen an kurzen, gedrungenen, hakenförmig gebogenen
Stielen, die sehr leicht abbrechen. Sie können um so leichter vom Winde
verbreitet werden, als sie noch vor der Belaubung der Bäume reifen.
Sie entwickeln sich außerordentlich schnell aus verhältnismäßig kleinen
weißlichen Blüten, die im blattlosen Zustand der Bäume im März erscheinen. Bereits Ende März sind die Früchte reif. Die verwandten
Arten, z. B. *Cavanillesia arborea* (WILLD.) K. SCHUM., der Charakter-
baum des „Macondowaldes" von Kolumbien und Ostperu, besitzt ganz
ebenso gebaute, nur ein wenig kleinere Früchte. Unter den mächtigen
Flügeln ist die eigentliche Frucht ganz verborgen. Anatomisch besteht
die Flughaut der Flügel aus der papierdünnen Epidermis der flügelartig
ausgezogenen Kapselkanten, die gespannt wird durch ein lockeres, luft-
erfülltes Zwischengewebe. (U.)

Bei Kräutern und Stauden sind derartige Früchte vom Walzen-
fliegertypus selten. Ein schönes Beispiel sind die Früchte einer in den
Wüsten- und Steppengebieten Südwestafrikas heimischen Malvazee, *Pavonia Rehmannii* SZYSZYL., die einen biologisch sehr interessanten Bau
aufweisen. Die Frucht besteht aus 5 Teilfrüchten, von denen jede mit
zwei mächtigen, halbkreisförmigen Flügeln umgeben ist, so daß die ganze
Frucht 10 Flügel besitzt. Die papierdünnen Flughäute sind wie bei
Cavanillesia von den rechtwinkelig ausbiegenden Gefäßbündeln durchzogen, reißen aber nicht vom Rande her ein, weil hier ein parallel zum
Rande verlaufender Randnerv als Schutzgewebe dient (Abb. 40, Fig. 6).
Die einzelne Teilfrucht ist etwa 10 mm lang und von Flügelrand zu Flügelrand 20 mm breit und wiegt 0,02 g. Die ganze Frucht sitzt in dem verholzenden Außenkelch, dessen schmale Blättchen ein feines kugelig-
glockenförmiges Gitterwerk bilden. Die Früchte lösen sich als Ganzes von
dem gegliederten, brüchigen Fruchtstiel ab und rollen, im Außenkelch
geborgen, über den Boden, zerfallen dann in die 5 Einzelfrüchte, die
mit Hilfe ihrer Flügel dann weiter geblasen werden. Da die starren
Blättchen des Außenkelches mit kurzen, sehr festen Borstenzähnen besetzt sind, können die ganzen Früchte auch wie Kletten im Fell vorüberstreifender Tiere hängen bleiben, so daß hier vielfache Verbreitungsmöglichkeiten bestehen. (U.)

Federballflieger. Unter „Federballfliegern" verstehen wir Früchte,
die an ihrem Oberende einen Kranz von Flügeln tragen, der die Früchte
beim Abfallen in drehende Bewegung versetzt und hierdurch den Fall
wesentlich verlangsamt. Dieser Flügelkranz geht aus dem Kelch oder
seltener auch aus der Blumenkrone hervor, die nicht abfallen, sondern
zu mehr oder weniger verholzenden oder erhärtenden, federförmigen
Flügeln auswachsen. Diese Flügel sind in den meisten Fällen nach außen
gekrümmt, und oft schwach korkzieherartig gedreht. Sie erinnern oft
lebhaft an Propeller von Flugzeugen oder Schiffsschrauben, denen sie in

der Bewegung gleichen, nur mit dem Unterschiede, daß nicht diese Flugvorrichtung, sondern die fallende Frucht die Bewegung vermitteln.

Am bekanntesten und zugleich auch am größten sind die Früchte der Dipterocarpazeen, einer tropischen Familie, die diesem eigenartigen Bau ihrer Früchte ihren Namen verdankt. Da der Mechanismus dieser Früchte sich nur beim Fall aus bedeutenderer Höhe voll auswirken kann, ist es leicht verständlich, wenn dieser Fruchttypus besonders bei hohen Bäumen vorkommt. Da diese Flügelbildungen einer recht starken Inanspruchnahme ausgesetzt sind, zumal, wenn es sich, wie bei den Dipterocarpazeen, um ziemlich schwere Früchte handelt, müssen sie mechanisch stark gefestigt sein. Sie sollen den Fall stark verlangsamen, müssen daher der Luft eine möglichst große Angriffsfläche darbieten, um den Widerstand möglichst zu erhöhen. Um den Flugmechanismus bald und richtig funktionieren zu lassen, muß der Schwerpunkt der ganzen Frucht ganz unten liegen. Daher sind die Früchte selbst so gebaut, daß sie nach Art eines Senkbleies wirken und beim freien Fall sofort in eine stabile Gleichgewichtslage kommen und nicht umkippen. Die Flügel sind daher an ihrer Ansatzstelle verschmälert und verbreitern sich an ihren Enden bedeutend und biegen nach außen. Die mechanische Festigkeit wird erreicht einmal durch die sehr kräftig entwickelten Gefäßbündel, die mit starken Bastbelegen versehen sind und vom Grunde bis zur Spitze die Flügel durchziehen. Zahlreiche Querverbindungen stellen ein festes Gitterwerk dar, das der Flughaut einen sicheren Halt gibt. Das parenchymatische Gewebe der Flughaut und das Zwischengewebe sind aber im Gegensatz zu den bisher besprochenen Flügelbildungen gleichfalls dickwandig und fest. Dieser Bau bedingt, daß die Flügel der großen, nach dem Typus der Federballflieger gebauten Früchte eine ganz außerordentliche Festigkeit haben (vgl. Abb. 41).

Die größten Früchte dieses Typus besitzt wohl *Dipterocarpus grandiflorus* BLANCO, ein riesiger Baum des tropischen Asiens, der von Malakka bis zu den Philippinen verbreitet ist: seine Früchte haben einen Nußdurchmesser von 6—7 cm und Flügel, von denen der längste 16—25 cm lang wird. Das Gewicht dieser riesigen Früchte beträgt bis über 32 g. Trotz dieses großen Gewichtes wird eine erhebliche Verlangsamung des Falles und eine Entfernung der Früchte um etwas das Zwei- bis Dreifache ihrer Fallhöhe bewirkt, wie H. DINGLER durch eingehende Versuche ermitteln konnte[1]. Bei der gewaltigen Höhe der *Dipterocarpus*-Bäume beträgt diese Entfernung 50—150 m, die genügt, um den Keimpflanzen Platz zu sichern. Der Name *Dipterocarpus* deutet darauf hin, daß die Frucht zwei Flügel besitzt; in Wirklichkeit sind aber fünf Flügel vorhanden, von denen allerdings nur zwei „Hauptflügel" besonders groß werden und den eigentlichen Flugapparat darstellen. Die kleinen akzessorischen Flügel der Fruchtnuß, die bei einigen Arten auftreten, sind wirkungslos. Dagegen haben die Arten von *Dryobalanops*, *Parashorea* und *Vatica* fünfflügelige Früchte, andere, wie *Shorea*, *Pentacme*, *Doona* drei- bis vier-, *Anisoptera*, *Hopea* u. a. zweiflügelige Früchte (Abb. 41).

---

[1] Ber. d. Dtsch. Botan. Ges. *33*, Heft 7. 1915.

Über die Wirksamkeit der Früchte von *Shorea leprosula* MIQ. für die Verbreitung dieses Baumes hat RIDLEY[1] Berechnungen angestellt, aus denen hervorgeht, daß die Wanderfähigkeit derartiger Gehölze doch nur sehr gering ist: erst mit etwa 30 Jahren beginnt die Fruchtbildung. Nimmt man nun an, daß die Früchte etwa 100 m vom Mutterbaume entfernt zu Boden fallen und zur Keimung gelangen, so kann die Art in 100 Jahren nur etwa 300 Yards in einer Richtung wandern. Sie würde also, um 100 englische Meilen zurückzulegen, 58 666 Jahre brauchen. Der Fruchttypus der Dipterocarpazeen ist daher auf Nahverbreitung

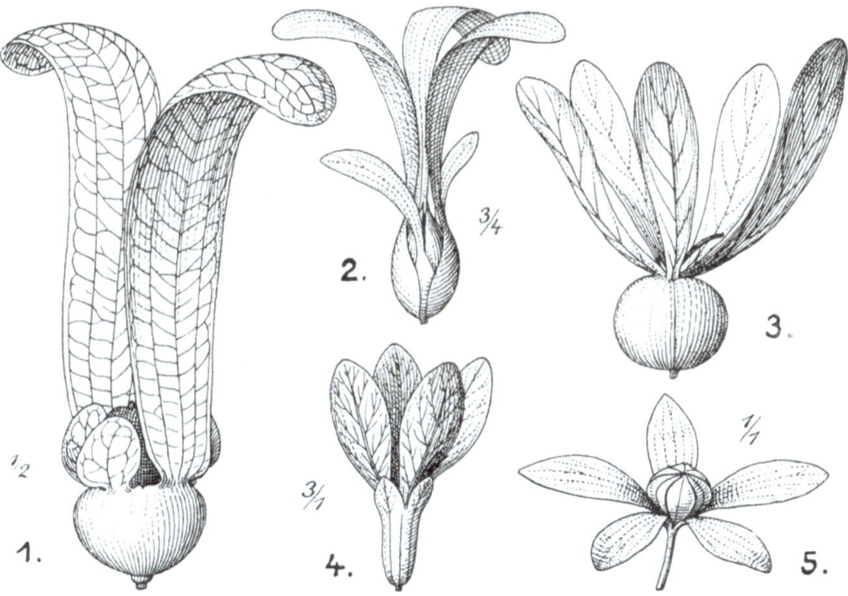

Abb. 41. „Federballflieger".

1. *Dipterocarpus retusa* BL. — 2. *Shorea selanica* BL. — 3. *Dryobalanops* spec. — 4. *Homalium Bailloni* SC. ELL. — 5. *Dicellostyles jujubifolia* BENTH. — (3 nach KERNER, 4 nach Natürliche Pflanzenfamilien, alles übrige Originalzeichnungen nach der Natur.)

eingestellt, wie dies für einen Baum des tropischen Regenwaldes auch zu erwarten ist (Abb. 41, Fig. 2).

Während bei den Dipterocarpazeen die Fruchtflügel starr holzig sind, besitzen die viel kleineren Früchte der Flacourtiazeengattung *Homalium* weichere Flügel, die entweder aus den Kelchzipfeln oder aus den Blütenblättern, bei einigen Arten sogar aus beiden hervorgehen. Sie gleichen viel mehr Federbällen als die Dipterocarpazeenfrüchte, zumal häufig dichte Behaarung der Flügel federartige Beschaffenheit hervorruft. Noch bei vielen anderen Gattungen aus den verschiedensten Familien, wie Polygonazeen, Malvazeen, Ochnazeen, Loasazeen, Combretazeen, Anacardiazeen, Convolvulazeen, Borraginazeen, Rubiazeen treten Früchte vom Federballtypus auf (Abb. 41).

[1] On the Dispersal of Seeds by Wind in Annals of Botany *19*. 1905.

2. Samen mit Flügelbildungen. Da die Samen wegen ihrer meist geringeren Größe und ihres geringeren Gewichtes häufiger auf Verbreitung durch den Wind eingestellt sind, ist es nicht verwunderlich, wenn die Mannigfaltigkeit der Ausbildung ihrer Flugorgane noch größer ist als bei den Früchten. Die Flügelbildungen gehen jedoch fast ausschließlich aus der ganzen Samenschale hervor oder aus deren Teilen. Grundprinzip des Baues ist: möglichste Leichtigkeit, erreicht durch sparsamste Verwendung des Baumaterials, und Einschränkung des Nährgewebes und Embryos bei möglichster Vergrößerung der Oberfläche.

Als Flughaut dienen die Epidermen der Samenschale, als Stützgerüst die verstärkten Radialwände der Epidermiszellen. Bisweilen können die Epidermiszellen auch allseitig verstärkt werden, dann werden sie aber oft gleichzeitig durch ihren Luftgehalt zu Luftsäcken und gleichen hierdurch die Erhöhung des Gewichtes durch Oberflächenvergrößerung und Verringerung des spezifischen Gewichtes aus. Zur Festigung der Flügel und Verringerung des spezifischen Gewichtes der ganzen Samen trägt aber auch das Zwischengewebe der Flügel bei durch sklerenchymatische Beschaffenheit und Luftgehalt. Treten auch Gefäßbündel zur Festigung der Flügel auf, so gehören diese dem Leitbündel des Funikulus des Samens an.

Die Typen der geflügelten Samen entsprechen vollkommen denen, die wir bei den geflügelten Früchten kennen lernten. Die Ähnlichkeit beider geht ja auch in manchen Fällen so weit, daß es dem Laien bisweilen kaum möglich ist, zu entscheiden, ob er eine Frucht oder einen Samen vor sich hat.

Scheibenflieger und *Scheibendrehflieger.* Die Samen dieses Typus sind scheibenförmig, meist kreisrund oder oval, und meist auch durch Ausbildung eines Flügelsaumes ausgezeichnet, der den ganzen Samen umgibt. Der Schwerpunkt liegt in der Mitte oder wenigstens in der Mittellinie des Samens. Beispiele sind die Samen der Tulpen (*Tulipa-*), Lilien (*Lilium-*), Schwertlilien (*Iris*-Arten). Bei den *Lilium*-Arten ist der Flügelsaum ziemlich dick und ziemlich schmal; er wird gebildet von den Epidermen der Samenschale, die ein sehr weitmaschiges, dünnwandiges Parenchym umschließen, das mit Luft gefüllt ist.

Schöne Beispiele von Scheibenfliegern sind die fast kreisrunden Samen vieler Enzianarten, z. B. von *Gentiana asclepiadea,* dem Schwalbenwurzenzian, und *G. lutea* und seinen Verwandten. Hier wird das Stützgerüst von den Zellen der Flughaut, der Epidermis selbst, gebildet dadurch, daß die Radialwände, zum Teil auch die Innenwände, verdickt sind. Ähnlich sind auch die Samen von vielen Glockenblumen, *Campanula*-Arten, und von *Linaria vulgaris* u. a. gebaut.

Sehr große Samen dieses Typus kommen bei der Apocynazeengattung *Aspidosperma* vor, die in den Tropen Amerikas verbreitet ist, bei welcher Arten vorkommen, deren Samen einen Durchmesser von 10 cm erreichen, wovon nur 2,5 cm auf den flachen „Kern“ des Samens entfallen. Die Flugfähigkeit dieser Samen wird ähnlich wie bei *Iris* und *Lilium* durch ein reich entwickeltes, vielschichtiges Füllparenchym luftführender Zellen zwischen den Epidermen erreicht (Abb. 36, Fig. 5).

Sehr schöne Samen vom Typus der Scheibenflieger finden sich ferner bei manchen Bignoniazeen, wie *Incarvillea, Anemopaegma* u. a. und bei Scrophulariazeen, wie (*Lophospermum* =) *Maurandia,* deren Arten in Mexiko heimisch sind (Abb. 36, Fig. 6).

Bei *Maurandia scandens* (DON) GRAY besteht der Flügelsaum aus zwei vollkommen aneinanderschließenden Hauptflügeln und kleineren schuppenförmigen Flügeln, die sämtlich aus langen schlauchförmigen, mit Luft erfüllten Zellen mit netzigen Wandverdickungen gebildet werden (Abb. 36, Fig. 6).

Viele Samen mit Flügelsaum zeigen einen Bau, der lebhaft an die oben erwähnten hydatochoren Samen vom Schwimmblasentypus erinnert.

Segelflieger. Die Segelflieger besitzen zwei seitliche oder einen den Samen so umfassenden Flügel, daß der Kern an der Vorderkante des Flügels liegt. Der Umriß des ganzen Flügels ist halbkreisförmig bis fast sichelförmig. Der Schwerpunkt des ganzen Samens liegt in der Mittellinie, aber exzentrisch nach vorn, d. h. nach der konvexen Seite verschoben. Die Flügel sind namentlich bei großen Samen nicht vollständig eben, sondern ganz sanft, wenigstens an ihren Enden nach oben gebogen. Dieser Bau vermittelt einen ruhigen Gleitflug. Selbst bei Windstille legen die Samen vermöge ihrer großen Flügel recht bedeutende Strecken zurück. Die Flugbahn beschreibt sehr weite Spiralen. Besonders häufig findet sich dieser Typus bei den Samen von Schlinggehölzen.

Die schönsten und größten Samen vom Segelfliegertypus besitzt *Macrozanonia macrocarpa* (BL.) COGN., eine Cucurbitazee der Sundainseln, ein Kletterstrauch, der im Regenwalde hoch in die Kronen der Bäume emporklimmt (Abb. 37, Fig. 4*b*). Die große halbkugelige Frucht öffnet sich an der Spitze dreiklappig und entläßt die sehr großen Samen, die scheibenförmig in der Mittellinie eines fast sichelförmigen äußerst dünnen und zarten Flügels sitzen. Der Kern des Samens ist breit oval, 2,5—3 cm lang, 2—2,5 cm breit, der Flügel in der Längsrichtung des Samens etwa 5 cm, der Quere nach 13—15 cm breit. Trotz seiner bedeutenden Größe wiegt ein einzelner Samen nur etwa 0,25—0,3 g. Die Samen kleiden tapetenartig in großer Zahl die Innenwand der fast kugeligen Frucht aus; infolgedessen sind die Flügel der Samen sanft nach oben gebogen, und vermitteln einen prachtvollen, spiraligen Gleitflug. Fallen die Samen mit der konvexen Seite nach oben herab, so vollführen sie zunächst einen Salto mortale, um in ihre normale Fallstellung überzugehen, und beginnen erst dann mit dem Gleitfluge. Die Flughaut wird von den zartwandigen Epidermen gebildet, deren Zellen in reihenförmiger Anordnung nach den Flügelrändern streichen, die glasig-durchsichtige Zartheit und den schönen Seidenglanz der Flügel bedingen. Im dickeren Teil der Flügel verbinden einschichtige Gewebelamellen die Epidermen, die untereinander auch Querverbindungen zeigen, wie HABERLANDT festgestellt hat. Die Samen von *Macrozanonia macrocarpa* haben wegen ihres vollkommenen Baues der Flugzeugindustrie als Vorbild gedient, insbesondere für die Konstruktion der motorlosen Segelflugzeuge.

Am reichsten an Segelfliegersamen ist die Familie der *Bignoniaceae,* bei welcher die meisten Gattungen derartige Samen besitzen, und infolgedessen eine große Mannigfaltigkeit herrscht. Die größten Samen besitzt *Oroxylum indicum* (L.) VENT., ein mittelhoher Baum Ostindiens und der Malaiischen Inseln. Der Bau und die Gestalt der Samen und Flügel ist im wesentlichen gleich. Das Stützgerüst der zarten, aus den Epidermen gebildeten Flughaut bilden die verstärkten Radialwände der Epidermiszellen selbst. Der Samenkern ist scheibenförmig oder länglich und liegt in der Mittellinie, der Vorderkante der Flughaut genähert. Die Anordnung der Zellen ist reihenförmig, parallel zu den Längsseiten der Flügel, die infolgedessen gegen Einreißen geschützt sind, während die Schmalseiten leicht zerfledern. So sind beispielsweise die Flügel von *Bignonia, Anemopaegma, Distictes, Spathodea* u. a. gebaut. Bei den großen Flügeln der Samen von *Oroxylum indicum* sind nicht nur die Radialwände der Epidermiszellen verdickt, sondern auch die Innenschichten. Daneben treten noch netzige oder spiralige Leisten auf. Sehr merkwürdig ist, daß von der Mitte des Flügels an die Zellen stellenweise auseinanderweichen, so daß fast kreisrunde Löcher entstehen und der Flügel siebartig durchlöchert erscheint. Hierdurch wird die Oberflächenvergrößerung der Flügel sehr gefördert, der Luftwiderstand erhöht und damit größere Flugfähigkeit erzielt. Besonders schöne Samenflügel besitzen die Arten von *Pithecoctenium*, z. B. *P. dolichoides* K. SCHUM., Schlinggehölze des tropischen Amerikas (Abb. 37, Fig. 6*a—c*). Ihren sonderbaren Namen (*Pitheco-ctenium* = Affen-Kamm) verdankt diese Gattung ihren Früchten, flachen, zweiklappig aufspringenden Kapseln, deren harte, holzige Kapselhälften außen dicht mit spitzen, harten, kammartigen Stacheln besetzt sind (vgl. Abb. 37, Fig. 6*a, b*). Die harten Stacheln schützen die reifenden Früchte vor Tierfraß. Die reifen Früchte hängen frei herab; sie öffnen sich an ihrer nach unten gerichteten Spitze durch Zurückkrümmung der austrocknenden Kapselhälften. Die Zweiklappigkeit der Kapseln ist bei der Größe und Gestalt der geflügelten Samen, die infolgedessen leicht nach unten aus der Frucht herausgleiten können, sehr zweckmäßig. Die Samen lösen sich wie bei den anderen, ähnlich gebauten Segelfliegern bei der Reife schon in der Frucht vom Funikulus, so daß sie bei der Öffnung der Frucht leicht herausfallen können und nicht erst durch den Wind abgerissen werden. Die Samen der Bignoniazeen liegen in den Früchten wie Geldrollen oder die Blätter eines aufgeschlagenen Buches; sie können daher aus den aufspringenden Früchten leicht nacheinander herausgleiten und vom Winde fortgeführt werden (Abb. 37, Fig. 6*b*).

Geflügelte Samen vom Typus der Segelflieger besitzen auch die Gattungen *Buëna, Cinchona, Hymenodictyon* u. a. aus der Familie der Rubiazeen (ENGLER und PRANTL).

Schraubenflieger. Samen vom Typus der Schraubenflieger mit einseitigem Flügel, der mit einer Schmalseite dem Samenkern ansitzt, sind sehr häufig und kommen bei den verschiedensten Verwandtschaftskreisen vor. Sehr bekannt sind die einseitig geflügelten Samen unserer heimischen Koniferen, der Kiefern (*Pinus*), Fichten (*Picea*) und Tannen (*Abies*), wie überhaupt der Abietineen. Im Gegensatz zu allen anderen Samen gehört das Gewebe des Flügels hier nicht dem Samen an, sondern besteht aus Teilen, die sich von der Fruchtschuppe ablösen. Eine Trennungsschicht, die an der Längskante des Flügels in der Zellschicht unter der Epidermis, auf der anderen Seite aber in tieferen Zellagen auftritt, bewirkt die Ablösung. Daher ist der sonst einschichtige Flügel an der Längskante verdickt. Alle Zellen sind langgestreckt, derbwandig und verholzt. Häufig sind die Radialwände dicker als die übrigen. Da die Flügel der Abietineensamen nicht zum Samen gehören, fallen die Samen leicht aus dem Gewebe des Flügels heraus. Gegen das Ausfallen der Samen bei feuchtem, der Samenverbreitung ungünstigem Wetter, schützt die Hygroskopizität der Fruchtschuppen der Zapfen, die sich bei Feuchtigkeit eng aneinanderlegen und nur bei Trockenheit spreizen (vgl. S. 167, Abb. 38, Fig. 10, 11).

Bei allen übrigen Samen geht der Flügel aus Geweben des Samens selbst hervor. Als Flughaut dient die Oberhaut der Samenschale, als Stützgerüst meist die Epidermis selbst, deren Zellen stark verdickte Radialwände besitzen. Nur bei den großen Samen der Sterculiazeen durchziehen Gefäßbündel, die vom Funikulus ausgehen, den Flügel und bilden ein festes Stützgerüst; so z. B. bei den Arten von *Pterygota*, riesigen Bäumen des tropischen Regenwaldes der Alten Welt. Die größten Samen besitzt *P. macrocarpa* K. SCHUM. aus dem Kongogobiet und Kamerun; die „Nuß" hat eine Größe von $3^1/_2 \times 2^1/_2$ cm, der Flügel eine Länge von 8—9 cm, eine Breite von 5 cm. Nur wenig kleiner sind die Samen bei *Pterygota alata* R. BR., die im tropischen Asien heimisch ist, bei *Pt. Roxburghii* ENDL. u. a. (vgl. Abb. 38, Fig. 5). Bei allen Arten zeigt der Flügel eine auffällig filzige Oberfläche und sehr dicke, gerade und feste Vorderkante und fast korkige Beschaffenheit. Die Flügel enthalten bei allen Arten ein sehr lockeres, von großen Lufträumen durchsetztes Gewebe, das die Flügel trotz ihrer Größe und Dicke sehr leicht und dabei doch sehr fest macht. Die Epidermis der Ober- und Unterseite besteht aus ziemlich kleinen, lückenlos aneinanderschließenden Zellen, deren Außen- und Innenwände verdickt sind.

Auch die Sterculiazeengattung *Pterospermum* SCHREB., deren Arten als Holzgewächse im tropischen Südostasien verbreitet sind, besitzen nach gleichem Typus geflügelte Samen, deren Flügel aber wesentlich zarter sind und nicht durch Gefäßbündel, sondern parallel verlaufende, bastartige Prosenchymzellen gestützt werden. Die Flügel sind dünner, häutig, da ein Zwischengewebe nur ganz spärlich entwickelt ist (vgl. S. 167, Abb. 38, Fig. 6).

In jüngster Zeit wurden geflügelte Samen auch aus der Familie der Bombacaceae bekannt: die im tropischen Regenwaldgebiete des Amazonas in Ostperu von TESSMANN gefundene Gattung *Septotheca* ULBRICH[1] besitzt höchst. eigenartige, hängende Kapselfrüchte (vgl. Abb. 38, Fig. 8a), deren aufspringende Klappen durch das sich ablösende Endokarp geflügelt erscheinen. Die im Bau einer kleinen *Acer*-Frucht ähnlichen Samen sind dunkelbraun und mit einem etwa 3 cm langen, 1 cm breiten, häutigen Flügel versehen, der von der Samenschale gebildet

---

[1] Notizblatt d. Bot. Gart. u. Museums Berlin-Dahlem *9*, S. 128—134, 1. 10. 1914.

Ulbrich, Früchte und Samen. 12

wird. Seine Vorderkante ist fast gerade und verstärkt. Die etwa 1 cm
lange „Nuß“ hat die Gestalt eines zusammengedrückten Apfelsinenkernes (vgl. Abb. 38, Fig. 8*b*). Die Früchte und Samen wurden erst 1927
bekannt. (U.) Die einzige bisher aus dieser Gattung bekannt gewordene
Art erhielt nach ihrem Entdecker den Namen *Septotheca Tessmannii*
ULBRICH.

Eine große Anzahl von Arten mit einseitig geflügelten Samen kommt
in der Familie der Meliazeen vor, besonders bei den Gehölzen der Verwandtschaft des echten Mahagonibaumes, *Swientenia mahagoni* L. und
von *Cedrela, Entandophragma, Toona, Pseudocedrela, Chukrasia, Elutheria* u. a. Es sind meist hohe Bäume, deren Früchte Kapseln mit oft
sehr dicken, holzigen Wandungen darstellen, in deren Fächern die Samen
geldrollenartig liegen, so daß sie aus den aufspringenden Früchten leicht
herausfallen können. Besonders schöne und große Samen besitzt z. B.
Entandophragma utile SPR. aus dem tropischen Ostafrika, *E. angolense*
WELW. aus Westafrika u. a., bei denen der Same mit dem nicht scharf
abgesetzten Flügel eine Länge von etwa 10 cm und 2 cm Breite erreicht.
Sehr groß, dabei aber auffällig leicht sind die Samen der Mahagonibäume *Swientenia mahagoni* L. und *Sw. macrophylla* KING, die im
tropischen Mittelamerika und Westindien heimisch sind (Abb. 38,
Fig. 7*a, b*, S. 167).

Auch bei einigen *Eucalyptus*-Arten kommen Samen dieses Typus vor,
ebenso bei der Proteazee *Knightia excelsa* R. BR., dem Rewa-Rewa,
einem bis 30 m hohen, im Wuchse einer Pyramidenpappel ähnlichem
Baume Australiens, dessen sehr hartes, schön rot- und braungemasertes
Holz in der Tischlerei zu Fournieren und auch zu Herstellung von Dachschindeln benutzt wird (Abb. 38, Fig. 9*a, b*). Die eigenartigen harten,
seitlich mit Längsrissen aufspringenden Balgfrüchte enthalten große,
mit seitlich sitzenden Doppelflügeln versehene Samen (Abb. 38, Fig. 9*b*).
Es ist wohl kein Zufall, daß dieser Schraubenfliegertypus bei hohen
Waldbäumen vorherrscht. Eine große Fallhöhe ist zur vollen Entfaltung
der Wirksamkeit der Verbreitungseinrichtung notwendig, namentlich,
wenn es sich um große Samen handelt. Daher sind Schraubenfliegersamen bei niedrig bleibenden Pflanzen, insbesondere bei Kräutern und
Stauden sehr selten; ihr Bau ist auch verschieden von dem der Gehölzsamen. So besitzt die Amaryllidazeengattung *Hippeastrum* HERB. des
tropischen Amerikas Flügelsamen, bei denen die Epidermiszellen kollabieren und ein dunkles Maschennetz auf den Flügeln bilden, deren Flughaut aus den weiten, gewölbeartigen Zellen des Parenchyms des inneren
Gewebes zusammengesetzt ist, während das Zwischengewebe der innersten Schichten vergeht.

Drehwalzenflieger. Mehrflügelige Samen von Drehwalzenfliegertypus
sind äußerst selten, während dieser Typus bei Früchten häufiger zu finden
ist. Schön ausgebildete dreiflügelige Samen besitzt der in Ostindien
heimische, durch Kultur über die Tropenländer weit verbreitete Baum
Moringa oleifera LAM., dessen scharfschmeckende Wurzeln wie Meerrettich gegessen werden und aus dessen Rinde ein schleimiger Gummi gewonnen wird. Die reichlich erbsengroßen Samen tragen einen bis 7 mm

breiten, weißen Saum dreier Flügel, der aus der zarten Epidermis gebildet wird, deren Zellen langgestreckt sind und vorgewölbte, etwas verdickte Außenwände besitzen (Abb. 40, Fig. 7).

Dreiflügelige Samen besitzt auch die in Ostasien (Amurgebiet und Nordchina) heimische Gentianazee *Crawfurdia volubilis* (Maxim.) Gilg, ein Schlinggewächs mit zweiklappigen Kapselfrüchten. Die Flügel sind hier jedoch ungleich ausgebildet und ziemlich schmal (Abb. 40, Fig. 8).

Die Früchte und Samen mit Flügelbildungen zeigen, wie aus der vorstehenden Übersicht hervorgeht, eine außerordentliche Mannigfaltigkeit, deren Studium sehr anziehend ist. Manche Formen sind auch für die Praxis insofern von Bedeutung geworden, als sie der Flugzeugindustrie Vorbilder abgaben für die Konstruktion der Propeller und Tragflächen der Flugzeuge. Auch für Studien über die Lage des Schwerpunktes der Flugmaschinen, um einen sicheren Gleitflug zu erzielen, waren manche Formen der Segelflieger von Bedeutung.

C. Haarbildungen als Flugvorrichtung.

Die letzte, sehr umfangreiche Gruppe umfaßt Früchte und Samen, bei denen mannigfache Haarbildungen als Flugvorrichtungen zur anemochoren Verbreitung dienen. Wenn auch die Zahl der Pflanzenarten mit derartigen Verbreitungsvorrichtungen außerordentlich groß ist, so sind die Ausbildungsformen doch viel einheitlicher als bei der vorigen Gruppe mit flügelförmigen Flugvorrichtungen. Da bei den Früchten und Samen die Grundzüge der Ausbildungsformen der Haarbildungen als Flugvorrichtungen gleich sind, können wir die Darstellung zusammenfassender gestalten.

Grundprinzip der Verbreitungseinrichtung ist auch bei den Haarbildungen möglichste Verringerung des spezifischen Gewichtes der Früchte und Samen und möglichst weitgehende Oberflächenvergrößerung, um dem Winde eine große Angriffsfläche darzubieten und um möglichst hohen Luftwiderstand zu erzielen.

Die der Verbreitung dienenden Haare sind bei den Samen meist einzellig, bei den Früchten vielfach auch mehr- bis vielzellig. Stets sind die Zellen mit kräftigen, stark verdickten Wandungen versehen, meist im Querschnitt rund, stets im fertig entwickelten Zustande nur mit Luft gefüllt. Bei größeren Haaren treten bisweilen besondere Versteifungsvorrichtungen auf, welche das Zusammensinken der Wandungen verhindern sollen.

Wie wir oben bei den Klettfrüchten sahen, kommen vielfache Übergänge von diesen Klettvorrichtungen zu den Haarbildungen vor. Die Haarbildungen können auch oft genug im Fell der Tiere haften bleiben und so auch eine epizoische Verbreitung ermöglichen. Viele mit Haaren versehenen Früchte und Samen schwimmen auch längere oder kürzere Zeit, dank des Luftgehaltes der Räume in und zwischen den Haaren, auf der Oberfläche des Wassers. Somit können die Haarbildungen mitunter auch der hydatochoren Verbreitung dienen.

Ganz vorwiegend sind anemochore Früchte und Samen mit haarförmigen Flugvorrichtungen in den offeneren Pflanzengemeinschaften zu

finden, bei Pflanzen der Steppen, Wüsten, Felsen. Aber auch bei Waldpflanzen sind derartige Typen nicht selten, sowohl in der Baumschicht,
wie in der Feld- und Bodenschicht der Wälder. Im allgemeinen nimmt
der Anteil von unten nach oben zu. Auch unter den Schlingpflanzen
und Epiphyten gibt es viele Arten mit haarförmigen Flugvorrichtungen.
Durch ihre Massenbestände fallen sie im Pflanzenwuchs der Moore und
Uferflora auf, wie z. B. Wollgras (*Eriophorum*), Schilf (*Phragmites communis*), Kolbenrohr (*Typha*) u. a.

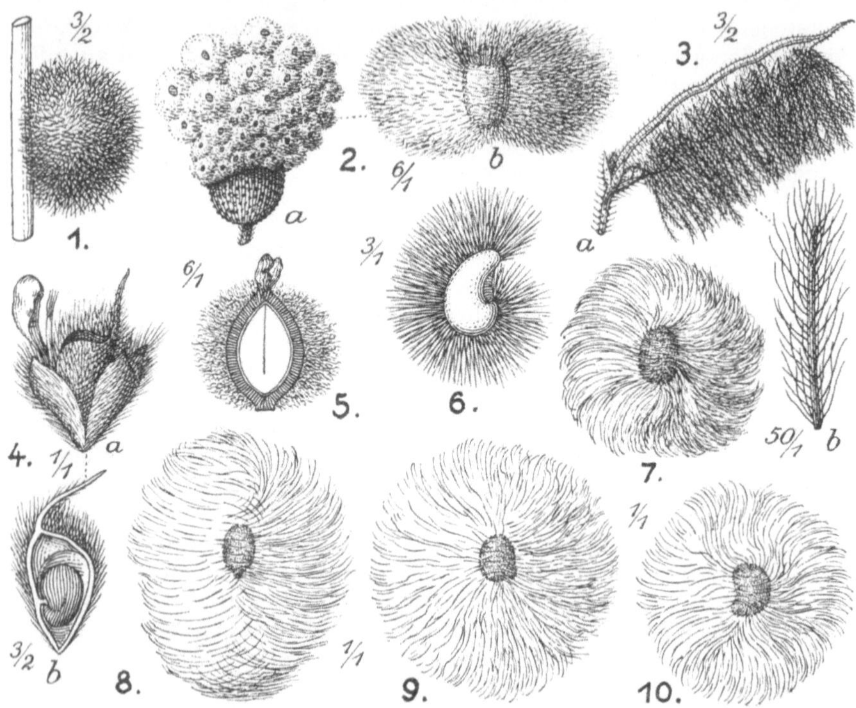

Abb. 42. Früchte (1—5) und Samen (6—10) mit allseitigem Haarkleid als Flugapparat.
1. *Calligonum caput Medusae* SCHRENK. — 2. *Anemone silvestris* L., *a* zerfallender, reifer Fruchtstand,
b Einzelfrucht. — 3. *Patagonium calopogon* PHIL., *a* ganze Gliederhülse, *b* einzelnes Fiederhaar. —
4. *Astragalus echinops* AUCH., *a* Frucht mit bleibendem Kelch und Resten der Blumenkrone, *b* Frucht
im Längsschnitt. — 5. *Eriachaenium magellanicum* C. H. SCHULTZ-BIP., Frucht im Längsschnitt. —
6. Samen von *Hibiscus macrophyllus* ROXB. — 7. *Gossypium hirsutum* L. — 8. *Bombax flammeum*
ULBRICH. — 9. *Ceiba pentandra* (L.) GAERTN. — 10. *Cochlospermum* spec. — (1 nach Natürliche
Pflanzenfamilien, 2 *a* nach KERNER, *b* nach ULBRICH, alles übrige Originalzeichnungen nach der Natur.)

In morphologisch-biologischer Hinsicht können wir drei Gruppen
unterscheiden: 1. Früchte und Samen mit allseitigem Haarkleid, 2. mit
Haarschöpfen, 3. mit Haarkränzen.

1. Früchte und Samen mit allseitigem Haarkleid. Ringsum in ein
dichtes Haarkleid eingehüllte Früchte sind verhältnismäßig selten, kommen aber bei den verschiedensten Verwandtschaftskreisen vor. In den
allermeisten Fällen handelt es sich um Schließfrüchte, selten auch um
andere Fruchtformen.

Rings behaarte Nüßchen besitzen verschiedene Proteazeen Australiens und des Kaplandes, z. B. viele Arten von *Isopogon, Petrophila, Protea, Leucadendron, Simsia* u. a., die zum Teil an die Früchte mancher *Anemone*-Arten erinnern. Bei den Polygonazeen besitzen einige Arten der Gattung *Calligonum* ein sehr eigentümliches, dichtes Haarkleid, das aus langen borstigen, zum Teil untereinander maschenförmig verbundenen Haarbildungen besteht, deren Spitzen frei sind. Es entstehen hierdurch kugelrunde Bäusche, die an die Verbreitung durch den Wind hervorragend angepaßt sind. Derartige Früchte besitzen einige Arten der Steppen und Wüsten Afrikas (*Callgonium comosum* L'Hérit.), Vorder- und Zentralasiens (*C. Caput Medusae* Schrenk) und Ostasiens (*C. murex* Bge.) in der Mongolei (vgl. Abb. 42, Fig. 1).

Auch bei den Chenopodiazeen kommen bei einigen Steppen- und Wüstenformen Fruchtbildungen dieses Typus vor, so bei der in Zentralasien verbreiteten *Eurotia ceratoides* (L.) C. A. Mey., bei welcher die Vorblätter der Blüte die Frucht mit einer Haarhülle umkleiden, und bei *Kirilowia-, Panderia-* und *Chenolea*-Arten, bei denen die Blütenhülle das Flugorgan darstellt, in welchem die kleine Frucht verborgen ist.

Am bekanntesten sind die stark behaarten Schließfrüchte der *Anemone*-Arten aus der Sektion *Eriocephalus*, von denen *A. silvestris* L. bei uns auf kalkhaltigem Boden der Grund- und Endmoränen vorkommt, die Charakterart der Rüdersdorfer Kalkberge bei Berlin, eine typische „pontische" Art von weiter Verbreitung, die als Leitart der Steppen Europa—Asiens bei uns warme und trockene Standorte liebt (vgl. Abb. 42, Fig. 2 a, b). Viel als Zierpflanze gezogen wird die ostasiatische *Anemone japonica* Sieb. et Zucc. In den Alpen und Pyrenäen findet sich *An. baldensis* L., im Mittelmeergebiet verbreitet sind die farbenprächtigen Arten *A. coronaria* L., *A. hortensis* L. u. a., die im Frühling unseren Blumenmarkt beleben. Auch in Amerika sind zahlreiche Arten dieser Sektion *Eriocephalus* in den Trockengebieten der Prärien und Pampas und als Felsenpflanzen der Gebirge verbreitet, z. B. *Anemone virginiana, A. multifida, A. decapetala* u. a., von denen einige auch gelegentlich als Gartenpflanzen gezogen werden. Alle Arten haben einen sehr übereinstimmenden Fruchtbau: die ganze Schließfrucht ist ringsum von langen, weißen, krausen Haaren bekleidet, die zur Zeit der Fruchtreife den dichten Fruchtstand auflockern und die Früchte durch den Wind davontragen (Ulbrich, E. *1*).

Bei den Papilionazeen kommen einige Gattungen mit langhaarigen Hülsen vor. Am schönsten sind sie ausgebildet bei der südamerikanisch-andinen Gattung *Adesmia* (= *Patagonium*), die artenreich besonders in den Trockengebieten von Chile, Patagonien, Argentinien, Peru und Bolivien entwickelt ist. Es sind meist niedrige Dornsträucher oder Stauden mit mittelgroßen, gelblichen Blüten: die Atacamawüste ist reich an *Adesmia*-Arten. Besonders schöne „Federhülsen" besitzen *Adesmia calopogon* Phil., *A. gracilis* Meyer, *A. Hookeriana* Phil., *A. intricata* Phil., *A. leucopogon* Phil., *A. longisetum* Dc., *A. miraflorensis* (Remy) Rusby, *A. papposa* Lag., *A. verrucosa* Meyer u. a. Die Federhülsen dieser Arten springen nicht wie die Hülsen der meisten anderen

Leguminosen auf, sondern öffnen sich erst spät, ohne schraubige Einrollung der Fruchtschalen. (U.) (vgl. Abb. 42, Fig. 3*a, b*.)

Auch bei der so artenreichen Gattung *Astragalus* gibt es eine ganze
Anzahl von Arten mit langbehaarten Hülsen, deren Behaarung jedoch
von denen der *Adesmia*-Arten sehr verschieden ist. Die langen, einzelligen Haare sind ziemlich dünnwandig und bekleiden die oft sehr dicke
und harte Wandung der ein- oder wenigsamigen Hülsen mit dichtem,
meist gelblichem Pelz. Kelch und Blumenkrone vertrocknen oft, ohne
abzufallen. Sie können demnach als Windfang dienen und das Haarkleid in seiner Aufgabe als Flugorgan zu dienen, unterstützen. Derartige Haarhülsen besitzen viele Arten der Sektion *Calycophysa* BGE.
Alopecias BGE., die im nordafrikanisch-vorderasiatischen Wüstengebiet
heimisch sind, z. B. *Astragalus echinops* AUCH. in Syrien und Armenien,
A. kirrindicus BOISS. in Persien, *A. narbonnensis* GUAN in den Mittelmeerländern u. a. (Abb. 42, Fig. 4*a, b*). Noch weichere, seidig glänzende
Haare besitzen die einsamigen Hülsen einiger *Tephrosia*-Arten der nordafrikanisch-arabischen Sektion *Pogonostigma*, gleichfalls Wüstenpflanzen,
wie *Tephrosia nubica* (BOISS.) BAKER und *T. arabica* STEUDEL. Von
Astragalus sind sie insofern verschieden, als die Blumenkrone frühzeitig ganz abfällt. Die sehr kurz gestielten Hülsen brechen leicht von
dem starr aufrecht stehenden Blütenstande ab und werden ein Spiel
des Windes.

Starke behaarte Früchte (Achänen) besitzten auch eine ganze Anzahl
von Gattungen der Kompositen, z. B. die südafrikanischen *Lasiosper-
mum*- und *Tarchonanthus*-Arten, die im Küstengebiete des Kaplandes
verbreiteten *Corymbium*-Arten, die im Feuerlande heimische, kleine Art
Eriachaenium magellanicum C. H. SCHULTZ-BIP., viele *Arctotis*-Arten
der Steppen und Wüsten Afrikas, viele *Echinops*-Arten der Mittelmeerländer u. a. Bei allen diesen Formen ist der sonst bei den Kompositen
als Flugorgan entwickelte Pappus stark reduziert oder fehlt ganz, da
die dichte Behaarung seine Aufgabe übernommen hat (Abb. 42, Fig. 5).

Ringsum behaarte Samen sind verhältnismäßig selten; sie sind
typisch für manche Formenkreise der *Malvales*, so besonders für die
Malvazeen aus der Verwandtschaft von *Hibiscus* L., Sektion *Bomby-
cella* DC., deren Arten äußerst formenreich in den Steppen- und Wüstengebieten Afrikas, Madagaskars, Südasiens und des tropischen Amerikas
entwickelt sind, wie *Hibiscus Elliottiae* HARV. mit prächtigen, dunkel-
blutroten Blüten, *H. micranthus* (CAV.) L.F., *H. hirtus* L., *H. crassiner-
vius* HOCHST., *H. rhodanthus* GÜRKE in Afrika und Asien, *H. spiralis*
CAV. und Verwandte in Amerika. Eine Art, *H. syriacus* L., ist in den
Mittelmeerländern zu Hause und wird auch bei uns wegen ihrer farbenprächtigen, großen Blüten an geschützten Stellen als Zierstrauch an-
pflanzt (Abb. 42, Fig. 6). Die längsten und schönsten Samenhaare besitzen die Baumwollarten, wie *Gossypium herbaceum* L. in Vorderasien,
Indien und den Mittelmeerländern, *G. hirsutum* L. in Amerika, *G. barbadense* L. in Westindien, *G. peruvianum* L. im tropischen Südamerika,
G. arboreum L. im tropischen Ostafrika, Arabien und Indien. Die sehr
langen, einzelligen Samenhaare bestehen aus fast reiner Zellulose, sind

dickwandig und fest, dabei aber sehr schmiegsam und leicht verspinnbar. Ihren vorzüglichen technischen Eigenschaften verdankt die Baumwolle daher ihren Weltruf als „Königin aller Fasern". Am meisten geschätzt sind die sehr langen Haare von *Gossypium barbadense* L., welche die ersten Sorten der ägyptischen Baumwolle liefern. Der Weltbaumwollhandel Amerikas gründet sich besonders auf *G. hirsutum* L., die Uplandbaumwolle, und in den südlichsten Staaten auch auf die klimatisch empfindlichere Sea-Island-Baumwolle von *Gossypium barbadense* L. (vgl. Abb. 42, Fig. 7). Am ertragreichsten ist die Indische Baumwolle, *G. herbaceum* L, die zugleich auch die klimatisch härteste Art ist, daher eine sehr weite Verbreitung hat, wenn auch ihre Wolle weniger geschätzt wird. Durch Kreuzung der verschiedenen Arten sind außerordentlich zahlreiche Kulturformen entstanden, und auch die Stammarten haben sich, in andere Länder verpflanzt, vielfach verändert, so daß es selbst für den Fachmann recht schwierig ist, sich durch die Formenfülle hindurchzufinden. Manche *Gossypium*-Arten, wie *G. hirsutum* L., *G. herbaceum* L. und *G. arboreum* L., besitzen außer den technisch so wertvollen langen Samenhaaren, die als „Fließ" bezeichnet werden, eine kurzhaarige, filzige „Grundwolle" (Linters), die zu Filzen, in der Papierindustrie usw. verarbeitet wird, aber nicht versponnen werden kann. Auch die mit *Gossypium* verwandten Malvazeengattungen *Cienfuegosia* Cav. in Afrika und Australien, *Sturtia* R. Br. in Polynesien, *Ingenhouzia* Moc. et Sessé und *Selera* Ulbrich in Mexiko besitzen langhaarige Samen, werden aber nicht technisch verarbeitet.

Bei der mit den Malvazeen verwandten Familie der *Bombacaceae* besitzen mehrere Gattungen Samen mit prachtvollen Seidenhaaren, die aber meist schon in der Frucht von der Samenschale abbrechen, so daß die reifen Samen oft kahl erscheinen. Die schneeweißen, grauen, bei einigen *Bombax*-Arten Afrikas auch rotbraunen Haare weisen einen oft prachtvollen Seidenglanz auf, da sie etwas verholzt, glattwandig und nicht wie die Baumwollhaare gedreht sind (vgl. Abb. 42, Fig. 8). Am bekanntesten sind die außerordentlich langen Haare des „Kapokbaumes" *Ceiba pentandra* (L.) Gaertn., der wahrscheinlich im tropischen Amerika heimisch — hier allein kommen verwandte Arten vor —, durch den Menschen aber über die Tropen Afrikas und Asiens weit verbreitet ist (vgl. Abb. 42, Fig. 9). Der Kapokbaum ist eine der riesigsten Baumformen des tropischen Regenwald- und Steppengebietes Afrikas; er erreicht eine Höhe bis zu 60 m und besitzt am Grunde seines oft mehrere Meter dicken Stammes im Regenwalde ein mächtiges „Plankengerüst" von Brettwurzeln. Die Haare erreichen eine Länge von 5 cm, sind aber glattröhrenförmig, etwas verholzt und daher nicht verspinnbar. Sie liefern aber ein ganz vorzügliches Stopf- und Polstermaterial für Kissen, Matratzen u. dgl. und werden wegen ihrer außerordentlichen Tragfähigkeit im Wasser besonders als Füllmaterial für Rettungsringe, Schwimmwesten, Schwimmkörper usw. in großem Maßstabe verwendet. Im Fruchtbau zeigt *Ceiba pentandra* große Mannigfaltigkeit, die sich damit erklärt, daß die Kapokbäume uralte Kulturpflanzen sind, daneben aber auch in Halbkultur, aus Kultur verwildert und wild wachsend vorkommen (vgl.

E. Ulbrich *4*). Die wilde Stammform ist ein Baum mit stacheligen Zweigen und aufspringenden Früchten. Die Kulturformen zeigen dagegen meist keine Bestachelung und haben nicht aufspringende Früchte. Zwischen diesen aus Stecklingen vermehrten Kulturformen und den wilden Stammformen finden sich alle möglichen Übergänge. Die nicht aufspringenden Früchte sind sehr schwimmfähig und können auch durch strömendes Wasser verbreitet werden. Bei den in den Galleriewäldern vorkommenden Kapokbäumen mag diese hydatochore Verbreitung eine Rolle spielen. Es ist aber nicht anzunehmen, daß *Ceiba pentandra* durch Meeresdrift von Amerika nach Afrika verbreitet worden sei. Vielmehr gehören auch die Kapokbäume zu denjenigen Kulturpflanzen, die Afrika Amerika verdankt (G. Schweinfurth)[1], die also durch den Menschen nach der Alten Welt gelangt sind. Bei den aufspringenden Früchten wird die Wolle mit den Samen ein Spiel der Winde. Die Schwimmfähigkeit der Frucht- und Samenwolle mag auch eine geringe hydatochore Verbreitung ermöglichen. Da der Weltbedarf an Kapok sehr groß ist und ständig steigt, ist *Ceiba pentandra* in großem Maßstabe in Kultur genommen. Die größten Kapokplantagen liegen im Indisch-Malaiischen Archipel (Javakapok) und in Ostafrika. In unseren afrikanischen Kolonien blühte die Kapokkultur in Togo und Ostafrika auf. Die Früchte deutscher Arbeit wurden uns entrissen. Im tropischen Afrika kommt eine ganze Anzahl „wilder Kapokbäume" vor, Arten der Gattung *Bombax*, wie *B. buonopuzense* P.B., *B. flammeum* Ulbrich mit prachtvollen roten Blüten und langer, schneeweißer, seidiger Kapokwolle in Kamerun, Togo und dem übrigen westafrikanischen Waldgebiete (vgl. Abb. 42, Fig. 8), *B. brevicuspe* Sprague, *B. rhodognaphalum* K. Sch. und *B. Stolzii* Ulbrich mit rötlichgelber bis dunkelbrauner, etwas starrer Kapokwolle in West- und Ostafrika. Auch bei der Bombacazeengattung *Ochroma* im tropischen Südamerika kommen Samen mit langen Wollhaaren vor, ebenso bei der Gattung *Chorisia* der Anden von Ecuador, Peru und Bolivien und Trockengebiete Brasiliens; eine Art ist als Zierbaum auch in der Alten Welt, besonders in Ägypten hin und wieder angepflanzt (Ulbrich *4*; *5*).

Bei allen anderen allseits behaarten Samen erreichen die Haare nicht die Länge wie bei den Bombacazeen und Malvazeen, z. B. bei *Cochlospermum*-Arten des tropischen Afrikas (vgl. Abb. 42, Fig. 10), bei der Convolvulazeengattung *Ipomoea* Sect. *Eriospermum* u. a.

2. Früchte und Samen mit Haarschöpfen oder -schirmen. Häufiger als allseitige Behaarung ist die Ausbildung von Haarschöpfen, die pinselartig an den Früchten und Samen sitzen und durch hygroskopische Bewegungen sich bei Trockenheit ausbreiten, bei feuchter Luft zusammenlegen können. Wir können hier folgende Ausbildungsformen unterschei-

---

[1] Schweinfurth erwähnt *Ceiba pentandra* in seiner (im Literaturverzeichnis genannten) Arbeit nicht, weil er nur die alten Kulturpflanzen berücksichtigt. Die Kultur von *C. pentandra* im tropischen Asien und Afrika durch Europäer geht jedoch erst auf die zweite Hälfte des 19. Jahrhunderts zurück. Von den Eingeborenen Westafrikas ist *C. pentandra* nur aus Halbkulturen genutzt und in der Nähe von Ortschaften vereinzelt angepflanzt worden.

den: 1. Schopfflieger im eigentlichen Sinne, 2. Schirmflieger, 3. Fadenflieger, 4. Schweifflieger.

Schopfflieger. Bei den eigentlichen Schopffliegern bildet das Flughaarkleid einen mehr oder weniger pinselförmigen Haarbusch an der Spitze oder am Grunde der Frucht oder des Samens. Hierher gehören die Flugapparate einiger Gramineenfrüchte, so z. B. vom Riesenrohr der Mittelmeerländer *Arundo donax* L., bei dem die Spelzen dicht behaart sind (vgl. Abb. 43, Fig. 1). Unser gewöhnliches Schilf *Phragmites communis* TRIN. trägt lange und dichtstehende Haare an der Ährenspindel, so daß die Frucht mit einem Haarschopf am unteren Ende versehen ist.

Bei den Cyperazeen sind die Früchte der Wollgrasarten, *Eriophorum*, mit einem langen Haarschopf versehen, der aus der Blütenhülle hervorgeht, deren Blätter bandartig-fädig sind. Sie bestehen bei *Eriophorum polystachyum* L., *E. vaginatum* L. und *E. alpinum* L. aus zwei Schichten zarter Parenchymzellen, deren Innenwände stärker verdickt sind. Am Grunde der Unterseite sind alle Zellwände stark verdickt und mit schiefen Tüpfeln versehen (vgl. Abb. 43, Fig. 3*a—d*). Beim Schrumpfen ziehen sich die unteren Zellen zusammen und werden konkav; die Haare werden hierdurch nach außen bewegt, und der Schopf breitet sich zum Fluge aus.

Bei dem Kolbenrohr, *Typha*, entsteht der Haarschopf unterhalb des Fruchtknotens aus Haaren der Blütenachse. Sie bestehen aus mehreren Reihen toter Parenchymzellen, die schmale Bänder bilden. Die Zahl der gebildeten Haare ist so außerordentlich groß, daß sie im Fruchtkolben dicht zusammengepreßte Massen bilden, die bei der Fruchtreife wolkenartig auseinandergehen und ein Spiel der Winde werden (vgl. Abb. 43, Fig. 2).

Bei verschiedenen Gattungen der Amarantazeen und Chenopodiazeen tragen die bleibenden Hüllen der Früchte (Blumenkrone, Vorblätter) lange Haarschöpfe, die als Flugapparate dienen.

Viel häufiger sind die Schopffliegersamen. Am bekanntesten sind die behaarten Samen der Pappeln und Weiden, deren Flugfähigkeit allbekannt ist. Zur Zeit der Fruchtreife ist in der Nähe hoher Pappeln und Weiden die Luft erfüllt von den umherfliegenden Samen, die wie Schneeflocken umherwirbeln, und der Boden ist mit den lockeren Watten der niedergesunkenen Samen oft dicht bedeckt. Die Haare entspringen dem Funikulus der Samen in dichten Büscheln. Sie sind einzellig und am Fußende stark getüpfelt und einseitig verdickt, mit derben, verholzten Wandungen. Dieser ungleiche Bau der Wandungen bedingt ihre hygroskopischen Bewegungen, die dadurch zustande kommen, daß bei feuchtem Wetter die dicken Wandungen quellen und dadurch den Haarschopf zusammenlegen, während sie sich bei Trockenheit ausbreiten und die Samen leicht flugfähig machen (vgl. Abb. 43. Fig. 4*a, b*).

Ganz ähnlich gebaut sind die Samen der Tamarikazeen, insbesondere der deutschen Tamariske *Myricaria germanica* (vgl. Abb. 43, Fig. 5*a,b*). Sehr verbreitet sind Schopffliegersamen bei den Apocynazeen und Asclepiadazeen. Bei den Apocynazeen tragen die Samen aller Gattungen

der *Echitoideae*, die verwandtschaftlich den Asclepiadazeen am nächsten
stehen, einen Haarschopf. Mit zu den größten dieses Typus zählen die
Samen des tropischwestafrikanischen Kletterstrauches *Holalafia multi-
flora* Stapf, die 2 cm lang mit einem Haarschopf von etwa 10 cm Länge
versehen sind.

Meist ist der Haarschopf spitzenständig, nur bei den Gattungen
Wrightia im tropischen Asien und *Kickxia* in Westafrika und Java sitzt
er am Grunde des Samens, bei *Haplophytum* und *Alstonia* oberhalb und
unterhalb des Samens.

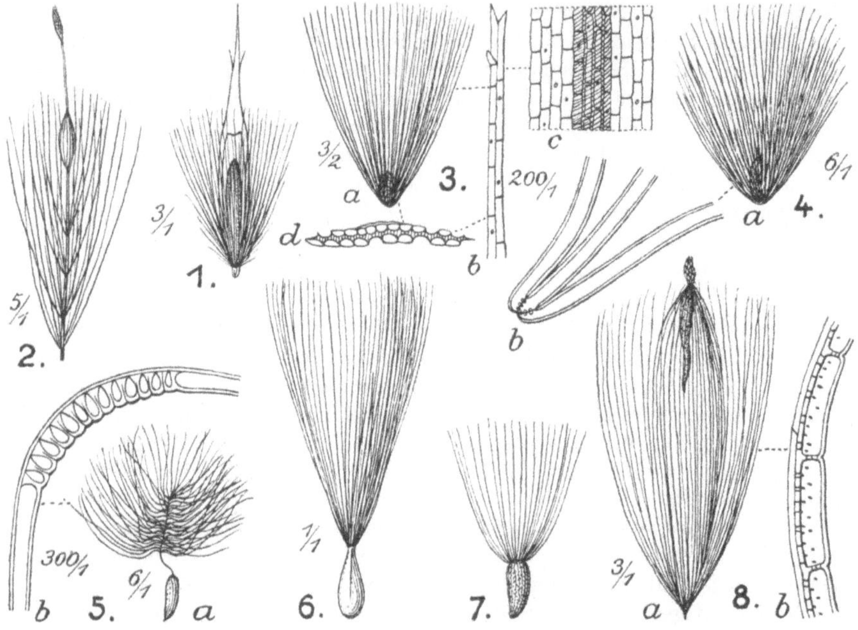

Abb. 43. „Schopfflieger“.
Früchte (1—3) und Samen (4—8) mit Haarschöpfen als Flugapparat.
1. *Arundo donax* L. — 2. *Typha latifolia* L. — 3. *Eriophorum vaginatum* L., a Frucht; b—d Flughaar:
b Spitze, c Stück aus der Mitte, d Querschnitt. — 4. *Salix pentandra* L., a Samen, b 3 Flughaare mit
gemeinsamer Basis. — 5. *Myricaria germanica* (L.) DC., a Samen, b Basalteil eines Samenhaares von
der Seite gesehen. — 6. *Asclepias* (*Gomphocarpus*) spec. — 7. *Epilobium parviflorum* Schreb. —
8. *Tillandsia vestita* Cham et Schld., a Samen mit dem sich in haarförmige Streifen auflösenden
Integument; b einzelnes „Flughaar“. — (2, 7 nach Natürliche Pflanzenfamilien, 3 nach Ulbrich,
4 b, 8 nach v. Guttenberg, alles übrige Originalzeichnungen nach der Natur.)

Bei den Asclepiadazeen ist der Haarschopf am Samen bei sehr vielen
Gattungen anzutreffen, z. B. bei *Asclepias, Calotropis, Marsdenia, Cynanchum* u. v. a. Bei manchen Arten von *Asclepias* (vgl. Abb. 43, Fig. 6)
und *Calotropis* wird er wegen seiner Größe als Stopfmaterial für Kissen
verwertet und kommt bisweilen als „Pflanzendaunen“ in den Handel.
Wegen der Brüchigkeit und Hygroskopizität der Haare sind diese Pflanzendaunen jedoch geringwertig. Verspinnen lassen sie sich nicht. *Asclepias syriaca* L. (= *A. Cornuti* Decne.), die in Nordamerika von
Kanada bis Nordkarolina heimisch ist, aber seit Jahrhunderten in an-

deren Ländern kultiviert wird und von LINNÉ nach Exemplaren, die er aus Syrien erhielt, als „syrische" Art beschrieben wurde, hat besonders schöne seidenglänzende Schopfhaare. Als „syrische Seidenpflanze" wurde diese Art daher vielfach, auch bei uns, angebaut, um die Schopfhaare zu Gespinsten zu verarbeiten. Die Hoffnungen haben sich aber nicht erfüllt, da die Schopfhaare zu brüchig und glatt sind.

Bekannte Schopfflieger, die auch in unserer heimischen Pflanzenwelt reich vertreten sind, enthält die Familie der *Oenotheraceae*: die Arten der Gattung *Epilobium*, Weidenröschen, besitzen sehr flugfähige Schopffliegersamen, deren technische Nutzung mehrfach vergeblich versucht wurde (vgl. Abb. 43, Fig. 7).

Sehr zahlreiche und schöne Schopfflieger finden sich bei den Samen der *Tillandsia*- und *Vriesea*-Arten und deren Verwandtschaft aus der tropisch-amerikanischen Familie der *Bromeliaceae*. Der Bau und die Entstehung dieses Haarschopfes ist höchst eigenartig und noch nicht vollkommen bekannt. Während der Reifezeit der Samen verlängert sich das äußere Integument und der Samenstrang außerordentlich nach unten und bilden nach oben einen Schopf. Dieser entsteht durch Auflösung der Zellen des Integumentes und Samenstranges in Längsreihen, die sich am Chalazaende des Samens lösen und die „Haare" bilden. Infolge dieser Entstehung liegt der Haarschopf weit unter dem Samen. Werden diese nun durch den Wind aus den sich öffnenden Kapseln herausgeweht, so befinden sie sich zunächst im labilen Gleichgewicht, da der Schwerpunkt des ganzen Samens mit Flugapparat hoch oben liegt. Daher kippt der Samen um und hängt dann ganz unten, während der Haarschopf sich fallschirmartig ausbreitet und den Samen davonträgt. Daher bilden diese Samen einen Übergang zu den Schirmfliegern (vgl. Abb. 43, Fig. 8 *a*, *b*).

Schirmflieger. Bei den Schirmfliegern sitzen die Haare des Flugapparates nur am Oberende der Früchte oder Samen in regelmäßiger, kreisförmiger Anordnung am Rande oder auf mehr oder weniger langem, gemeinsamem Fußstücke, Stiel, während sie bei den Schopffliegern in regelloser Anordnung am Grunde, seitlich oder auf dem Oberende saßen. Daher zeichnen sich die Flugapparate der Schirmflieger durch regelmäßigen, strahligen Bau aus. Der Bewegungsmechanismus beruht wie bei den Schopffliegern auf der Hygroskopizität der Haare, deren anatomischer Bau eine Ausbreitung des Flugapparates bei Trockenheit infolge stärkerer Zusammenziehung der Außenseiten bedingt, während bei Feuchtigkeit stärkere Quellung dieser Gewebe- oder Zellteile ein Zusammenlegen des Schirmes bewirken (vgl. Abb. 44).

Hierher gehören die mannigfachen Ausbildungsformen eines „Pappus" bei Schirmfliegerfrüchten bei einigen Dipsacazeen, Valerianazeen, bei den Kompositen, vereinzelt auch bei einigen anderen Familien. Der Pappus geht aus dem Kelche hervor, der zu mannigfachen Haarbildungen von oft außerordentlich zierlicher Gestalt auswächst.

Bei den Baldriangewächsen sind die Arten der Gattungen *Valeriana* (Baldrian) und *Centranthus* (Spornblume) durch einen sehr zierlichen federigen Pappus ausgezeichnet (vgl. Abb. 44, Fig. 1). Die Strahlen des

Pappus gehen aus den Zipfeln des Kelches hervor. Entsprechend ihrer Blattnatur enthalten sie ein Gefäßbündel, das von verholzten, kurzen Parenchymzellen umgeben ist. Die feine Fiederung wird durch lange, sehr dünnwandige, einzellige Haare gebildet, die eine feinwarzige rauhe Oberfläche besitzen. Da der Valerianazeenpappus groß ist, kann er als vorzügliches Flugorgan der Früchte dienen.

Dagegen ist der haarförmige Pappus mancher Dipsacazeen, z. B. von *Scabiosa lucida* VILL. u. a., nur klein im Verhältnis zu der schweren Frucht, kann daher allein als Flugorgan nicht dienen und wird in dieser Funktion von einem Außenkelch unterstützt.

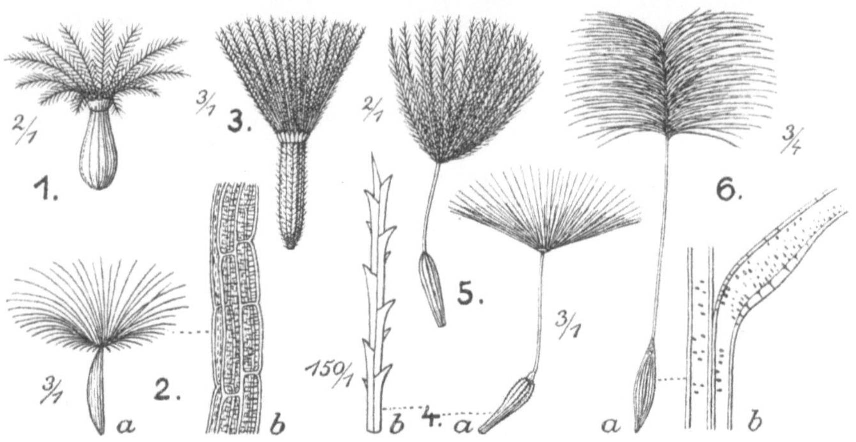

Abb. 44. „Schirmflieger“.
1—5 Früchte, 6 Samen mit schirmförmigem Haarschopf.
1. *Valeriana officinalis* L., Baldrian. — 2. *Senecio vulgaris* L., *a* Frucht, *b* Basis eines Pappus-strahles. — 3. *Vernonia anthelmintica* (L.) W. — 4. *Taraxacum vulgare* (LAM.) SCHRK., *a* Frucht, *b* Ende eines Pappusstrahles. — 5. *Scorzonera laciniata* L. feucht. — 6. *Strophanthus hispidus* L., *a* Samen, *b* Grund eines Samenhaares von *Str. Tholloni*.— (1 nach KERNER, 2*a*, 3, 5 nach Natür-liche Pflanzenfamilien, 6*b* nach v. GUTTENBERG, das übrige Originalzeichnungen nach der Natur.)
Vgl. den Text S. 187—189.

Der Pappus der Kompositen zeigt eine außerordentliche Mannigfal-tigkeit. Wir haben hier nur auf die haarförmigen Bildungen einzugehen, von denen folgende Hauptformen vorkommen: 1. ein Kranz einfacher Borsten oder Haare am Oberrande der Frucht (vgl. Abb. 44, Fig. 2*a*); 2. ein Kranz federförmiger Haare an gleicher Stelle (vgl. Abb. 44, Fig. 3); 3. ein Büschelkranz auf mehr oder weniger langem Fußstück (gestielter Pappus) (vgl. Abb. 44, Fig. 4, 5).

Einen einfachen Pappus aus nicht federigen Haaren oder Borsten besitzen u. a. folgende Gattungen: *Aster, Erigeron, Conyza, Baccharis, Antennaria, Helichrysum, Erechthites, Tussilago, Senecio* (vgl. Abb. 44, Fig. 2), *Carduus, Ornoseris, Andryala, Mulgedium, Crepis, Lactuca, Sonchus, Hieracium*. Die einzelnen Pappushaare erscheinen aber nur dem unbewaffneten Auge einfach und glatt. Bei stärkerer Vergrößerung sieht man jedoch, daß auch diese Strahlen mit feinsten, nach oben gerichteten Erhebungen versehen sind. Wachsen diese Zellen zu Haaren

aus, so entsteht ein mehr oder weniger federiger Pappus, der als Flugorgan um so wirksamer ist, je länger diese Härchen der Pappusborsten
sind. Einen federigen Pappus besitzen u. a. folgende Gattungen: *Vernonia* (vgl. Abb. 44, Fig. 3), *Brachyandra, Kuhnia, Homochroma, Mairea,
Pteropappus, Pterygopappus, Lasiopogon, Pterothrix, Inula, Arnica,
Carlina, .Saussurea, Cirsium, Carduncellus, Microseris, Leontodon,
Scorzonera*.

Am wirksamsten als Flugorgan wird der Pappus, wenn er auf mehr
oder weniger langem Fußstück sitzt. Infolge Verlagerung des Schwerpunktes tief nach unten befindet sich die ganze Frucht, von dem fall-
schirmartigen Pappus getragen, während des Fluges im stabilen Gleichgewicht. Die Strahlen dieses gestielten Pappus können einfach sein,
z. B. bei den Gattungen *Podocoma, Chaptalia, Taraxacum* (vgl. Abb. 44,
Fig. 4), *Chondrilla, Troximon, Lactuca*, oder gefiedert; einen solchen
ungemein zierlich gebauten Pappus besitzen beispielsweise die Gattungen:
Urospermum, Scorzonera (vgl. Abb. 44, Fig. 5) und *Picris*.

Der Pappus der Kompositen ist mit ganz wenigen Ausnahmen derber
als der der Valerianazeen. Trotz aller Mannigfaltigkeit ist der Bau der
Pappusborsten ziemlich einheitlich. Sie bestehen aus mehreren Reihen
langgestreckter, derbwandiger Zellen, deren Wandungen mehr oder
weniger verholzt sind (Abb. 44, Fig. 2b, 4b). Das Fußstück des gestielten
Pappus besteht aus dem Schnabel der Frucht oder der teilweisen Ver-
einigung der Pappusborsten (Abb. 44, Fig. 4a, 5).

Samen vom Schirmfliegertypus sind selten. Sie finden sich besonders in der Familie der Apocynazeen bei den Gattungen *Strophanthus*
der Tropen der Alten Welt (Abb. 44, Fig. 6a, b), bei *Laubertia Boissieri*
A. Dc. in Peru, *Ectinocladus Benthamii* H. BAILL. im tropischen Westafrika, *Rhabdania* im tropischen Südamerika und Westindien, *Elythro-
pus chilensis* (HOOK. et ARN.) MÜLL. ARG. in Chile, *Urechites* in Westindien, sämtlich Schlinggehölze, bei denen ein buschiger Haarschopf
am Ende einer langen Granne sitzt. Daß dieser besonders wirksame
Flugapparat vornehmlich bei Lianen auftritt, ist wohl kein Zufall. Da
der Haarschopf bei diesen Pflanzen nur am Ende der Granne auftritt,
wirkt er wie der gestielte Pappus der oben genannten Kompositen, aber
nicht wie der Flugapparat der noch zu besprechenden Schweif- oder
Grannenflieger.

Fadenflieger. Als Fadenflieger können wir einige Samen von
Gesneriazeen bezeichnen, deren Flugapparat nur aus einigen wenigen
fadenförmigen, aber sehr langen Haaren besteht (Abb. 45). Ein derartiger
einfacher Flugapparat kann naturgemäß keine schweren und großen
Organe befördern. Er fehlt daher bei Früchten und findet sich nur bei
winzigen Samen, die so klein sind, daß sie mit einem so einfachen Flugapparat auskommen können und hierdurch so flugfähig werden, daß der
leiseste Lufthauch genügt, um sie auf weitere Strecken fortzutragen. Als
Vertreter dieses Fadenfliegertypus sind in erster Linie die im Regenwald
des tropischen Himalaja als Epiphyten lebenden Arten der Gesneriazeen-
gattung *Aeschynanthes* (= *Trichosporum*) zu nennen. Bei *Aesch. grandiflorus* SPRENG. (Abb. 45, Fig. 2) sind die Samen etwa 1 mm lang, linea-

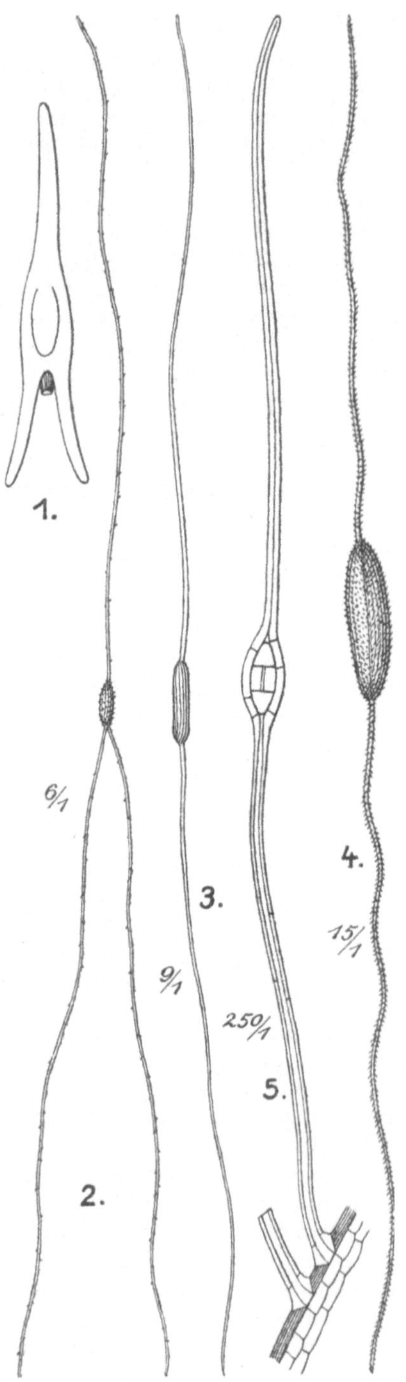

lisch und tragen drei je etwa 2 cm lange, weiße, seidig glänzende, einfache Haare, von denen zwei am Mikropyleende, eins am Chalazeende des Samens entspringen. Die Haare bestehen aus mehreren Reihen langgestreckter Zellen, die an den Querwänden papillenartige Vorsprünge zeigen. Bei einigen Arten wachsen die Vorsprünge zu feinen, einzelligen Haaren aus; die Flughaare erscheinen dann mehr oder weniger gefiedert, z. B. bei *Ae. ceylanica* (GARD.) (Abb. 45, Fig. 4) u. a. Die letztgenannte Art besitzt, wie alle Arten der Sektion *Haplotrichium* BENTH. et HOOK, an jedem Ende des Samens nur je ein Haar (Abb. 45, Fig. 3, 4). Dem gleichen Typus gehören die Arten der auf den Malaiischen Inseln und Philippinen heimischen Gattungen *Dichotrichum* und *Agalmyla*, sowie das im östlichen Himalaja endemische *Loxostigma Griffithii* CLARKE und die Arten der gleichfalls hier vorkommenden, zum Teil aber bis Südchina verbreiteten Gattung *Lysionotus* an. Alle hierher gehörigen Arten sind Epiphyten tropischer und subtropischer Regenwälder, die zur Verbreitung ihrer Samen leichteste Luftbewegungen ausnützen müssen. Die Flugfähigkeit wird noch dadurch erhöht, daß die Samen

---

Abb. 45: „Fadenflieger".
Samen mit fadenförmigen Haaren als Flugvorrichtung.

1. Junger Samen von *Aeschynanthes speciosus* mit beginnender Entwicklung der drei Flughaare (nach HILDEBRAND). — 2. Reifer Samen von *Aeschynanthes grandiflora* SPRENG. (Original). — 3. Samen von *Aeschynanthus parviflora* (DON.) (Original). — 4. Samen von *Aeschynanthes ceylanica* (GARD.) (Original). — 5. Samen der Gentianazee *Leiphaimos azureus* oben mit langem Endanhängsel, unten mit dem fadenförmigen Funikulus, der sich am Grunde von der Samenleiste ablöst. (Nach GOEBEL.)

mit ihren Flughaaren verhäkeln; es entstehen hierdurch kleine Verbände in ähnlicher Weise wie manche Meeresplanktonorganismen mit Hilfe ihrer fadenförmig ausgezogenen Schwebevorrichtungen kettenförmige Verbände bilden, die das Schweben im Meerwasser wesentlich erleichtern. Die kleinen Härchen der Flughaare, welche das Verhäkeln der Samen bewirken, sind auch wichtig zur Verankerung der Samen auf der Rinde der Bäume, wohin sie der Wind getragen hat. (U.)

Dem gleichen Typus gehören auch die Samen einer im tropischen und subtropischen Venezuela vorkommenden Gentianazee *Leiphaimos azureus* an, eines mit schönen, blauen Blüten ausgezeichneten Saprophyten der schattigen Wälder. Die Samen sind nur etwa 1 mm lang, bis 0,05 mm breit und tragen zwei sehr lange fadenförmige Anhängsel, von denen der basale dem langen Funikulus, der spitzenständige einem langen Endanhängsel des Samens entspricht (Abb. 45, Fig. 5). Die winzige Kleinheit der Samen wird hier, wie auch bei manchen anderen Saprophytensamen, durch stärkste Rückbildung des Embryos und Fehlen der Integumente erreicht (GOEBEL).

Vielleicht könnte man zum Typus der Fadenflieger auch die Samen der tropisch-südamerikanischen Bromeliazeen *Broochinia* und *Pitcairnia* rechnen. Bei den Arten der erstgenannten Gattung sind die länglich-zusammengedrückten Samen an ihrer Spitze und am Grunde mit einem fast schwertförmigen Anhang versehen, bei den meisten *Pitcairnia*-Arten an beiden Enden geschwänzt.

Federschweifflieger. Als letzte Gruppe von Früchten und Samen mit Haarschöpfen haben wir noch eine Anzahl zum Teil sehr bekannter Pflanzen zu besprechen, bei denen das anemochore Verbreitungsorgan ein langer, federiger Schweif ist, der meist aus dem stark verlängerten, erhärtenden Griffel oder sonstigen Anhängseln des Fruchtknotens hervorgeht (Abb. 46).

Am bekanntesten sind die großen Federschweife einiger Ranunculazeenfrüchte aus den Gattungen *Pulsatilla* TOURN. (Küchenschelle) und *Clematis* (Waldrebe). Bei der erstgenannten Gattung, die auch bei uns durch mehrere Arten vertreten ist, tragen alle Arten einen viele Zentimeter langen Federschweif, der aus dem stark verlängerten Griffel hervorgeht (Abb. 46, Fig. 5). Hierher gehören z. B. *Pulsatilla alpina* und ihre Verwandten, deren Fruchtstände beispielsweise im Riesengebirge, auf dem Brocken und in den Alpen als „Teufelsbart" bekannt sind. Die eigentlichen Flughaare sind einzellig und hygroskopisch. Die an und für sich ziemlich dicke Wandung der Haare verstärkt sich nach dem Grunde hin noch bedeutend auf der Unterseite. Hier erkennt man eine deutliche Längsstreifung im äußeren Teile und Querzerklüftung nach dem Binnenraum des Haares hin (Abb. 45, Fig. 1c). Die äußeren Lagen der Zellwand weisen demnach Steilstruktur auf und ziehen sich bei Austrocknung in der Längsrichtung nur wenig zusammen, während die inneren Schichten ausgeprägte Querstruktur besitzen und sich bei Austrocknung stark zusammenziehen. Bei Austrocknung stehen die Flughaare daher sparrig ab und legen sich bei Feuchtigkeit dem Griffel an (VON GUTTENBERG; SCHOENICHEN). Dieser Bau ist, mit ganz geringfügigen Änderungen, allen

Flughaaren dieses Typus eigen. Im Flachlande finden sich als Vertreter
Pulsatilla pratensis, P. vernalis, P. patens, in unseren Mittelgebirgen noch
verschiedene andere Arten, die zu den schönsten Frühlingspflanzen gehören, wegen ihrer prächtigen blauen, violetten oder weißen Blüten viel-
fachen Nachstellungen ausgesetzt und daher leider schon recht selten geworden sind (Abb. 46, Fig. 1). Alle Arten lieben trockene, sonnige Standorte, an denen sie dank ihrer sehr tiefgehenden Pfahlwurzel vorzüglich
gedeihen. Ganz ähnlich sind die Früchte der *Clematis*-Arten gebaut, deren

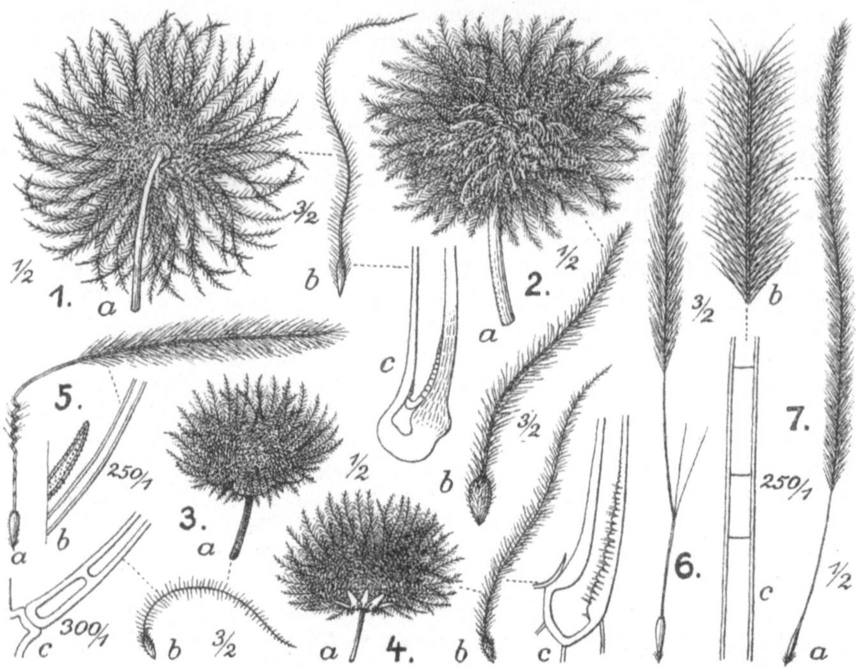

Abb. 46. „Federschweifflieger“.

1. *Pulsatilla vulgaris* MILL., *a* Fruchtstand, *b* Einzelfrucht, *c* Basis eines Haares. — 2. *Clematis
chrysocarpa* WELW., *a* Fruchtstand, *b* Einzelfrucht. — 3. *Geum reptans* L., *a* Fruchtstand, *b* Einzelfrucht, *c* Basis eines Haares. — 4. *Dryas octopetala* L., *a* Fruchtstand, *b* Einzelfrucht, *c* Basis eines
Haares. — 5. *Erodium glaucophyllum* AIT., *a* Teilfrucht, *b* Basis eines Flughaares und kurzes, borsten-
förmiges Haar aus dem Federschweif. — 6. *Aristida hirtigluma* STEUD.. Frucht. — 7. *Stipa pennata* L.,
a ganze Frucht, *b* Stück aus der Federgranne, *c* Teil eines Haares. — (1c, 4c nach v. GUTTENBERG,
alles übrige Originalzeichnungen nach der Natur.) — Vgl. den Text S. 191, 192.

zahlreiche Arten in allen Ländern des Erdballs vorkommen. Die aller-
meisten Arten sind kletternde Gehölze, wie *Clematis vitalba* L., *C. alpina*
L. (= *Atragene alpina*, Alpenrebe), in den Steppengebieten Afrikas und
Amerikas kommen aber auch Arten vor, die nach Art von *Pulsatilla*
wachsen als Stauden mit aufrechtem Blütenstengel (Abb. 46, Fig. 2,
Abb. 47).

Ferner gehören hierher die Rosazeengattungen *Geum* (*Sieversia*), wie
Geum reptans L., *G. montanum* L., die in unseren höheren Gebirgen vor-
kommen (Abb. 46, Fig. 3*a*, *b*), die mexikanische *Fallugia paradoxa* (DON)
ENDL., ein kleiner Strauch mit *Geum* nahe verwandt, ebenso *Cowania*

und das allbekannte Silberblatt *Dryas octopetala* L. unserer Alpen und
der Polarländer, das einst zur Eiszeit auch bei uns in der Ebene als Leitart häufig war (Abb. 46, Fig. *a—c*). Etwas kürzer sind die Griffel bei
mittel- und nordamerikanischen *Cercocarpus*-Arten, deren Fiederhaare
aber besonders lang sind.

Auch bei den Monimiazeen kommen Federschweifflieger vor, so bei
dem in Chile heimischen hohen Baume *Laurelia sempervirens*, dessen
aromatische Früchte wie Muskatnüsse verwendet werden, bei *L. novae-
Zeelandiae* in Neuseeland und dem in Australien und auf Tasmanien
heimischen Baume *Athe-
rosperma moschatum*
LABILL., dessen wohl-
riechende Rinde zur
Teebereitung verwendet
wird.

Einen Federschweif
tragen ferner die Frucht-
schnäbel mancher Gera-
niazeen, wie z. B. einige
Arten der Gattung *Ero-
dium* aus der Sektion
Plumosa BOISS., die be-
sonders im Mittelmeer-
gebiete heimisch sind,
und als Charakterpflan-
zen im nordafrikanisch-
arabischen Wüstenge-
biete, oder den Steppen
Vorderasiens auftreten,
wie *Erodium oxyrrhyn-
chum* M. B., *E. hirtum*
(FORSK.) WILLD., *E. ar-
borescens* (DESF.) WILLD.
und *E. glaucophyllum*
(L.) L'HÉRIT (Abb. 46,
Fig. 5*a—c*). Der mit den
Federhaaren besetzte

Abb. 47. Fruchtstand der Waldrebe *Clematis vitalba* L.
Aufgenommen in Rüdersdorf-Kalkberge 15. Oktober 1921.
(Phot. K. HUECK.)

Teil der Grannen dieser Arten ist nicht hygroskopisch, bleibt daher
bei den sonstigen hygroskopischen Bewegungen der Grannen, die in
einer korkzieherartigen Einrollung bei Trockenheit und Streckung bei
Feuchtigkeit bestehen, unbeweglich. Der Federschweif dient demnach
als anemochores Verbreitungsorgan, der untere, hygroskopische Teil der
Granne als Bohrapparat (vgl. oben S. 51). Ähnliche Federschweife besitzen die Arten der Sektion *Plumosae* BOISS. der in den afrikanischen
und indischen Wüstengebieten heimischen Gattung *Monsonia*, z. B. *M.
nivea* (DECNE.) WEBB in Nord- und Westafrika, *M. heliotropioides* (CAV.)
BOISS. in Nordafrika, Arabien und Indien. Die feinen Federhaare der
Grannen sind hygroskopische, spitze, einzellige Borsten, deren dicke

Wandungen, wie bei den oben genannten Haaren der Federschweife von *Pulsatilla*, *Clematis* usw., am äußeren Zellengrunde einen mächtigen Schwellapparat in der verschieden strukturierten Wandung besitzen.

Auffällig ähnlich den *Erodium*-Grannen sind die Federschweife der Grannen einiger Steppengräser gebaut, wie z. B. von *Stipa pennata* L.

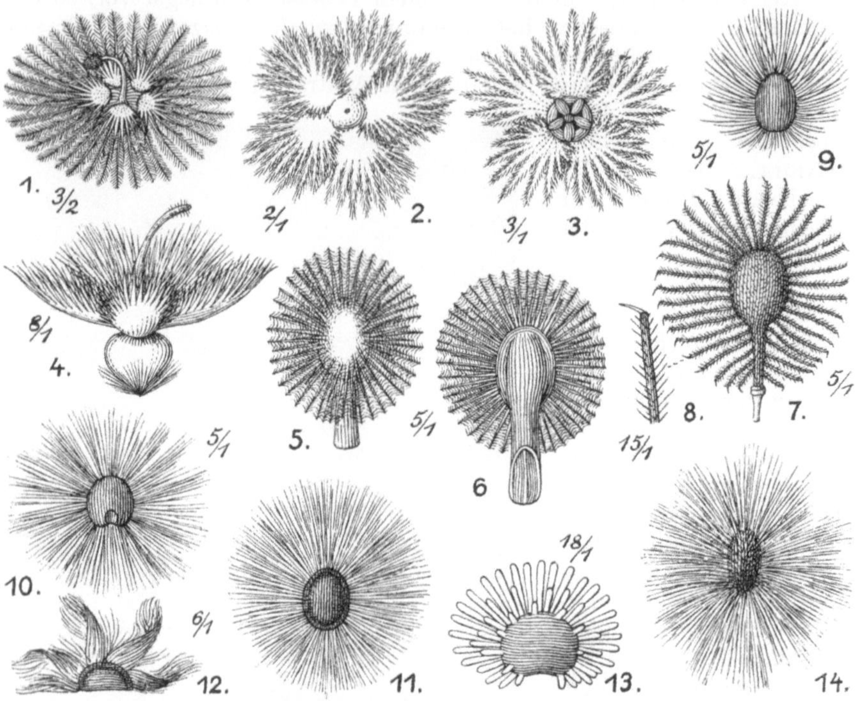

Abb. 48. „Haarkranzflieger".

1—8 Früchte, 9—14 Samen mit Haarkränzen als Flugvorrichtung.

1—4 Früchte australischer Myrtazeen: 1. *Verticordia oculata* MEISSN. (Original). — 2. *V. Cunninghamii* SCHAUER, Fruchtkelch von unten gesehen. — 3. Frucht von *V. chrysostachya* MEISSN. von oben gesehen (nach der Natur und Natürlichen Pflanzenfamilien). — 4. Frucht von *V. densiflora* LDL., von der Seite gesehen. Die federig geteilten, fein behaarten Kelchzipfel bilden den Flugapparat. — 5,6 Frucht der Labiate *Tinnea Dinteri* DTR. aus Südwestafrika mit schildförmigem Flugapparat aus Strahlen, die durch spinngewebeartige Haare verbunden sind. 5 von oben, 6 von unten gesehen (Original). — 7, 8 Frucht der Tiliazee *Heliocarpus americanus* L., 8 Ende eines befiederten Strahles mit der Endkralle (Original). 9. Samen der Tiliazee *Althoffia tripyxis* K. SCHUM. (Original). — 10. Samen der Til. *Trichospermum Richii* SEEM. (Original). — 11,12 Samen der Tiliac. *Belotia grewiifolia* A. RICH., 11 trocken, 12 feucht (Original). — 13. Samen der Caryophyllazee *Heliosperma quadrifidum* (L.) REICHB. (Original). — 14. Samen der Convolvulazee *Ipomoea glandulifera* PETER (nach PETER). Vgl. den Text.

(Abb. 46, Fig. 7 a—c), *Aristida Schimperi* H. et ST. u. a. (Abb. 46, Fig. 6). Die Haare sind auch hier einzellig, mit sehr dicken Wandungen versehen, an der Spitze stark verkieselt, am Grunde mit dem gleichen hygroskopischen Bewegungsmechanismus versehen, der auf der ungleichen Struktur der Basis der Außenwandung beruht.

3. Früchte und Samen mit Haarkränzen. Früchte und Samen mit einem seitlich sitzenden Haarkranze, der als Flugapparat dient, sind sehr selten.

Außerordentlich zierliche Bildungen, die hierher zu rechnen sind, besitzen die Früchte der in Westaustralien ziemlich artenreich entwikkelten Myrtazeengattung *Verticordia* Dc. (= *Chrysorrhoë* Lindl.), Gehölze von fast heidekrautartigem Wuchse. Die etwa kreiselförmigen Früchte tragen am Rande des Fruchtbechers einen aus 5 oder 10 lang und fein zerschlitzten, horizontal abstehenden Kelchblättern gebildeten, sehr zierlichen Flugapparat, einzelne Arten außerdem noch einen Haarkranz am Grunde der Frucht (Abb. 48, Fig. 1—4).

Bei der im tropischen Afrika heimischen Labiatengattung *Tinnea* Peyr. et Kotschy, hohen Kräutern und Sträuchern der Steppengebiete, besitzen die Nüßchenfrüchte einen höchst eigenartigen schildförmigen Flugapparat. Die länglichen Nüßchen sind am Grunde zusammengezogen und mit einer großen seitlichen Ansatzfläche versehen; auf dem Rücken tragen sie einen großen, aus radialen Balken zusammengesetzten, rundlichen oder elliptischen Flugapparat, dessen Balken durch spinnewebfeine Haare verflochten sind (vgl. Abb. 48, Fig. 5, 6).

Mit einfachem Strahlenkranz aus gefiederten Borstenhaaren sind die Früchte der im tropischen Mittel- und Südamerika als Waldbaum verbreiteten Tiliazee *Heliocarpus americanus* L. versehen. Die Früchte sind flache Nüßchen, an deren Rande der Flugapparat sitzt. Die Borstenhaare sind vielzellig und bestehen aus langgestreckten, derbwandigen Zellen; an ihrem Ende sitzt eine krallenartige, sehr dickwandige Zelle, so daß die Früchtchen auch als Kletten verbreitet werden können (vgl. Abb. 48, Fig. 7, 8).

Samen vom Kranzfliegertypus kommen gleichfalls bei einigen Tiliazeen vor, so bei der in Neuguinea heimischen Gattung *Althoffia*, z. B. *A. pleiostigma* (F. v. Müll.) Warb. (= *tetrapyxis* K. Schum.) und *A. tripyxis* K. Sch., stattlichen Bäumen, deren Samen flach zusammengedrückt und am Rande lang bewimpert sind. Diese Flughaare spreizen im trockenen Zustande schräg von der Samenkante ab. Im feuchten Zustande legen sie sich in gekreuzten Büscheln der Samenfläche an, indem sie infolge ihrer eigenartigen Spiralstruktur besonders in ihrem unteren Teile eine Windung erfahren (Abb. 48, Fig. 9). Wie bei anderen Flughaaren ist die Basis verdickt. Ähnliche Samen besitzen die verwandten Gattungen *Trichospermum* Bl., auf Java und den Südseeinseln heimisch (Abb. 48, Fig. 10), und *Belotia grewiifolia* A. Rich. und *B. mexicana* (Dc.) K. Sch. in Kuba und Mexiko (Abb. 48, Fig. 11, 12).

Sonst finden sich Kranzfliegersamen nur noch bei der in den höheren Gebirgen Mittel- und Südeuropas durch wenige Arten vertretenen kleinen Caryophyllazeengattung *Heliosperma* (Rchb.) A. Br. (Abb. 48, Fig. 13). Die Samen sind flach zusammengedrückt-nierenförmig, und tragen längs der sehr schmalen Rückenkante zwei oder mehr Reihen schlauchförmig aufgetriebener, einzelliger Flughaare, die aus den Epidermiszellen hervorgehen (vgl. Abb. 48, Fig. 13). Am bekanntesten und am weitesten verbreitet ist *Heliosperma quadrifidum* (L.) Rchb.

Auch bei einigen *Ipomoea*-Arten aus der Familie der *Convolvulaceae* kommen Samen vor, die dem Typus der Haarkranzflieger zuzuzählen sind, obwohl die Haare den Samen allseits bedecken, weil diese im trockenen Zustande so gedreht sind, daß sie in einer Ebene ausstrahlen (Engler und Prantl; v. Guttenberg) (Abb. 48, Fig. 14).

B. Anemochore Verbreitung größerer Pflanzenteile und ganzer Pflanzen („Steppenläufer").

Es gibt eine ganze Anzahl von Steppenpflanzen, von denen größere Teile, Zweige, Äste mit daransitzenden Früchten und Samen, abbrechen und vom Winde davongetragen, oder die sogar als Ganzes aus dem Boden gerissen und davongeweht werden. Wir können hier folgende Typen unterscheiden: 1. Teilläufer, 2. Einzelläufer, 3. Massenläufer.

1. Unter **Teilläufern** verstehen wir Pflanzen, deren Teilstücke mit Früchten und Samen vom Winde verbreitet werden. Diese Bruchstücke können nun so beschaffen sein, daß sie einzeln die Wanderung über die Steppe unternehmen, wie z. B. die Früchte mancher steppenbewohnender Malvazeen aus den Gattungen *Pavonia* und *Hibiscus*. Der unterhalb der Blüte gegliederte, verholzte Fruchtstiel bricht ab; die Frucht ist von dem verholzten, starren Außenkelch wie von einem Gitterwerk umgeben, das im trockenen Zustande einer Hohlkugel gleich über den Boden rollt (Abb. 49, Fig. 7). Häufig ist der Kelch vergrößert oder die Frucht selbst mit Flügeln versehen. Hierdurch wird die Angriffsfläche des Windes und die Geschwindigkeit der Bewegung über den Boden erhöht. Derartige Früchte besitzen beispielsweise *Pavonia Hildebrandtii* GÜRKE, *P. serrata* FRANCH., *P. eremogeiton* ULBRICH im Somalihochlande, *P. Kotschyi* HOCHST. auch im Sudan, besonders schön und groß *Pavonia Rehmannii* SZYSZYL. in Südwestafrika (Abb. 40, Fig. 6), ebenso viele Arten der Sektion *Craspedocarpidium* ULBRICH, die gleichfalls in den afrikanischen und arabisch-indischen Steppen und Wüsten reich entwickelt ist. Ganz ähnliche Flug- und Rollvorrichtungen besitzen auch manche *Hibiscus*-Arten der afrikanischen Steppen. Bei anderen *Hibiscus*-Arten übernimmt der stark vergrößerte Kelch die Aufgabe, der Verbreitung zu dienen, so z. B. bei *Hibiscus trionum* L., einer in subtropischen Steppen der Alten Welt verbreiteten einjährigen Art: hier wird er blasig-häutig und läßt die abgebrochene Frucht wohl geborgen davonrollen. Ganz besonders auffällig ist eine Art der Sektion *Gigantocalyx* ULBRICH: *Hibiscus Bricchettii* (PIROTTA) ULBRICH, die in den Wüsten des Somalilandes vorkommt: Kelch und Außenkelch verholzen, sind daher starr-pergamentartig (Abb. 49, Fig. 6). Der Außenkelch besteht aus zahlreichen löffelförmigen Blättchen, die wie ein Kranz den Grund des zu einer großen, kugeligen Glocke auswachsenden Kelches umgeben. Von dem kurzen, starren Stiele bricht das ganze Gebilde leicht ab und rollt über den Boden davon (ULBRICH *11*).

Einen anderen, sehr merkwürdigen Typus stellt die im Mittelmeergebiet verbreitete Valerianazee *Fedia cornucopiae* D.C. dar. Ihre Fruchtzweige verdicken und vergrößern sich stark und nehmen eine strohartige Beschaffenheit an. Sie brechen sehr leicht ab und bei ihrem außerordentlich geringen Gewicht werden sie schnell vom Winde über den Boden getrieben (Abb. 49, Fig. 5; vgl. auch Abb. 50, Fig. 16—23).

Am häufigsten sind jedoch die Fälle, in denen sich die abgebrochenen Fruchtzweige miteinander verhäkeln und zu größeren Ballen zusammenhängend davongetrieben werden. Hierhin gehört als bekanntes Beispiel der fein verzweigte Fruchtstand des Perrückenstrauches, der Anacardiazee *Cotinus coggygria*, der einen biologisch sehr interessanten Typus darstellt. Zur Fruchtzeit vergrößert sich der ganze Blütenstand zu einer großen, spreizenden Rispe; aber nur ein kleiner Teil der Früchte entwickelt sich zu voller Reife und Größe. Aber auch die Stiele der unfruchtbar gebliebenen Blüten entwickeln sich weiter, und zwar genau so wie die der fruchtbaren (vgl. Abb. 49, Fig. 4). Alle Fruchtstiele bedecken sich nun mit langen Haaren, die dem ganzen Fruchtstand seine federige Beschaffenheit geben, die in dem deutschen Namen der Pflanze ,,Perückenstrauch'' angedeutet ist. Die leicht abbrechenden und in Teilstücke zerfallenden Fruchtstände verhäkeln sich leicht und werden in lockeren Ballen vom Winde davongetragen oder werden stückweise davongeweht. Die Kleinheit der Früchte erleichtert diesen Transport.

In mancher Hinsicht ähnlich liegen die Verhältnisse bei einigen Steppengräsern der Gattung *Stipa*, deren lange Grannen sich miteinander verhäkeln und kugelige Ballen bilden, die vom Winde über den Boden getrieben werden. Derartige Früchte besitzt beispielsweise *Stipa Lessingiana* Tr. et Rupr. (Abb. 49, Fig. 2), ein Charaktergras der zentralasiatischen Steppen. (U.)

Daß unfruchtbar bleibende Blüten zu anemochoren Verbreitungsorganen werden, kommt bei einer ganzen Anzahl anderer Steppenpflanzen vor. Es sei hier nur hingewiesen auf einige Kleearten des östlichen Mittelmeergebietes, wie die *Trifolium*-Arten der Gruppe *Anemopeta* Gilib. et Belli, z. B. *T. globosum* L., *T. radiosum* Whbg., bei denen der Kelch der Blüten von weißgrauen Haaren wollig ist. Die Köpfchen brechen vom Stiele ab und werden vom Winde weit fortgetrieben.

Die Verkoppelung von Samen, durch welche die Einzelausstreuung der Samen verhindert oder mindestens sehr erschwert wird, ist eine Erscheinung, die bei Wüsten- und Steppenpflanzen sehr verbreitet ist. Sv. Murbeck hat für dieses Verhalten den Ausdruck ,,Synaptospermie'' geprägt und in einer sehr interessanten Arbeit[1] seine Beobachtungen über die Pflanzenwelt des nordafrikanischen Wüstengebietes veröffentlicht. Er konnte bei etwa 140 Arten der nordafrikanischen Flora, von denen etwa 100 in der Sahara vorkommen und mindestens 35 Arten nicht außerhalb der eigentlichen Wüste auftreten, Verkoppelung der Samen beobachten, während er in Fenno-Skandinavien nicht mehr als 5 Arten mit Synaptospermie feststellen konnte, nämlich *Beta maritima, Salsola kali, Circaea lutetiana, Agrimonia odorata* und *Medicago minima.* Die einfachste Form der Verkoppelung ist, daß die Früchte zusammenbleiben, die komplizierteste, daß ganze Teile der fruchtenden Pflanze zusammenhängend der Verbreitung dienen. Im ersten Falle entstehen vielfach Bildungen, die wir bei den ,,Trampelkletten'' kennenlernten (vgl. Abb. 29, Fig. 4, 6, 11), im zweiten zahlreiche Formen der hier in Frage kommenden ,,Steppenläufer''. Die Verkoppelung der Samen läßt eine bessere Ausnutzung des Regenwassers für die Keimung der Samen zu. Bei den echten Wüstenpflanzen wie *Neurada procumbens, Nucularia Perrinii, Rumex vesicarius, Medicago echinus* ist die Wassermenge, welche

---

[1] Beiträge zur Biologie der Wüstenpflanzen II, Synaptospermie, Lund-Leipzig, 1920.

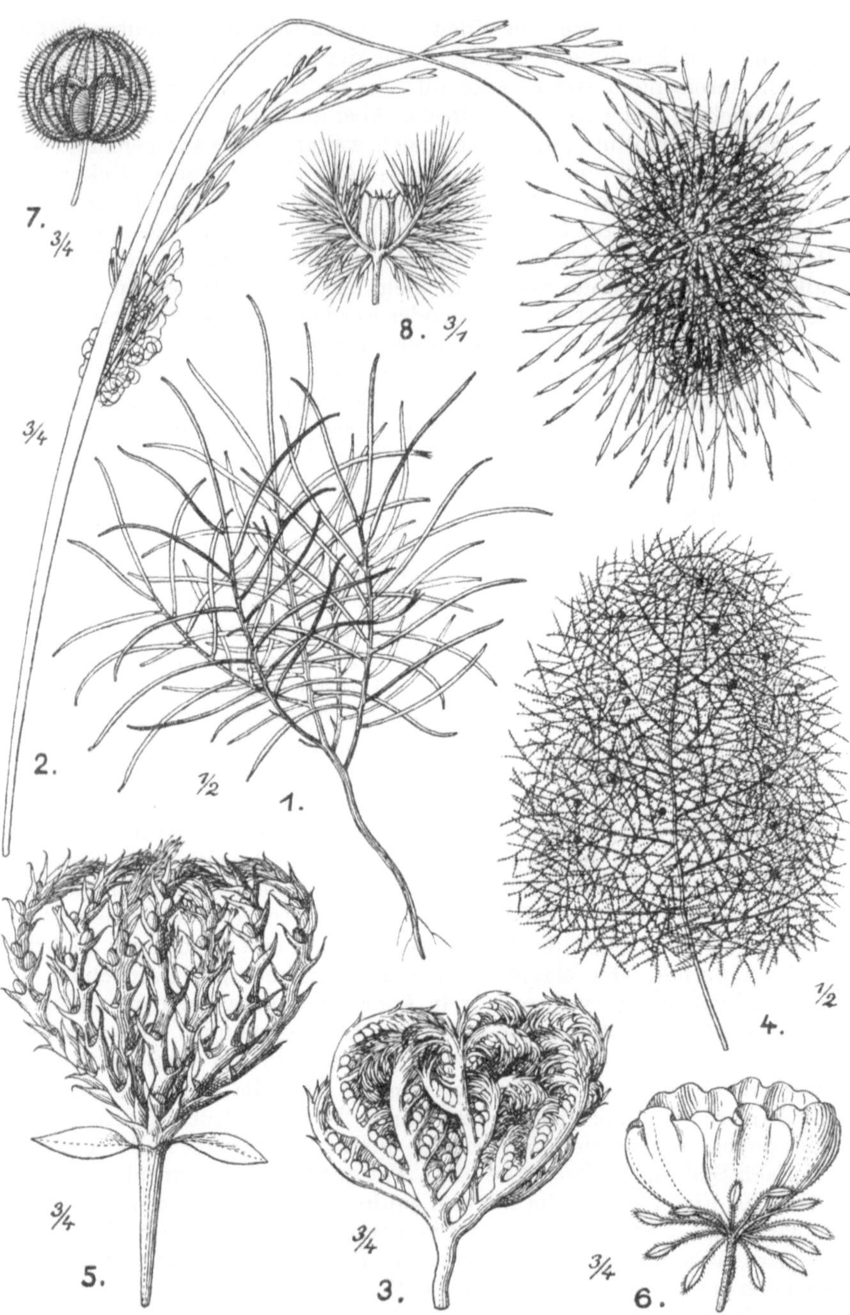

Abb. 49. „Steppenläufer".

1. *Erysimum repandum* L. fruchtend. — 2. *Stipa Lessingiana* TR. et RUPR. Die Früchte verfilzen sich mit ihren hyproskopischen Grannen zu Ballen. — 3. *Wellstedia Dinteri* PILGER, eine Borra-

von den Koppeln aufgenommen wird, 25—50mal größer als die Menge, welche die einzelnen Samen aufnehmen können. Der Nachteil, welchen die Verkoppelung dadurch bringt, daß die Samen portionsweise zur Keimung gelangen, wird aufgehoben durch die spärliche Bewachsung des Wüstenbodens, welche die Konkurrenz der Pflanzen fast aufhebt.

2. Am auffälligsten sind aber die Steppenpflanzen, welche als Ganzes entwurzelt und vom Winde davongetrieben werden. Diese Pflanzen besitzen meist eine senkrecht in den Boden hinabgehende Pfahlwurzel, die entweder am Wurzelhalse abfault, so daß die Pflanze hier leicht abbricht oder durch den Zug der Zweige aus dem bei Dürre reißenden Boden herausgehoben werden. Der erstgenannte Typus ist der häufigere und findet sich bei Pflanzen aller möglichen Verwandtschaftskreise, z. B. bei Chenopodiazeen (*Salsola*-Arten), Kruziferen (*Sisymbrium, Erysimum, Rapistrum* u. a.), Papilionazeen (*Astragalus, Oxytropis, Alhagi* u. a.), Malvazeen (*Abutilon, Sphaeralcea, Malvastrum, Sida, Pavonia, Hibiscus* u. a.), Umbelliferen (*Eryngium, Bupleurum* u. a.), Borraginazeen (*Wellstedia* [vgl. Abb. 49, Fig. 3] u. a.), Labiaten (*Phlomis*) und vielen Kompositen (*Centaurea, Zollikoferia, Gundelia* u. v. a.).

Bei den Steppenläufern können wir nun zwei Ausbildungsformen beobachten: einmal solche Pflanzen, deren Zweige sich infolge hygroskopischer Bewegungsmechanismen bei Trockenheit einkrümmen, bei Feuchtigkeit ausbreiten, und solche, deren starre, spreizende Äste unveränderlich bleiben. Die erstgenannten Pflanzen nehmen im trockenen Zustande Kugelform an und werden in diesem Zustande leicht vom Winde über den Steppenboden gerollt, wobei jede Pflanze einzeln bleibt. Die Kugelform erleichtert das Rollen und bietet zugleich infolge des Dichtstandes der Zweige dem Winde eine gute Angriffsfläche. Diese Pflanzen rollen als „Einzelläufer" über den Boden. Derartige Pflanzen sind die als „Rose von Jericho" bekannte Kruzifere *Anastatica hierochuntia* L., ein einjähriges Kraut, das im östlichen Mittelmeergebiete von Asien bis Ägypten verbreitet ist. Die Bewegung der Zweige kommt durch tangentiale Quellung gleichorientierter Zellen verschiedener Struktur zustande. Die Fasern der Unterseite der Zweige sind zahlreicher und stärker verholzt und mit längsgerichteten Poren versehen, die der Oberseite dagegen querporig. Die Unterseite verkürzt sich beim Trocknen daher um 8—9 vH und bewirkt dann die Einbiegung der Zweige. Einen ganz gleichen Typus stellt die in den Steppen und Wüsten von Südwestafrika heimische Borraginazee *Wellstedia Dinteri* Pilger dar, die sich gleichfalls im trockenen Zustande kugelförmig einkrümmt (vgl. Abb. 49, Fig. 3).

Ähnlich ist ein im Mittelmeergebiete vorkommender Wegerich, *Plantago cretica* L., der sich mit seinen Fruchtzweigen selbst entwurzelt: zur Zeit der Fruchtreife biegen sich die büschelig aus der Mitte der Blatt-

---

ginazee der Wüsten Südwestafrikas, fruchtend. — **4.** Fruchtstand des Perrückenstrauches *Cotinus coggygria* Scop. — **5.** Fruchtstand der Valerianazee *Fedia cornucopiae* Dc.; strohartig, abbrechend. — **6.** Frucht der Wüsten-Malvazee *Hibiscus Bricchettii* Ulbrich verborgen im großen verholzenden Kelche. — **7.** Frucht der Wüsten-Malvazee *Pavonia Rehmannii* Szyszyl. aus Südwestafrika mit gitterförmigem, holzigem Außenkelch. — **8.** Fruchtstandstück von *Cometes abyssinica* R. Br. einer Caryophyllazee der nordafrikanischen Wüsten. (8 nach Murbeck, alles übrige Originale nach der Natur.)

rosette entspringenden Fruchtzweige uhrfederartig nach außen und heben die mit schwacher Pfahlwurzel versehene Pflanze aus dem rissigen Boden (vgl. S. 35 Abb. 7, Fig. 3, 4). Für alle Einzelläufer dieses Typus ist charakteristisch Kugelform im trockenen Zustande, Ausbreitung der Zweige durch Quellungsbewegungen, kurze Pfahlwurzel, die leicht aus dem Boden herausreißt.

Eigenartig ist auch das Verhalten der Früchte und Samen vieler Steppenläufer, auf das oben bereits hingewiesen wurde (vgl. S. 145): sie besitzen „Regenfrüchte", die zur Zeit der Trockenheit („Wanderzeit" der Steppenläufer) geschlossen sind, bei Regen sich aber öffnen und das Herausspülen der Samen zulassen.

3. Der verbreitetste Typus der Steppenläufer ist Wuchs mit sparrigen, spreizenden Zweigen, die aber keine hygroskopischen Bewegungen zeigen. Die in den Boden hinabgehende Pfahlwurzel ist meist sehr kräftig entwickelt, dringt mitunter metertief in den Boden ein; sie wird nicht herausgerissen, sondern fault am Wurzelhalse ab. Der Wuchs dieser Steppenläufer kann licht-sparrig sein, wie bei den bekannten Kruziferen *Rapistrum perenne* („Windsbock") (vgl. Abb. 49, Fig. 1), *Erysimum* und *Sisymbrium*-Arten und vielen anderen, er kann aber auch mehr oder weniger dicht-sparrig sein und sich dem Kugelbuschtypus nähern, wie z. B. bei manchen Chenopodiazeen (*Noaea, Salsola, Bienertia* u. a.), bei der Leguminose *Alhagi*, bei manchen Umbelliferen (*Bupleurum, Eryngium* u. a.). Ein besonders interessanter Vertreter dieser Gruppe ist die in den Steppen von Syrien und Armenien bis Persien verbreitete Komposite *Gundelia Tournefortii* L., ein dorniges Kraut von kugeligem Wuchse mit starker, tief in den Boden eindringender Pfahlwurzel, die an ihrem Halse abfault, so daß die Kugelbüsche nur mit den untersten, starren Ästen dem Boden aufliegen. Bei heftigem Winde werden sie losgerissen und kollern über die Steppe.

Die Steppenläufer von mehr oder weniger kugeligem Wuchse werden meist einzeln vom Winde fortgeführt. Die Arten mit locker-sparrigem Wuchse oder mit stark verästelten Zweigen verhäkeln sich aber oft und werden als Ballen von mitunter ganz gewaltiger Größe bei Sturm über die Steppe gerollt. Von starken Windstößen werden diese Ballen oft emporgehoben und jagen in wilden Sprüngen mit Sturmeseile über den Boden. Furcht und Aberglaube haben sich dieser besonders nachts unheimlichen und doch so harmlosen Steppenwanderer bemächtigt, und manches Steppenmärchen von Hexen und wilden Reitern haben diese „Steppenläufer" aus der Pflanzenwelt in der Phantasie der Steppenbewohner entstehen lassen.

4. „Polychorie" und „Polykarpie".

Unter Polychorie wollen wir die Erscheinung verstehen, daß die Früchte und Samen auf verschiedenen Wegen verbreitet werden können. Wir hatten oben schon mehrfach darauf hingewiesen, daß manche Früchte und Samen sowohl durch den Wind (anemochor) wie auch durch Wasser (hydatochor) wie auch durch Tiere (zoochor) verbreitet werden können. In allen solchen Fällen bilden die Pflanzen aber nur eine Fruchtform aus. Es würde zu weit führen, hier noch einmal auf Einzelfälle einzugehen. Namentlich bei den autochoren Pflanzen treten mannigfache Bildungen auf, die auch eine Verschleppung der Früchte oder Samen durch Tiere, namentlich Ameisen (autochor-myrmekochore Arten, z. B. *Viola*) oder kleine Nager (autochor-zoochore Arten, z. B. *Voandzeia, Kerstingiella* u. a.), ermöglichen. In der Nähe der Gewässer wachsende anemochore Arten können auch das Wasser zur Verbreitung ausnutzen, da die flugfähigen Früchte und Samen auch längere Zeit auf dem Wasser schwimmen, z. B. *Typha, Eriophorum, Salix, Populus, Alnus, Senecio, Crepis* u. v. a. Die auf der Oberfläche des Wassers schwimmenden Früchte und Samen können auch an Wasservögeln haften bleiben und durch diese, somit zoochor, verbreitet werden, so daß solche Arten anemochor-hydatochor-zoochor sind. So ergibt sich eine unübersehbare Fülle von Modifikationen und Kombinationen der Verbreitung mit der einen, gleichen Frucht- und Samenform, die wir also isokarpe Polychorie bezeichnen wollen. (U.)

. Diesen steht gegenüber eine verhältnismäßig kleine Gruppe von Pflanzen, die zwei oder mehr verschiedene Frucht- und Samenformen ausbilden, die in verschiedener Weise verbreitet werden können. Bei der einen Untergruppe werden diese Früchte teils über der Erde („Luftfrüchte"), teils im Erdboden („Erdfrüchte") gebildet. Diese Erscheinung hatten wir oben als „Amphikarpie" kennengelernt (vgl. S. 38, Abb. 8). Die meisten amphikarpen Pflanzen sind aber nicht polychor, da sowohl die Luft- wie die Erdfrüchte ihre Samen selbst ausstreuen oder auslegen; sie sind amphikarp-autochor, z. B. *Vicia angustifolia* ROTH var. *amphicarpa, V. pyrenaica* POURR., *Lathyrus sativus* L. var. *amphicarpus, Cardamine chenopodiifolia* PERS., *Oxalis acetosella* L., *Linaria cymbalaria* L. u. a. Allerdings werden die Luftfrüchte mit Ausschleuderungsmechanismen (Leguminosen, *Oxalis* u. a.) ihre Samen weiter von der Mutterpflanze entfernen als die im Boden steckenden Erdfrüchte. Bei *Cardamine chenopodiifolia* besteht noch die Möglichkeit anemochorer Verbreitung der Samen der Luftfrüchte, so daß diese Art amphikarp-autochor-anemochor zu nennen ist. Bei *Oxalis* kann zoochore (epizoische) Verbreitung der ausgeschleuderten Samen stattfinden, so daß diese Arten amphikarp-autochor-zoochor sind. Dieser letztgenannte Modus gilt auch für manche amphikarpen Veilchen, wie *Viola hirta* L. (bisweilen), *V. sepincola* JORD., *V. odorata* L., deren Samen durch Ameisen verschleppt werden.

Der Unterschied in der Gestalt ist bei den Früchten der amphikarpen Pflanzen meist nicht sehr bedeutend: die Erdfrüchte sind zumeist kürzer und gedrungener als die Luftfrüchte, enthalten meist wenige, dafür größere Samen; der Grundtypus der Frucht bleibt aber gleich.

Dagegen gibt es eine kleine Anzahl von Pflanzen, welche verschieden gestaltige Luftfrüchte ausbilden: diese Erscheinung nennen wir Heterokarpie. Diese verschiedenen Früchte können im gleichen Blütenstande gebildet werden, z. B. bei einigen Umbelliferen und Kompositen. Bei der im Mittelmeergebiete heimischen, bei uns an der Nordseeküste, selten auch im Binnenlande verschleppt auftretenden Umbellifere

Torilis nodosa (L.) Gärtn. sind die äußeren Früchte bestachelt und als Klettfrüchte ausgebildet, die inneren nur mit kurzen Warzen besetzt (Schwimmfrüchte) (Abb. 50, Fig. 1). Die äußeren Früchte sind zuweilen sogar in ihren beiden Hälften verschieden: die nach außen gerichtete Hälfte ist bestachelt, die innere warzig. Den Schwimmfrüchten verdankt diese Art ihre Ausbreitung am Nordseestrande, den Klettfrüchten die gelegentliche Verschleppung ins Binnenland und nach fernen Ländern (Amerika, Neuseeland). (U.)

Bei den amerikanischen Kompositen *Gutierrezia* und *Ximenesia* sind die aus den Scheibenblüten hervorgehenden Früchte geflügelt oder mit Pappus versehen, die Randfrüchte nicht. Bei der im Orient (Kleinasien bis Persien) verbreiteten *Chardinia xeranthemoides* Desf. sind die Früchte der ♀ Randblüten kahl, zusammengedrückt und geflügelt, haben aber keinen Pappus, die der zwitterigen Scheibenblüten dagegen stielförmig und mit großem, aus 10 Schuppen bestehendem Pappus versehen. Die Randfrüchte sind an die Verbreitung durch den Wind angepaßt, die Scheibenblüten anemochor und zoochor, da sie als „Bohrfrüchte" (Bohrkletten) ausgebildet sind: sie tragen nämlich an ihrem zugespitzten Grunde einen Kranz rückwärts gerichteter Borsten (Abb. 50, Fig. 2, 3). Bei der in Mexiko häufigen *Sanvitalia procumbens* Lam. liegen die Verhältnisse ähnlich: die Früchte der zwitterigen Scheibenblüten sind geflügelt (anemochor), die der Randblüten Bohr- und zugleich Flugfrüchte (zoo-anemochor), wobei die erhalten bleibende Blütenhülle den Flügel liefert (Abb. 50, Fig. 4, 5). Die in den Küsten- und Wüstengebieten Südafrikas heimische Gattung *Dimorphotheca* besitzt Arten, deren Früchte teils anemochor, teils hydatochor sind, z. B. *D. pluvialis* (L.) Mnch. (Abb. 50, Fig. 6, 7). Bei der Kalenderblume, *Calendula officinalis* L. (Ringelblume), kommen sogar drei verschiedene Formen von Früchten vor, die teils anemochor, teils anemochor-zoochor, teils auch wohl hydatochor sind (vgl. Abb. 50, Fig. 8—13). Die Form der Früchte aus der mittleren Region des Köpfchens hatten wir oben (S. 160) als „Napfflieger" kennengelernt. Die randständigen Früchte sind bestachelt (Klettfrüchte), die innersten fast wurmförmig („Täuschfrüchte", vgl. S. 135).

Bei anderen Pflanzen treten die verschiedengestaltigen Früchte in verschiedenen Blütenständen auf, so daß jeder Blütenstand nur eine Fruchtform aufweist. So bildet die auf Juan Fernandez heimische Kruzifere *Heterocarpus Fernandezianus* Phil. an den oberen Sprossen andere Früchte aus als an den grundständigen, und die in Ostindien heimische Papilionazee *Desmodium heterocarpum* Dc. oben 5—7samige, unten einsamige Hülsen.

Bei der von E. Ule näher beschriebenen, im Amazonasgebiet heimischen Euphorbiazee *Tragia volubilis* L., einer Kletterpflanze der Hylaea, treten dreisamige Klettfrüchte und einsamige Springfrüchte von sehr verschiedener Gestalt auf (Ule 3) (Abb. 50, Fig. 14, 15).

Der sonderbarste Fall von Heterokarpie und Polychorie findet sich jedoch bei der im Mittelmeergebiete verbreiteten Valerianazee *Fedia cornucopiae* Dc., auf die P. Ascherson 1881 zuerst hinwies. Die ganze Pflanze verlängert ihre Achsen nach der Blütezeit stark. Die Enden der

sparrigen, blühenden Zweige verdicken sich mächtig und nehmen strohartige Beschaffenheit an. Sie brechen sehr leicht an den Knoten ab und
die abgebrochenen Zweigenden, die federleicht sind, werden als „Steppenläufer" durch den Wind verbreitet (vgl. Abb. 49, Fig. 5).

Der reich verzweigte Blütenstand ist regional gegliedert; jede
Region hat besondere Fruchtformen. In der unteren Region sitzen

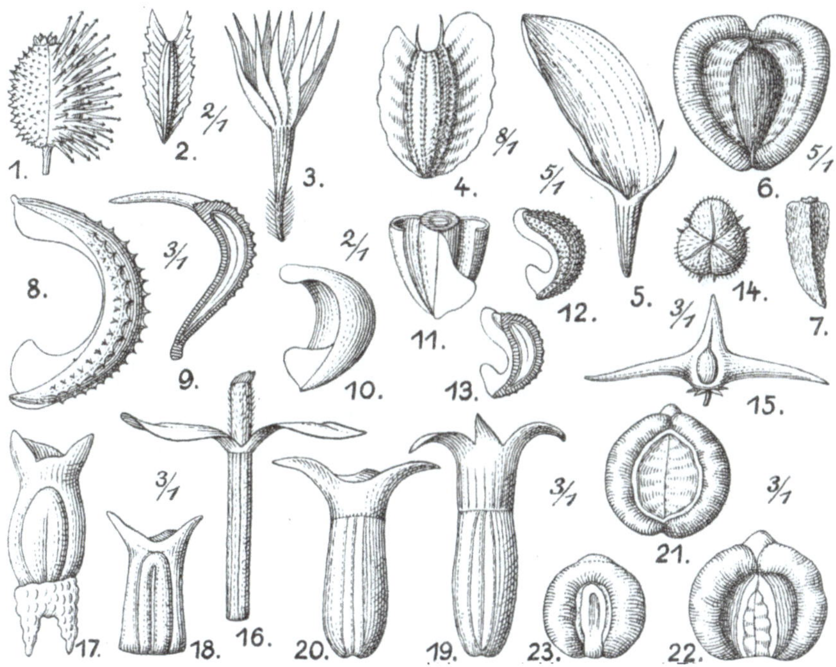

Abb. 50. Heterokarpie, Polykarpie und Polychorie.

1. Frucht der Umbellifere *Torilis nodosa* (L.) GÄRTN.: Die äußere Spaltfruchthälfte mit Klettvorrichtungen (zoochor), die innere nur mit Warzen besetzt (hydatochor) — vgl. den Text. — 2, 3
Früchte der Komposite *Chardinia xeranthemoides* DESF.: 2. eine anemochore Randfrucht, 3 eine
anemochor-zoochore Scheibenfrucht, als „Bohrklette" entwickelt. — 4, 5 Früchte der Komposite
Sanvitalia procumbens LAM. aus Mexiko: 4. anemochore Scheibenblütenfrucht, 5. anemochor-
zoochore Randblütenfrucht (Bohrklette). — 6, 7 Früchte der südafrikanischen Komposite *Dimorphotheca pluvialis* (L.) MOENCH: 6. anemochor-hydatochore Frucht, 7 hydatochore Frucht. —
8—13 Früchte von *Calendula officinalis* L.: 8, 9 randständige, zoochor-anemochore Klettfrüchte,
10—11 anemochor-hydatochore Früchte aus der mittleren Region des Köpfchens („Näpfchenflie-
ger"). 12, 13 wurmförmige Früchte der innersten Region („Täuschfrüchte"). — 14, 15 Früchte
der tropisch-amerikanischen Euphorbiazee *Tragia volubilis* L. 14 eine Springfrucht (autochor),
15 eine Klettfrucht (zoochor). — 16—23 Früchte der Valerianazee *Fedia cornucopiae* L. aus
dem Mittelmeergebiete, 16—18 „eingefaßte" Früchte (anemochor), 19, 20 „Flügelfrüchte" (anemochor), 21, 22 „Schalenfrüchte" (hydatochor), 23 „Ameisenfrucht" (myrmekochor und zugleich
hydatochor und anemochor). — Vgl. den Text. — (1 nach HEGI, 2—13 nach O. HOFFMANN, 14, 15
nach E. ULE, 16—23 nach SERNANDER und E. ULBRICH.)

Früchte, die bei der Reife in den Blattachseln vom Grunde der Sprosse
vollständig eingefaßt oder eingeschlossen sind. SERNANDER bezeichnet
sie als „eingefaßte" Früchte. Sie werden mit den strohartigen, trockenen
Zweigstücken verbreitet; da sie sehr festsitzen, fallen sie nicht leicht
heraus. Entfernt man sie gewaltsam, so bleiben an ihrem Grunde Ge-
webereste der Achse haften (vgl. Abb. 50, Fig. 16—18). In der oberen Re-

gion des Fruchtstandes kommen drei Haupttypen von Früchten vor:
Flügelfrüchte, Schalenfrüchte und Ameisenfrüchte. Die „Flügelfrüchte"
besitzen einen als Flugapparat dienenden Saum, der aus zwei bis vier nach
außen gebogenen Flügeln besteht, die aus dem erhalten bleibenden Kelche
hervorgehen (Abb. 50, Fig. 19, 20). Im Innern der Fruchtwandung und im
Kelche treten große Lufträume auf, durch welche die Früchte trotz ihrer
verhältnismäßigen Größe sehr leicht werden. Sie sind anemochor. Das
gleiche gilt auch für die „Schalenfrüchte", bei denen die beiden unfruchtbar bleibenden Fruchtfächer zu großen Lufträumen werden (Abb. 50,
Fig. 21, 22). Die Kelchzipfel sind dagegen verkümmert. Auch diese Früchte
sind anemochor, zugleich aber hydatochor: ihre korkige Beschaffenheit
und die großen Lufträume machen sie leicht schwimmfähig, so daß sie
auch durch Wasser verbreitet werden können. Der dritte Haupttypus umfaßt die „Ameisenfrüchte", die schmaler und kleiner als die Schalenfrüchte
sind und am Grunde der Scheidewand zwischen den Fruchtfächern einen
„Ölkörper" besitzen, der aus saftigen, protoplasmareichen Zellen besteht
(Abb. 50, Fig. 23). Sie sind an die Verbreitung durch Ameisen angepaßt,
demnach zoochor-myrmekochor. Zwischen diesen Haupttypen treten nun
alle möglichen Übergangsformen auf, so daß sich eine Mannigfaltigkeit in
der Ausbildung der Früchte ergibt, wie sie sonst im Pflanzenreiche nicht
wieder vorkommt. *Fedia cornucopiae* zeigt demnach alle Formen der
Verbreitung: sie ist anemochor in verschiedenster Ausbildung, hydatochor und zoochor-myrmekochor und epizoochor, da die Flügelfrüchte
auch wie Kletten verbreitet werden können.

Diese Beispiele müssen uns hier genügen. Bei der außerordentlich
großen Zahl von Beispielen muß auf die Spezialwerke von E. HUTH und
besonders F. DELPINO verwiesen werden.

5. „Viviparie".

Als Viviparie bezeichnet man zumeist Keimung von Samen in der
Frucht und alle Bildungen vegetativer Organe an Stelle von Blüten und
Früchten in der Blütenregion der Pflanzen. Gelegentlich der Besprechung der Mangrovepflanzen (vgl. S. 28) hatten wir bereits darauf hingewiesen, daß es wünschenswert ist, diese beiden Gruppen von Erscheinungen entsprechend ihrem ganz verschiedenen Wesen zu trennen. Nach
dem Vorgange von H. POTONIÉ und J. MATTFELD fassen wir die Keimung von Samen in der Frucht (endokarpe Keimung) als „Bioteknose"
zusammen und verstehen unter „Viviparie" die Bildung von vegetativen Organen an Stelle von Blüten und Früchten.

Derartige Bildungen in der Blütenregion können sein Laubsprosse,
Knospen oder Bulbillen (Knöllchen oder Zwiebelchen).

a) Laubsprosse statt der Blüten und Früchte.

Daß in der Blütenregion statt der normalen Blüten Laubsprosse gebildet werden, kommt gar nicht selten vor. Pflanzen mit dichtstehenden
und zahlreichen Blütenorganen neigen leicht zur Ausbildung von „Verlaubungen" oder „Vergrünen" der Blüten, z. B. Rosen, Wegerich (*Plan-*

tago), Klee (*Trifolium repens* u. a.), besonders Kompositen wie *Crepis,
Hieracium* u. a. Derartige Verlaubungen sind aber teratologische Erscheinungen, die unter besonderen Bedingungen der Ernährung (Überfütterung) oder Witterung (Regenperioden) auftreten und für die Vermehrung der Pflanzen ohne Bedeutung bleiben müssen, weil die abnorm
gebildeten Laubsprosse für sich nicht lebensfähig sind. Eine Trennung
von der Mutterpflanze findet in der Natur nicht statt und selbständig
lebensfähige Tochterpflanzen gehen aus ihnen gewöhnlich nicht hervor.
Wir müssen diese Erscheinungen daher entsprechend unserer Aufgabe
ausschließen.

Dagegen kommen bei einer Reihe anderer Pflanzen Laubsprosse an
Stelle der Blüten vor, die wie Früchte abfallen, selbständig lebensfähig sind und der vegetativen Vermehrung dienen. Diese Erscheinung
ist echte Viviparie. Bei dieser Begriffsbestimmung scheiden auch
solche Fälle aus, in denen neben den Blüten mit Laubblättern besetzte,
bewurzelungsfähige Sprosse in der Blütenregion gebildet werden, die aber
nicht von der Mutterpflanze abfallen. Sie können bei künstlicher Trennung zur Bewurzelung und Bildung einer neuen Pflanze gebracht werden;
in der Natur kommt es jedoch nur ausnahmsweise vor. Diese Verhältnisse bezeichnet H. POTONIÉ[1] als Pseudoviviparie. Sie gelten für die bei
uns und in aller Welt so häufige Krötenbinse (*Juncus bufonius* L.).

Echte Viviparie mit Bildung von abfallenden Laubsprossen an Stelle
von Blüten und Früchten findet sich besonders bei Monokotyledonen.
Am bekanntesten sind folgende Fälle: *Poa bulbosa* L. f. *vivipara* L., ein
Gras unserer trockeneren Kiefernwälder, das gern an Wegrändern, auch
auf trockenen Hügeln und anderen lichteren Standorten auftritt, zeigt
sehr häufig echte Viviparie. Durch ihre sehr abweichende Tracht fallen
derartige Pflanzen schon aus weiter Ferne auf (Abb. 51, Fig. 1). Häufig ist
Viviparie auch bei *Poa alpina* in unseren höheren Gebirgen (Riesengebirge, Alpen) und den Polarregionen, selten bei *P. annua.* Von anderen
Gräsern wären noch zu erwähnen: *Festuca ovina, F. rubra* (Abb. 51, Fig. 3),
Dactylis glomerata, Agrostis alba, Aira caespitosa var. *rhenana, Phleum
pratense*[2]. Bei *Cynosurus cristatus* beobachtete ich vivipare Formen bei
Berlin (Abb. 51, Fig. 2). Nach den Untersuchungen von J. SCHUSTER
sind die viviparen Gräser erbliche, mehr oder weniger konstante Muta-
tionen, sogenannte Zwischenrassen. Es gelingt, durch Kultur auf stick-
stoffarmen und trockenen Böden bei den viviparen Formen Rückschläge
zu den samentragenden zu erzielen. Dem entspricht auch das Vorkommen
der viviparen Gräser in der Natur: sie finden sich zumeist auf nahrstoff-
reicheren Böden mit höherer Feuchtigkeit, besonders auf gut gedüngten
Wiesen mit periodischer Überschwemmung.

Daneben sind aber vivipare Formen in der alpinen Region der höheren
Gebirge und in den arktischen Gebieten häufiger anzutreffen. Dies gilt
u. a. für *Poa alpina* f. *vivipara*, einige arktisch-alpine Binsen wie *Juncus
alpinus*, die noch zu besprechenden Steinbrech-(*Saxifraga*-)Arten, *Poly*-

---

[1] Biol. Zentralbl. *14*, S. 19. 1894.
[2] Vgl. J. SCHUSTER: Über die Morphologie der Grasblüte. Inaug.-Diss.
München, Jena 1909.

gonum viviparum u. a. Bei derartigen Pflanzen mag die Verkürzung der Vegetationszeit in dem ungünstigen arktisch-alpinen Klima bei der Ausbildung der Viviparie eine Rolle spielen.

Von anderen Monokotyledonen zeigen echte Viviparie gleich den Gräsern die arktisch-alpine Binse *Juncus alpinus*, deren Blüten teilweise zu beblätterten Sprossen auswachsen.

Bekannt ist die Erscheinung der Viviparie bei einer Liliazee des Kaplandes aus der Verwandtschaft unserer Graslilien (*Anthericum*-Arten), welche dieser Eigenschaft wegen bei uns bisweilen als Topfpflanze kultiviert wird; es ist dies *Chlorophytum comosum* (THUNBG.) BAK. (= *Ch. Sternbergianum* STEUD. = *Cordyline vivipara* HORT.). In der Achsel der Blütentragblätter entstehen beblätterte und bereits auf der Mutterpflanze Wurzel schlagende Pflänzchen, welche durch ihr Gewicht den ziemlich zarten Blütenstand herabziehen, so daß er bald herabhängt. Dieser Eigenart wegen wird *Chlorophytum comosum* gelegentlich auch als Ampelpflanze kultiviert.

Sehr reichliche Viviparie zeigen einige Agaven, besonders *Agave americana* L., *A. rigida* MILL. var. *sisalana* PERRINE u. a., die in Mexiko heimisch, in den Tropenländern und bei uns in Gewächshäusern viel kultiviert werden. Die erstgenannte Art, die Stammpflanze des mexikanischen „Bieres" „Poulqué", übrigens wie die anderen Arten wichtige Faserpflanze — sie liefern den sehr festen „Sisalhanf" —, sieht man gelegentlich zur Sommerzeit auch im Freien. Sie bilden einen riesigen, rispigen Blütenstand, der alle Reservestoffe, welche die Pflanzen während ihres Lebens im Stamm und den dickfleischigen Blättern aufgespeichert haben, restlos aufbraucht. Aber nur ein verhältnismäßig kleiner Teil der Blüten wird zu Früchten mit Samen. Die meisten wachsen aus zu kleinen, beblätterten Pflänzchen, die der Vermehrung der Pflanze dienen, welche nach der einmaligen Bildung des Blüten- und Fruchtstandes erschöpft abstirbt. Im Volksmunde führt *Agave americana* L., die sich übrigens im Mittelmeergebiete, besonders an der dalmatinischen Küste vollkommen eingebürgert hat, den Namen „hundertjährige Aloë".

Sehr viel seltener ist die Bildung viviparer Laubsprosse in der Blütenstandsregion bei den Dikotyledonen. Wir finden sie auch hier vornehmlich bei Pflanzen feuchter Standorte des Flachlandes oder in Gegenden mit kurzer Vegetationszeit in der arktisch-alpinen Pflanzenwelt. Als Beispiele seien genannt die kleine Umbellifere *Eryngium viviparum* GAY, die auf zeitweise überschwemmtem Boden der Küstengebiete des nordfranzösischen Tieflandes vorkommt und in ihrer Tracht einem winzigen Exemplare unserer Stranddistel (*Eryngium maritimum*) ähnelt. Die verhältnismäßig zarten Zweige von *E. viviparum* GAY liegen aber dem Boden mehr oder weniger vollständig auf, so daß die viviparen Sprosse sich leicht bewurzeln können. Die in den Achseln der Blätter sitzenden Gemmen entwickeln sich schon im Sommer zu neuen Pflänzchen (Abb. 51, Fig. 4).

Stärker ist die Viviparie ausgebildet bei einer *Eryngium*-Art des tropischen Südamerika: bei *E. ombrophilum* DUSÉN et WOLFF, einer Schattenpflanze des brasilianischen Regenwaldes, die an Flußläufen und in

Abb. 51. „Viviparie".
Bildung vegetativer Sprosse an Stelle der Früchte in der Blütenregion.
1—6 Bildung beblätterter Laubsprosse, 7—10 Bildung von Bulbillen.
1. *Poa bulbosa* L. — 2. *Cynosurus cristatus* L. — 3. *Festuca rubra* L. — 4. *Eryngium viviparum* GAY —
5. *Saxifraga stellaris* L. (nach KERNER). — 6. *Sedum dasyphyllum* L. (nach KERNER). — 7. *Allium
vineale* L. — 8. *Saxifraga bulbifera* L. — 9. *Polygonum viviparum* L. — 10. *Dentaria bulbifera* L.
(Mit Ausnahme von 5 und 6, sämtlich Originale nach der Natur.)

Gebüschen der Provinz Paraná auf feuchtem Boden oft massenhaft auftritt. In den Blattachseln entwickeln sich große, rosettenförmige Sprosse, deren Blätter die Größe der Grundblätter erreichen. Durch ihr Gewicht ziehen sie die Stengel auf den Boden herab, bewurzeln sich leicht und wachsen zu neuen Pflanzen heran. Die Pflanzen blühen nur sehr selten; reife Früchte sind unbekannt. Die Viviparie vertritt die Fruchtbildung vielleicht vollständig[1]. Es ist anzunehmen, daß bei dieser Art die Viviparie als Anpassung an den sehr schattigen Standort aufzufassen ist, an den nur selten blütenbesuchende Insekten gelangen. Bei der Unscheinbarkeit der kleinen, grünen Blütenstände bleibt der Insektenbesuch aus und die Blüten werden nicht befruchtet. Vielleicht spielt auch wie bei *Eryngium viviparum* die Überschwemmung des Standortes eine Rolle.

Bei einer auf unseren Hochmooren als Seltenheit vorkommenden, in Süddeutschland häufigeren kleinen Fetthenne, bei *Sedum villosum*, bilden sich in den Achseln der Stengelblätter, bei der mit ihr verwandten, auf Felsboden in Südeuropa verbreiteten *Sedum dasyphyllum* auch im Blütenstande beblätterte Sprößchen, die abfallen, sich schnell bewurzeln und zu neuen Pflänzchen heranwachsen (vgl. Abb. 51, Fig. 6). Die Ausbildung vegetativer Vermehrungssprosse außerhalb der Blütenregion ist übrigens bei den Crassulazeen sehr verbreitet und bekannt. Diese Fälle gehören aber nicht in den Rahmen dieser Arbeit.

Vivipare Laubsprosse bilden auch einige arktisch-alpine Steinbrecharten im Blütenstande aus, z. B. der Schneesteinbrech, *Saxifraga nivalis*, der im Riesengebirge an einem einzigen Standorte vorkommt, im Polargebiete häufig und verbreitet ist, ferner *Saxifraga stellaris* (vgl. Abb. 51, Fig. 6), *S. cernua* u. a.

b) Knöllchen und Bulbillen.

Bekannter ist die Ausbildung von Knöllchen und Bulbillen in den Blütenständen an Stelle der Blüten. Sie kommt auch bei vielen Arten der deutschen Flora vor. Bei Monokotyledonen finden wir die Ausbildung zahlreicher Zwiebelchen (Bulbillen) in den Blütenständen mancher Laucharten, wie *Allium vineale*, *A. oleraceum*, *A. paradoxum*, *A. scordoprasum*, *A. carinatum* u. v. a. Namentlich bei den drei erstgenannten Arten enthält der Blütenstand oft fast nur Zwiebelchen und nur wenige, oder gar keine Blüten (vgl. Abb. 51, Fig. 7). Von der Wirksamkeit dieser Verbreitung können wir uns an den Standorten dieser Pflanzen leicht überzeugen: sie treten hier oft in dichten Beständen auf. Einige *Allium*-Arten werden wegen dieser Bildung kleiner Zwiebelchen im Blütenstande in Gärten gezogen, z. B. *A. moly*, *A. scordoprasum* u. a. Die im Haushalte zum Einlegen von Gurken, Heringen usw. verwendeten „Perlzwiebeln“ sind solche im Blütenstand von *Allium porrum* L. gebildeten Zwiebelchen.

Spärlicher ist die Ausbildung solcher Bulbillen in der Blütenstandregion bei einigen Lilien, z. B. bei *Lilium bulbiferum*, *L. tigrinum*, *L. croceum* u. a. Bleibt die Befruchtung der Blüten durch Insekten aus, entwickeln sich zahlreiche Bulbillen, bei fruchtenden Pflanzen dagegen nur

---

[1] H. Wolff, Pflanzenreich *4*, 228 (1913), S. 203.

wenige oder keine. An manchen Standorten halten sich diese Arten ganz ohne Blütenbildung allein durch Ausbildung der Bulbillen.

Bei der im tropischen Amerika ziemlich artenreich entwickelten Amaryllidazeengattung *Fourcroya* kommen in der Blütenstandsregion in den Achseln der Tragblätter gestauchte Knöspchen vor, die eine Mittelstellung zwischen Blattsprossen und Zwiebeln einnehmen. Bei der in der Kultur meist ganz ausbleibenden Fruchtbildung bedient man sich ihrer zur Vermehrung der Pflanzen in den botanischen Gärten. In Kultur ist bei uns gelegentlich *Fourcroya gigantea* VENT. Als ein den alten Mexikanern heiliges Gewächs ist bekannt *F. longaeva* KARW. et ZUCC., das der Sage nach nur alle sechshundert Jahre zur Blüte und Fruchtbildung gelangen soll.

Die eigenartigste Form von Bulbillen zeigen einige epiphytische Arazeen des tropischen Asien und Afrika, *Gonatanthus pumilus* (D. DON) ENGL. et KRAUSE (= *G. sarmentosus* KLOTZSCH) und *Remusatia vivipara* (LODD.) SCHOTT, welche F. HILDEBRAND 1883[1] beschrieb. Die kleinen Bulbillen entstehen an Geißelsprossen (Ausläufern), die aus den Achseln der Blätter entspringen. Bei *Gonatanthus* haben sie die Größe eines Glasstecknadelkopfes und etwa birnenförmige Gestalt; ihre fleischige Achse ist mit einigen Schuppenblättern besetzt, die in lange, eingekrümmte Haarspitzen ausgezogen sind. HILDEBRAND vergleicht die Bildung der Haarspitzen mit einem Pappus und meint, daß sie der Verbreitung der Bulbillen durch den Wind dienten. Bei der tropisch afrikanischen Gattung *Remusatia* sind die Bulbillen etwas größer, ihre Schuppenblätter kürzer und starrer, an ihrer Spitze hakenförmig gebogen; die Bulbillen sehen kleinen Früchten von *Xanthium* ähnlich (vgl. Abb. 28, S. 126, Fig. 13). Es unterliegt wohl keinem Zweifel, daß sie wie Kletten leicht im Fell von Tieren haften bleiben und epizoisch verbreitet werden können. Auch die *Gonatanthus*-Bulbillen haften wohl leicht an Tieren fest. Diese beiden Fälle sind biologisch sehr bemerkenswert, weil hier an den Bulbillen Verbreitungseinrichtungen auftreten, wie wir sie sonst nur an Früchten und Samen beobachten können. Die Bulbillen tragenden Sprosse entstehen nach der Blütezeit.

Am bekanntesten ist in unserer Flora diese Erscheinung bei der als Leitpflanze schattiger Laubwälder, namentlich in Mitteldeutschland, verbreiteten Zahnwurz, *Dentaria bulbifera* L., einer Kruzifere mit weißen Blüten. An sonnigeren Standorten, am Waldrande, auf Lichtungen usw. bildet diese Art gelegentlich Früchte mit Samen aus, wenn die Blüten durch Insekten bestäubt wurden. Im dichten Walde, dessen Schatten die blütenbesuchenden Insekten nur selten aufsuchen, bleiben die Blüten dagegen unbestäubt. Hier bildet *Dentaria* zahlreiche Bulbillen aus, mit deren Hilfe sie sich erhält und verbreitet (Abb. 51, Fig. 10).

Ganz ähnlich verhält sich das Scharbockskraut, *Ranunculus ficaria* L., dessen Bulbillen aber meist außerhalb der Blütenregion, in den Achseln der Laubblätter gebildet werden.

Bei *Saxifraga bulbosa* L. (= *S. vivipara* VEST), einer besonders in Ungarn und den Mittelmeerländern verbreiteten und häufigen, in den

---

[1] Berichte d. Deutsch. Botan. Gesellsch. *1*, S. 24—25.

Alpen und in Böhmen seltenen Steinbrechart aus der nächsten Verwandtschaft der bei uns häufigen *Saxifraga granulata* L., bilden sich in den Achseln der kleinen Stengelblättchen aufwärts bis in die Blütenregion kleine Bulbillen (Abb. 51, Fig. 8). Bei der als f. *pluribulbosa* ENGL. et IRMSCH. bezeichneten Form, die im ganzen Verbreitungsgebiet der Art vorkommt, sind diese Knöllchen besonders zahlreich: die Achsel fast eines jeden Hochblattes trägt eine solche Bulbille. Bei dieser Art findet aber noch eine reichliche Frucht- und Samenbildung statt.

Anders bei einigen Knötericharten der arktisch-alpinen Flora, besonders bei *Polygonum viviparum* L., die in der alpinen Region der Alpen, Karpathen und in den Polargebieten häufig und verbreitet ist. Hier enthält bisweilen der ganze ährige Blütenstand nur Bulbillen, die dann ganz die Aufgabe von Frucht und Samen übernehmen müssen (Abb. 51, Fig. 9). Im Himalaja verhält sich eine verwandte Art, *Polygonum bulbiferum*, ganz ähnlich. Die kleinen Knöllchen dieser Arten tragen an ihrer Spitze das Knöspchen, aus dem der Stengel der jungen Pflanze hervorgeht. Sie fallen sehr leicht ab und bewurzeln sich schnell.

Auch bei einigen Arten der im tropischen Südasien und wärmeren Ostasien formenreich entwickelten Zingiberazeengattung *Globba* kommen Bulbillen an Stelle von Blüten vor, so besonders bei der in botanischen Gärten unter dem Namen *Globba marantina* L. kultivierten, auf den Molukken, Sundainseln und in Papuasien heimischen Art, bei welcher die Blütenbildung meist ganz ausbleibt und die Bulbillen ganz ihre Stelle vertreten müssen.

Die Verbreitung der viviparen Blattsprosse, Zwiebelchen und Knöllchen, erfolgt vielfach „ballistisch": durch stärkere Windstöße werden die locker sitzenden Bildungen herausgeschleudert und können, soweit sie mehr oder weniger kugelig sind, ein Stück auf dem Boden fortrollen. Wo diese Bildungen auf der Mutterpflanze bereits gut entwickelte Blättchen bilden, können diese wie Flugorgane wirken und eine weitere Entfernung von der Mutterpflanze bewirken, wie z. B. bei den viviparen Gräsern, Agaven, *Polygonum viviparum* u. a. In den meisten Fällen werden die viviparen Organe jedoch in nächster Nähe der Mutterpflanze zu Boden fallen und zur mehr oder weniger dichten Bestandbildung der Art beitragen, wie bei *Allium, Dentaria, Ranunculus* (*Ficaria*), *Saxifraga* u. a. Bei einigen Formen, die an überschwemmten Plätzen vorkommen (Gräser, *Juncus, Eryngium*), mag auch das Wasser einen Transport bewirken. Die stärkereichen Zwiebelchen und Bulbillen (*Allium, Dentaria, Polygonum* u. a.) mögen vielleicht auch gelegentlich durch sammelnde Ameisen verschleppt werden. Epizoische Verbreitung findet sich nur bei *Remusatia* und *Gonatanthus*.

In vielen Fällen ist die Viviparie als eine Korrelationserscheinung zum Ersatz ausbleibender Frucht- und Samenbildung aufzufassen. Dies gilt namentlich für die Pflanzen schattiger Standorte (*Dentaria, Ranunculus* [*Ficaria*]) und der arktisch-alpinen Flora. In einigen Fällen mag auch wohl hohe Feuchtigkeit des Standortes (Regen, Überschwemmung) oder eine gewisse Überfütterung (Überernährung auf stickstoffreichem Boden) eine Rolle spielen (Wiesengräser).

Literatur.

Nur an einer Stelle erwähnte Arbeiten sind nur im Text genannt.

Ascherson, P.: Biologische Eigentümlichkeiten der Pedaliazeen. Verhandl. d. botan. Ver. d. Prov. Brandenburg. *30*. 1888. — Ders.: Zahlreiche kleinere Mitteilungen über Biologie von Früchten in den gleichen Schriften 1863—1912.

Ascherson-Graebner: Synopsis der Mitteleuropäischen Flora. Leipzig: Wilhelm Engelmann seit 1896.

Bauhin, J.: Historia plantarum universalis 1600.

Beck v. Mannagetta, G.: Frucht und Same. Handwörterbuch der Naturwissenschaften *4*. Jena: G. Fischer 1913.

Birger, Selim: Über endozoische Samenverbreitung durch Vögel. Svensk Bot. Tidskr. 1907.

Buchwald, J.: Die Verbreitungsmittel der Leguminosen des tropischen Afrika. Inaug.-Diss. Berlin 1894. Leipzig: W. Engelmann.

Darwin, Ch. (*1*): Über die Entstehung der Arten im Tier- und Pflanzenreich durch natürliche Züchtung. Übers. von H. G. Bronn, Stuttgart 1860. — (*2*): Reise eines Naturforschers um die Welt. Übers. von J. V. Carus, Stuttgart 1875.

Delpino, F.: Eterocarpia ed Eteromericarpia nelle Angiosperme. Mem. d. R. accad. d. scienze d. Ist. di Bologna Ser. 5, *4*. 1894.

Dingler, H.: Die Bewegung der pflanzlichen Flugorgane. Ein Beitrag zur Physiologie der passiven Bewegungen im Pflanzenreich. München: Theod. Ackermann 1889.

Engler und Prantl: Natürliche Pflanzenfamilien. Leipzig: W. Engelmann 1889—1912. 2. Aufl. seit 1924, insbes. *14a*. 1926 Angiospermae.

Engler, A.: Das Pflanzenreich (Regni vegetabilis conspectus). Leipzig: W. Engelmann seit 1900.

Ernst, A.: Bastardierung als Ursache der Apogamie im Pflanzenreich. Jena. G. Fischer 1918.

Fauth: Beitrag zur Anatomie und Biologie der Früchte und Samen einiger einheimischer Wasser- und Sumpfpflanzen. Inaug.-Diss. Jena 1903.

Gaertner, J.: De fructibus et seminibus plantarum. 3 Bde. Stuttgart 1788 bis 1807.

v. Goebel, K.: Organographie der Pflanzen. 2. Aufl. Jena: G. Fischer 1923.

v. Guttenberg, H.: Die Bewegungsgewebe. In: Linsbauer, K.: Handbuch der Pflanzenanatomie I, 2, *5*. Berlin: Gebr. Bornträger 1926.

Haberlandt, G.: Physiologische Pflanzenanatomie. 6. Aufl. Leipzig: W. Engelmann 1924.

Hegi, G.: Illustrierte Flora von Mitteleuropa. München: J. F. Lehmann.

Hildebrand, Fr. (*1*): Die Verbreitungsmittel der Pflanzen. Leipzig: W. Engelmann 1873. — Ders. (*2*): Über die Verbreitungsmittel der Gramineenfrüchte. Botan. Zeit. Nr. 49/50. 1872. — Ders. (*3*): Über die Verbreitungsmittel der Pflanzenfrüchte durch Haftorgane. Ebenda Nr. 51/52. — Ders. (*4*): Die Schleuderfrüchte und ihr im anatomischen Bau begründeter Mechanismus. Jahrb. f. wiss. Botanik *9*, 235—276.

Hitchcock, A. S.: The Genera of Grasses of the United States, Washington, D. C., Bull. Nr. 772, March 1920.

Horowitz, A.: Über den anatomischen Bau und das Aufspringen der Orchideen-
früchte. Inaug.-Diss. Univ. Heidelberg. Cassel: Gebr. Gotthelft 1902.

Huth, E. (*1*): Die Anpassungen der Pflanzen an die Verbreitung durch Tiere.
Kosmos, Zeitschr. f. Entwicklungslehre Jg. 5. 1881. — Ders. (*2*): Die Klett-
pflanzen mit besonderer Berücksichtigung ihrer Verbreitung durch Tiere.
Bibl. botan. H. 9. Cassel 1887. — Ders. (*3*): Über stammfrüchtige Pflanzen.
Samml. naturwiss. Vorträge *2*. Berlin: R. Friedländer u. Sohn 1888. —
Ders. (*4*): Die Verbreitung der Pflanzen durch die Exkremente der Tiere.
Berlin: R. Friedländer 1889. — Ders. (*5*): Systematische Übersicht der
Pflanzen mit Schleuderfrüchten. 3, 7. Berlin: ebenda 1890. — Ders. (*6*):
Über geokarpe, amphikarpe und heterokarpe Pflanzen 1891. — Ders. (*7*):
Heteromericarpie und ähnliche Erscheinungen der Fruchtbildung. Berlin 1895.
— Ders. (*8*): Steppenläufer, Windhexen und andere Wirbelkräuter. Helios
9. Berlin 1891. — Ders. (*9*): Die Wollkletten. Helios *10*. Berlin 1893. —
Ders. (*10*): Windhexen und Schneeläufer; ebenda.

Jost, L.: Vorlesungen über Pflanzenphysiologie. 4. Aufl. Jena: G. Fischer 1923.

Kerner v. Marilaun, A.: Pflanzenleben. 2. Aufl. Leipzig-Wien: Bibliogr.
Instit. 1896, 1898.

Kirchner, O. (*1*): Verbreitungsmittel der Pflanzen. Handwörterbuch der Naturwissenschaften *10*. 1915. — Ders., Loew, E., Schroeter, C. (*2*): Lebens-
geschichte der Blütenpflanzen Mitteleuropas. Stuttgart: Eugen Ulmer seit
1906.

Kølpin Ravn, F.: Om Flydeevnen hos Frøene af vore Vand- og Sumpplanter.
Botan. Tidsskrift *19*. Kopenhagen 1894.

Kronfeld: Studien über die Verbreitungsmittel der Pflanzen, I. Windfrüchtler.
Leipzig 1900.

Liebmann, W.: Die Schutzeinrichtungen der Samen und Früchte. Jenaische
Zeitschr. f. Naturwiss. *46*. 1910.

Ludwig, A.: Lehrbuch der Biologie der Pflanzen. Stuttgart: F. Enke 1895.

Lundström, A.: Die Anpassungen der Pflanzen an die Verbreitung durch Tiere
1887.

Malguth, R.: Biologische Eigentümlichkeiten der Früchte epiphytischer Orchideen. Inaug.-Diss. Breslau: Dr. R. Galle 1901.

Malpighi, M.: Opera omnia: Lugduni Batavorum 1687.

Manganaro, Ana: Breves notas sobre diantomorfismo y dicarpomorfismo.
Physis *2*. Buenos Aires 1915.

Morton, Fr.: Die Bedeutung der Ameisen für die Verbreitung der Pflanzensamen. Wien: Selbstverlag d. Verf. 1912.

Murbeck, Sv.: Beiträge zur Biologie der Wüstenpflanzen. I. Vorkommen und
Bedeutung von Schleimabsonderung aus Samenhüllen. II. Die Synaptospermie. Lunds univ. arsskrift. N. F. Avd. 2, *15*, Nr. 10. 1919; *17*, Nr. 1.
1920.

Neger, Fr. W.: Biologie der Pflanzen auf experimenteller Grundlage (Biono-
mie). Stuttgart: F. Enke 1913.

Ohlendorf, O.: Beiträge zur Anatomie der Früchte und Samen einheimischer
Wasser- und Sumpfpflanzen. Inaug.-Diss. Erlangen 1907.

Pfeiffer, A.: Die Arillargebilde der Pflanzensamen. Inaug.-Diss. Berlin.
Leipzig: W. Engelmann 1891.

Pfitzer, E.: Grundzüge der vergleichenden Morphologie der Orchideen. Heidelberg 1882.

Popenoe, Wilson: Manual of tropical and subtropical fruits. New York: The
Macmillan Company 1924.

Ridley (*1*): On the Dispersal of Seeds by Mammals. In: Journal of the Straits
Asiatic Society, XXIV. 1893. — (*2*): Dispersal of Seeds by Birds. In: Na-
tural Science VIII. Nr. 49. 1896. — (*3*): On the Dispersal of Seeds by Wind.
In: Annals of Botany XIX. 1905.

Rode, W. W.: Schutzeinrichtungen von Früchten und Samen gegen die Einwirkung fließenden Meerwassers. Inaug.-Diss. Göttingen 1913.

Schimper, A. W.: Pflanzengeographie auf physiologischer Grundlage. Jena: G. Fischer 1898.

Schoenichen, W.: Mikroskopische Untersuchungen zur Biologie der Samen und Früchte. Biol. Arbeit H. 17. Freiburg i. Br.: Theod. Fisher 1923.

Schweinfurth, G.: Was Afrika an Kulturpflanzen Amerika zu verdanken hat und was es ihm gab. Festschrift für Eduard Seler. Berlin 1922.

Sehrwald, K.: Das Obst der Tropen. Süsserotts Kolonial-Bibl. *18.* Berlin W. 30.

Sernander, R. (*1*): Den skandinaviska vegetationens Spridningsbiologie. Berlin u. Uppsala 1901. — Ders. (*2*): Entwurf einer Monographie der europäischen Myrmekochoren. Uppsala 1906. — Ders. (*3*): Zur Morphologie und Biologie der Diasporen. Nova Acta Reg. Soc. Sci. Upsaliensis. Vol. extraord. ed. Uppsala 1927. (Nicht mehr benutzt; nach Abschluß der Arbeit erschienen.)

Steinbrinck, G.: Zahlreiche Aufsätze über Früchte und Samen, besonders über Öffnungsmechanismen in Berichten der dtsch. botan. Ges. 1883—1915, in Botan. Zeit., Flora, Biol. Zentralbl. u. a. 1873—1925.

Tischler, G.: Über die Entwickelung der Samenanlagen in parthenokarpen Angiospermen-Früchten. Jahrb. f. wissensch. Botanik LII 1913, S. 1—84. — Zeitschr. f. Botanik VI 1914, 870—872.

Ulbrich, E. (*1*): Über die systematische Gliederung und geographische Verbreitung der Gattung Anemone. Englers botan. Jahrb. *37*, H. 2/3. 1905. — Ders. (*2*): Über europäische Myrmekochoren. Verhandl. d. botan. Ver. d. Prov. Brandenburg *49.* 1907. — Ders. (*3*): Die Pflanzenwelt des Plagefenns bei Chorin i. M. In: Beitr. z. Naturdenkmalpflege *3.* 1912. — Ders. (*4*) a: Die Kapok liefernden Baumwollbäume der Deutschen Kolonien im tropischen Afrika. Notizbl. d. botan. Gart. u. Museum Berlin-Dahlem Nr. 51, April 1913. b: Die Kapokbäume von Togo. Ebendort Nr. 52, Sept. 1913. — Ders. (*5*): Systematische Gliederung und geographische Verbreitung der afrikanischen Arten der Gattung *Bombax* L. Englers botan. Jahrb. *49*, H. 5. 1913. — Ders. (*6*): Welche Einrichtungen besitzt die Pflanze zur Verbreitung ihrer Früchte und Samen? Mitt. d. Ver. z. Förd. d. Frauenerwerbs durch Obst- u. Gartenbau. Berlin 1914. — Ders. (*7*): Tropisches Obst. Illustr. Gartenflora Jg. 65, H. 5—8. 1916. — Ders. (*8*): Deutsche Myrmekochoren. Beobachtungen über die Verbreitung heimischer Pflanzen durch Ameisen. Leipzig u. Berlin: Theod. Fisher 1919. — Ders. (*9*): Der Besenginster. Bau, Lebenserscheinungen … von *Sarothamnus scoparius.* Freiburg i. Br.: Theod. Fisher 1920. — Ders. (*10*): Pflanzenkunde. Bücher der Naturwissenschaft. Leipzig: Ph. Reclam *27/28.* 1920. — Ders. (*11*): Monographie der afrikanischen *Pavonia*-Arten. Englers botan. Jahrb. *57.* 1920. — Ders. (*12*): Botanische Lehrausflüge in W. Schoenichen: Der biologische Lehrausflug. Jena: G. Fischer 1922. — Ders. (*13*): Präparations-, Konservierungs- und Frischhaltungsmethoden für pflanzliche Organismen. Abderhaldens Handbuch der biologischen Arbeitsmethoden H. 130. Berlin-Wien: Urban u. Schwarzenberg 1924. — Ders. (*14*): Märkische Waldtypen und Waldbäume. Brandenburgia *34.* 1925. Mielke-Festschrift.

Ule, E. (*1*): Über Verlängerung der Achsengebilde des Blütenstandes zur Verbreitung der Samen. Ber. d. dtsch. botan. Ges. *14*, H. 8. 1896. — Ders. (*2*): Wechselbeziehungen zwischen Ameisen und Pflanzen. Flora *94*, H. 3. 1905. — Ders. (*3*): Biologische Eigentümlichkeiten der Früchte der Hyläa. Englers botan. Jahrb. Beibl. Nr. 81. 1905. — Ders. (*4*): Verschiedenes über den Einfluß der Tiere auf das Pflanzenleben. Ber. d. dtsch. botan. Ges. *17.* 1900. — Ders. (*5*): Ameisenpflanzen. Ebenda *37*, H. 3. 1906. — Ders. (*6*): Biologische Betrachtungen im Amazonasgebiet. Vortr. a. d. Gesamtgebiete d. Botanik. Berlin 1915.

Vogler, Paul: Über die Verbreitungsmittel der schweizerischen Alpenpflanzen. Flora *89.* Ergänzungsband z. Jahrg. 1901. Marburg 1901.

Volkens, G.: Die Flora der ägyptisch-arabischen Wüste. Berlin 1887.

v. Wahl, E.: Vergleichende Untersuchungen über den anatomischen Bau geflügelter Früchte und Samen. Bibl. botan. H. 40. 1897.

WARMINGS Lehrbuch der ökologischen Pflanzengeographie. 3. Aufl. von E. WARMING u. P. GRAEBNER. Berlin: Gebr. Borntraeger 1918.

WEBERBAUER, A.: Beiträge zur Anatomie der Kapselfrüchte. Botan. Zentralbl. *73*. 1898.

WEGENER, K.: Untersuchungen über den Bau der Haftorgane einiger Pflanzen. Beih. z. Botan. Zentralbl. *31*, Abt. 1.

WHEELER, W. M.: Ants of the American Museum Congo Expedition. A Contribution to the Myrmecology in Africa. Bull. of the Americ. Museum of Natural History *45*. New York 1921/22.

WINKLER, HANS: Über Parthenogenesis und Apogamie im Pflanzenreich. In: LOTSY, Progressus rei botanicae 1908.

ZIMMERMANN, A.: Verschiedene Arbeiten über mechanische Einrichtungen zur Verbreitung der Samen und Früchte. In: Pringsheims botan. Jahrb. u. Ber. d. dtsch. botan. Ges. 1879—1884.

Namen- und Sachverzeichnis.

Ein * vor der Seitenzahl bedeutet Abbildung. Über Gegenstände, die an mehreren Stellen erwähnt sind, ist auf der kursiv gedruckten Seitenzahl nähere Beschreibung zu finden. Autorennamen der Arten sind im Text genannt.